教育部高等农林院校理科基础课程
教学指导委员会推荐示范教材

大学物理实验

Experiment of University Physics

Experiment of University Physics
Experiment of University Physics

主　编　王宙斐
副主编　曹学成　胡玉才
郭山河　刘金龙

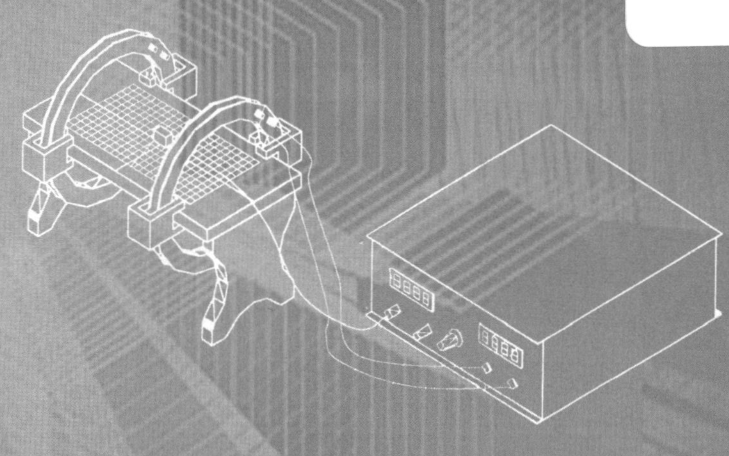

中国农业大学出版社
ZHONGGUONONGYEDAXUE CHUBANSHE

参编人员名单

主　　编　王宙斐　华南农业大学

副 主 编　曹学成　山东农业大学
胡玉才　大连水产学院
郭山河　吉林大学
刘金龙　华南农业大学

参编人员　陈洪叶　山东农业大学
姜贵君　山东农业大学
高　峰　山东农业大学
迟建卫　大连水产学院
张丙芳　东北农业大学
范秀华　北京林业大学
史旭光　北京林业大学
马冠雄　沈阳农业大学
黄新成　塔里木大学
杨小红　华南农业大学
李　海　华南农业大学
戴占海　华南农业大学
谭穗妍　华南农业大学
刘建斌　华南农业大学
刘　慧　华南农业大学
劳媚媚　华南农业大学
杨初平　华南农业大学
徐初东　华南农业大学
胡旭波　华南农业大学
曾应新　华南农业大学

教育部高等农林院校理科基础课程教学指导委员会
推荐示范教材编审指导委员会

教育部高等农林院校理科基础课程教学指导委员会
推荐物理类示范教材编审指导委员会

出版说明

在教育部高教司农林医药处的关怀指导下，由教育部高等农林院校理科基础课程教学指导委员会（以下简称“基础课教指委”）推荐的本科农林类专业数学、物理、化学基础课程系列示范性教材现在与广大师生见面了。这是近些年全国高等农林院校为贯彻落实“质量工程”有关精神，广大一线教师深化改革，积极探索加强基础、注重应用、提高能力、培养高素质本科人才的立项研究成果，是具体体现“基础课教指委”组织编制的相关课程教学基本要求的物化成果。其目的在于引导深化高等农林教育教学改革，推动各农林院校紧密联系教学实际和培养人才需求，创建具有特色的数理化精品课程和精品教材，大力提高教学质量。

课程教学基本要求是高等学校制订相应课程教学计划和教学大纲的基本依据，也是规范教学和检查教学质量的依据，同时还是编写课程教材的依据。“基础课教指委”在教育部高教司农林医药处的统一部署下，经过批准立项，于2007年底开始组织农林院校有关数学、物理、化学基础课程专家成立专题研究组，研究编制农林类专业相关基础课程的教学基本要求，经过多次研讨和广泛征求全国农林院校一线教师意见，于2009年4月完成教学基本要求的编制工作，由“基础课教指委”审定并报教育部农林医药处审批。

为了配合农林类专业数理化基础课程教学基本要求的试行，“基础课教指委”统一规划了名为“教育部高等农林院校理科基础课程教学指导委员会推荐示范教材”（以下简称“推荐示范教材”）。“推荐示范教材”由“基础课教指委”统一组织编写出版，不仅确保教材的高质量，同时也使其具有比较鲜明的特色。

一、“推荐示范教材”与教学基本要求并行　教育部专门立项研究制定农林类专业理科基础课程教学基本要求，旨在总结农林类专业理科基础课程教育教学改革经验，规范农林类专业理科基础课程教学工作，全面提高教育教学质量。此次农林类专业数理化基础课程教学基本要求的研制，是迄今为止参与院校和教师最多、研讨最为深入、时间最长的一次教学研讨过程，使教学基本要求的制定具有扎实的基础，使其具有很强的针对性和指导性。通过“推荐示范教材”的使用推动教学基本要求的试行，既体现了“基础课教指委”对推行教学基本要求的决心，又体现了对“推荐示范教材”的重视。

二、规范课程教学与突出农林特色兼备 长期以来各高等农林院校数理化基础课程在教学计划安排和教学内容上存在着较大的趋同性和盲目性，课程定位不准，教学不够规范，必须科学地制定课程教学基本要求。同时由于农林学科的特点和专业培养目标、培养规格的不同，对相关数理化基础课程要求必须突出农林类专业特色。这次编制的相关课程教学基本要求最大限度地体现了各校在此方面的探索成果，“推荐示范教材”比较充分反映了农林类专业教学改革的新成果。

三、教材内容拓展与考研统一要求接轨 2008 年教育部实行了农学门类硕士研究生统一入学考试制度。这一制度的实行，促使农林类专业理科基础课程教学要求作必要的调整。“推荐示范教材”充分考虑了这一点，各门相关课程教材在内容上和深度上都密切配合这一考试制度的实行。

四、多种辅助教材与课程基本教材相配 为便于导教导学导考，我们以提供整体解决方案的模式，不仅提供课程主教材，还将逐步提供教学辅导书和教学课件等辅助教材，以丰富的教学资源充分满足教师和学生的需求，提高教学效果。

乘着即将编制国家级“十二五”规划教材建设项目之机，“基础课教指委”计划将“推荐示范教材”整体运行，以教材的高质量和新型高效的运行模式，力推本套教材列入“十二五”国家级规划教材项目。

“推荐示范教材”的编写和出版是一种尝试，赢得了许多院校和老师的参与和支持。在此，我们衷心地感谢积极参与的广大教师，同时真诚地希望有更多的读者参与到“推荐示范教材”的进一步建设中，为推进农林类专业理科基础课程教学改革，培养适应经济社会发展需要的基础扎实、能力强、素质高的专门人才做出更大贡献。

中国农业大学出版社
2009 年 8 月

内 容 简 介

本教材包括基本实验、初级设计性实验、设计性实验、综合性实验、研究性实验和近代物理实验六类实验。较之其他物理实验教材，本书更加重视对学生独立制订实验方案的兴趣和能力的培养。在各个实验中，对有关的背景知识以及该实验与科学研究、生产、生活的联系进行了较详细的介绍。

本书的实验内容涵盖了农林类和理工类各专业大学物理实验课程所要求的范围，可作为高等农林院校农林类和理工类各专业的大学物理实验教材或实验教学参考书。

前言

本书是教育部高等农林院校理科基础课程教学指导委员会推荐示范教材。根据教育部关于实施质量工程的文件精神，本书在编写内容方面和已有的实验教材相比，更加突出引导学生加深对物理实验总体的认识，即在培养学生基本知识、基本技能、做好重复性实验的基础上，强调了实验方案的设计、实验结果分析的重要性。本书在各实验中增加了较多和科学研究、实际的生产、生活的联系方面的内容，其目的是使学生对自己所做实验的设计思想的来龙去脉有较详细的了解，以增强学习兴趣，激发创新灵感，使实验课在培养学生的实践能力、独立工作能力和创新能力等方面发挥更大的作用。本教材由绪论、物理实验中的重要环节简介、基本实验、初级设计性实验、设计性实验、综合性实验、研究性实验、近代物理实验八部分组成。

在基本实验中我们给出了相关背景简介、本实验采用方法的详细介绍、本实验对学生的基本要求和参考文献及阅读材料推荐四个模块；其中包括本实验所研究的物理问题在生产、生活中的应用，对科学研究的意义，实验的基本构思与原理，重要仪器简介，预习思考题，操作后思考题和作业等。使学生通过阅读本教材能够对要做的实验有一个全方位的了解，对学生的科学研究的兴趣和独立思考的能力培养，以及对知识、技能及创新能力的提高有所帮助。综合性实验的结构与基本实验相似，这里我们更加强调对学生综合实验能力的培养。

初级设计性实验一章给出的是和基本实验相关的实验设计任务，在每一个实验题目中都给出了设计该实验的要求，培养学生举一反三的能力，是学生由紧跟教材完成实验到独立设计实验的过渡性训练。而在设计性实验中，就要求学生在没有类似实验借鉴的情况下，根据教材中给出的提示，通过阅读参考读物独立设计、完成实验。

研究性实验是一个微型研究课题，在这里我们结合农科专业的特点和实践中遇到的问题给出研究题目和部分参考资料。要学生对这一题目展开全面研究，强调培养学生使用一定仪器（可以是比较复杂的仪器）进行初步科学探索的能力；在进行实验之前，按照项目的研究内容进行相关的资料调研，收集一定的背景资料；然后针对实验项目提出的若干问题进行检测、分析、研究；实验样品可以按照实验项目的要求由学生自己选择，不同学生的实验结果可以不同；对实验结果进行分析研究和探索，得出具有一定实验依据的初步结果，最后写出小型研究论文。

近代物理实验向学生介绍一些在近代历史上以及当前的一些重要实验，以便开阔学生的视野。在这一部分的编写过程中，我们比较系统地给出了和实验相关的理论知识，并较详细地介绍了实验中采用的技术、技巧，使学生能更加深刻理解实验的设计思想和操作的思路。

本教材由王宙斐主编，曹学成、胡玉才、郭山河和刘金龙为副主编。华南农业大学、山东农业大学、大连水产学院、北京林业大学、沈阳农业大学、东北农业大学、塔里木大学和吉林大学八个院校的教师参加了本书的编写工作。郭山河、王宙斐编写第 1 章和第 2 章；曹学成、胡玉才、陈洪叶、杨小红、李海、迟建卫、姜贵君、张丙芳、高峰、戴占海编写第 3 章；刘金龙编写第 4 章；谭穗妍、刘建斌、刘慧编写第 5 章；刘慧、刘建斌、劳媚媚编写第 6 章；杨初平、徐初东、王宙斐编写第 7 章；胡旭波、曾应新、范秀华、史旭光、黄新成、马冠雄编写第 8 章。由于编者水平有限，错误和疏漏之处恳请读者批评指正。

编　者
2009 年 10 月

目录 CONTENTS

Chapter 1 第 1 章

绪 论

Introduction

1.1 物理实验的任务及作用

物理学是研究物体运动一般规律以及物质基本结构的科学，是一门以实验为基础的科学。对于物理学科，物理实验的任务主要有两个方面：一方面，是探索物理规律，人类对物理规律乃至自然规律的认识和掌握是从物理实验开始的；另一方面，物理实验是检验物理学的定律、理论、假说是否正确的唯一标准，因而也是物理学理论发展的重要源泉与动力。

物理学是一切自然科学的基础，因此，物理实验对于促进自然科学的发展起着重要的作用，物理实验是自然科学中最基本、最重要的科学实验之一。在材料科学中，各种材料的物性测试、许多新材料的发现（如高温超导材料）、新材料制备方法的研究（如离子束注入、激光蒸发等）都离不开物理实验；在化学中，从光谱分析到量子化学，从放射性测量到激光分离同位素，都是应用物理实验；而生物学离不开各类显微镜（光学显微镜、电子显微镜、X 光显微镜、原子力显微镜等）的贡献；生命科学中 DNA 的双螺旋结构，就是美国遗传学家与英国物理学家共同建立的，并被 X 光衍射实验所证实的，而对 DNA 的操纵、切割、重组也要借助实验物理学家的帮助；在医学领域，从 X 光透视、B 超诊断、CT 诊断、核磁共振诊断到各种理疗手段，包括放射性治疗、激光治疗、γ 手术刀等，都是以物理实验为基础；在农业科学中，现代物理农业这一新的研究领域正在蓬勃发展，对人类的生活产生着越来越大的影响。

物理实验对人类社会发展的影响还不仅局限于自然科学。物理实验可以使人类对整个世界，整个宇宙的结构、起源及发展方向的认识不断加深、不断完善，对人类的意识形态、世界观、人生观都有着重要的影响。例如，迈克耳逊一莫雷实验，促进了相对论理论的提出；电子在晶体上的衍射实验验证了物质具有波粒二相性的德布洛意理论，都对人类关于世界本质的认识产生了重大的影响。人类认识自然的过程，大到天体宇宙，小到微观粒子无不显示着这个过程的各个历史时期的前进步伐。对自然界认识的深化，必然引发生产力的革命。

也就是说，物理实验通过促进社会生产力和意识形态的发展，对社会科学的进步起着重要的推动作用。

1.2 物理实验的发展方向

物理实验的发展方向，是要使人类对物质世界认识的领域更加广阔，更加精细，更加准确，更加深刻。物理实验正在探索遥远到100亿光年以外的太空，细微到10^{-13} m以内的物质结构(基本粒子的构成与属性)；时间间隔的测量也在不断细化，目前，利用电子快门可将曝光时间缩短到10^{-14} s，时间的直接测定已达到10^{-13} s。温度的测量可达超低温(10^{-13} K)至超高温(轻核聚变所需6 000℃以上)范围；物质的密度测量已扩展到由超真空(10^{-18} mm汞柱)到超高压(估计脉冲星的中心压强可达10^{31}大气压、中子星的密度可达10^{12}～10^{14}g/cm^3)的范围内等。随着功能更强大，测量更精密的实验设备的研制，物理实验将进一步开拓我们的视野，完善我们的认知，丰富我们的生活。

1.3 大学物理实验课程的教学目的和本教材简介

物理实验是在一定的时间、空间范围内，通过有目的、有计划地对实际过程的观察、测量分析来探索物理规律的实践活动。在进行物理实验之前，要根据实验要求完成的任务，制定实验方案。总体来说，物理实验包括四个重要环节：①实验现象的显现；②物理量的测量与记录；③实验数据的处理；④实验结论的得出。第一个环节主要包括客观事物和客观环境的选择，仪器的选用和实验过程的构思；第二个环节主要包括测量，读数和记录的正确方法与技巧；第三个环节要对得到的原始数据进行分析和处理；在第四个环节通过对前三个环节中得到的观测结果进行分析总结得出实验的结论。我们在第2章还要对这四个环节作较详细的讨论。

大学物理实验课程的教学目的，就是使学生学到完成以上四个环节应具备的基本知识、基本技能，掌握实验的基本方法，并培养出应具备的思维能力、动手能力与创新精神。由于实验课程的教学特点以及实验课教学的空间和时间所限，传统的实验课程对学生的要求主要集中在后三个环节，在第一个环节中所注重的物理现象的展现方式，已由所用实验教材指定，学生只需要正确使用仪器完成实验步骤即可。随着教育部有关高校教学质量工程文件的出台，大学物理实验课程已经在不断地进行改革，教学重心逐渐向培养学生的独立思考能力和创新精神方向转移，大学物理实验课程也更加注重培养学生独立构思、设计创新实验方案的能力；自己独立解决问题的能力；探索新规律，得出相应结论的能力。

为此，我们在教材中给出了六类实验题目：基本实验、初级设计实验、综合性实验、设计性实验、研究性实验和近代物理实验。基本实验注重有关实验的基本知识、基本技能的传授，综合性实验要比基本实验的任务重一些；初级设计实验是学生由根据教材和教师要求完成实验步骤向自己设计实验的阶段过渡，在这里学生需要自己设计的实验和已做过的实验非常类似，培养学生举一反三、推陈出新的能力；在设计性实验中，学生要根据实验任务自己独立设计、完成实验；在研究性实验中学生可以根据自己的兴趣选择实验题目，并按照自己

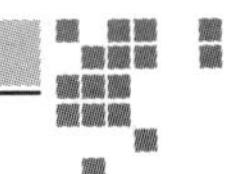

制定的方法去探索新的规律并得到相关结论;近代物理实验是为了开阔学生的视野,了解目前物理实验中的新思想、新方法和新设备和新结论。

1.4 关于学好大学物理实验课程的要求及建议

物理实验课程是对高校学生进行科学实验基本训练的一门独立的必修基础课程,是学生入学后系统接受实验理论、实验方法、实验技能训练的开端,是在校学习期间顺利完成专业实验、课程设计、毕业设计等教学内容的基础。再者,作为理、工、农科学生,在未来从事的将知识转化成科技的工作中,具备完整扎实的理论基础、系统的实验知识与技能,是胜任工作的首要条件。因此,同学们要尽最大努力把这门课程学好。

学好物理实验课程的关键在于善于观察,勤于动脑,积极实践。爱因斯坦说过,兴趣是最好的老师。所以,要学好大学物理实验课程首先要保持好充分的主动学习、思考与创新的热情和兴趣。现象是物理学的根源(杨振宁),在实验过程中要逐步培养出善于抓住现象,深入研究,认识本质的良好素质;科学扎根于讨论(海森堡),在实验中要养成同学之间、师生之间相互交流、相互协作、相互促进的学习风气。物理学的精髓在于创新(李政道),现代教育的理念之一就是培养具有创新精神的人才,就是为了使学生走出校门后能适应创新性社会对人才的需求。

在物理实验课程的学习中具体要做到以下几点:

1. 实验课前预习(占成绩的10%)

由于实验课课堂时间有限,课前预习就显得十分重要。预习充分,就会大大提高课堂效率,学习收获大,效果好。通过预习,明确实验任务、原理,了解使用哪些仪器,测什么物理量,采用什么方法,有哪些基本步骤,有什么注意事项等。作为本次实验报告的前半部分,课前写出预习报告的内容,包括实验题目、实验任务、实验仪器、实验原理(简述,应列出主要计算公式,画出原理简图)。如果是设计性、研究性实验,则要构思好实验方案。

2. 课堂实验操作(占成绩的50%)

(1)上课时务必带实验教材、计算器、笔、尺,先将预习报告交教师检查,无预习报告者不得做实验。迟到10 min以上不得做实验。

(2)入座后不要盲目动手,先结合仪器,了解其工作原理、使用方法及注意事项,经教师允许后再进行实验,对电学实验需经教师检查合格后方可接通电源。对光学仪器需要轻拿轻放,不要用手接触光学镜头。

(3)注意观察实验现象,认真正确记录测量数据。该数据经教师检查合格后再结束实验操作。收拾仪器整理桌面后方可离开实验室。

3. 实验报告的提交(占成绩的40%)

实验报告是实验工作的全面总结,应以简明的形式将实验结果完整而又真实地表达出来。写报告时要求文字通顺,字迹工整,图表规范,结果正确,讨论认真。

完整的实验报告应包括:实验名称、任务、原理(在课前预习时已经完成),设计性、研究性实验的实验方案,实验简要步骤、实验数据记录(以列表的形式给出)、实验数据处理、实验结果的分析讨论和与实验有关的思考题。

希望大学物理实验课程的学习给大家带来有益的启迪，并为今后的学习、研究和工作奠定良好的基础！把握实验课提供的机会，勇于创新、乐于创新，通过实验的系统训练，为将来的工作和研究打下良好的基础。

Chapter 2 第2章

物理实验中的重要环节简介

Several Important Segments in Physics Experiment

物理实验主要包括四个环节:①实验方案的制订与实施;②物理量的测量与记录;③实验数据的处理;④实验结论的得出。这四个环节既有各自特点与任务,同时也是相互联系、相互制约的。实验要完成的任务决定了实验现象的展现方式,实验现象的展现方式决定了要使用的仪器及测量方式与精确度等,测量量的选择也在一定程度上决定了数据处理的内容和方法及实验结果的表示方式。能否通过实验得到正确的结论,在很大程度上取决于前三个环节进行得是否恰当。

2.1 实验方案的制订

实验方案的制订包括实验现象的展示形式和测量方式的设计,展示实验现象的实验仪器或客体的选择,测量仪器的选用以及一些实验技巧的实施。

2.1.1 实验现象的展示和测量方式的设计

实验现象的展现,是物理实验的灵魂。历史上物理实验中每一个重大的突破和成就的取得都与实验方法的重大改进和创新性实验方法实施分不开的。例如以太不存在的结论,是在采用了高精度的装置和创新性测量方法的迈克尔逊-莫雷实验后得到。弱相互作用宇称不守恒的预言,是在吴健雄等实验物理学家巧妙构思的实验中得以验证。在我们大学物理实验课程中,我们首先接触到的是基本实验,这里要求的是物理现象的重现。也就是说我们只要求同学把前人做过的实验重复一遍,实验现象的展现方式、使用的仪器、设备和实验方法已经确定。对同学的主要要求是正确地使用仪器和记录处理数据。然后是综合性实验,同学们要通过这部分实验学习如何制订实验方案,领会这些实验构思的巧妙之处。在设计性、研究性实验中,我们要在学习前人经验的基础上积极探索,勇于创新,构思出好的实验方案。

2.1.2 展示实验现象和测量中常用的方法与技巧

在长期的研究过程中,广大科技工作者探索出了一些很好的展示实验现象和测量的方法与技巧，主要包括如下几个方面：

1. 放大法

如果物理量的变化很小，无法被观察者察觉，可通过某种方法将被测量量放大后，再进行测量。如用光杠杆可以将微米级伸长量放大，而在毫米尺上得到充分的反映。

2. 转换法

把不便测量的量转换成它所产生的某种效应的测量量。如水银温度计是根据水银的热胀冷缩效应，将温度量转为长度量进行测量的。用热电偶测温度是一种将非电量转化为电学量测量的电测法，用干涉仪测长度、折射率法测浓度等则是一种将非光学量转化为光学量测量的光测法。

3. 代替法

在曹冲称象这个典故中，没有直接称大象的工具，曹冲就用了直接替代法，将可称重的石块增加到加载大象的船形成相同的吃水深度来替代，实现了对大象的测量。在电表改装实验中，被改装 μA 表的内阻往往未知，可用替代法测得。其方法是调节 E_0 使检流计满偏，用可调标准电阻 R_0 替下图 2-1 中的 μA 表，如图 2-2 所示，改变 R_0 的电阻值由大到小使检流计再度满偏，则可得改装表内阻。

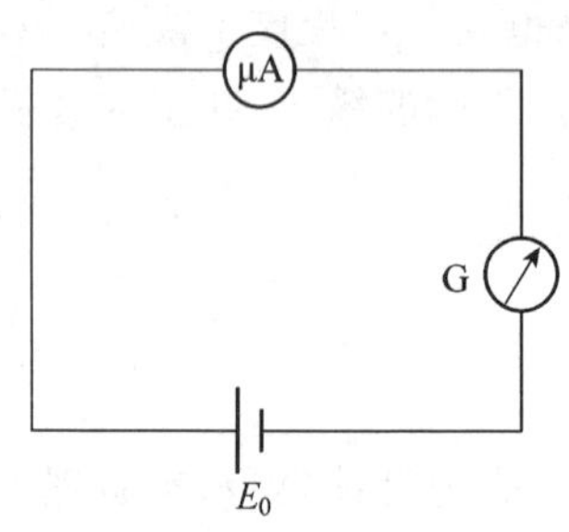

图 2-1　电表改装电路图

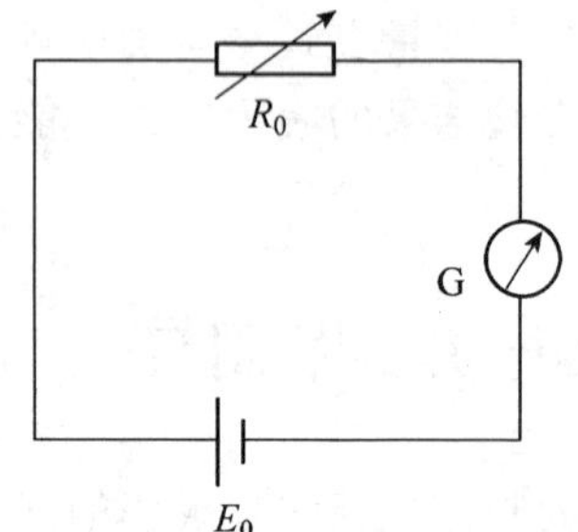

图 2-2　代替法电表改装电路图

4. 对称法

由于测量系统不完善带来的偏心、不等臂等因素可用该办法消除。比如天平若不等臂，待测物置于左侧得到的值 M_1 与置于右侧的值 M_2 不等。采用对称测量时，将待测物与砝码前后互换得到的 M_1 与 M_2。在不等臂的差别很小时，待测物的实际质量为

$$M=(M_1+M_2)/2$$

用分光计测角度时，如图 2-3，由于圆盘量角器偏心差的存在，尽管对顶角相等，即 $\theta_1=\theta_2$。但用弧长表示角度时，会出现一侧因弧长 AB 偏大表示的角度 θ_1 偏大，而另一侧因弧长 CD 偏小表示的角度 θ_2 偏小，为此，仪器在两侧各设一读数装置，采用两侧读数取平均的办法使得角度测量时偏心的影响降到最小。

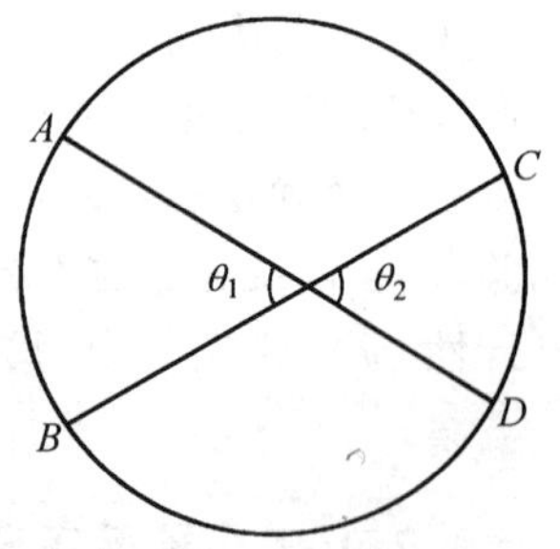

图 2-3　偏心角示意图

5. 相对测量法

利用已知其精确数据的标准样品，在相同实验条件下与待测

样品进行对比。如在光谱分析中，将样品的光谱、色度与相应的标准谱、标准色进行比较，从而得出样品成分的方法。在冲击法测磁感应强度实验中，用电感系数已知的标准电感在冲击电流计上产生的偏转和待测电感线圈电感产生偏转的比较，得到待测线圈的电感系数。

6. 平衡法

电桥是平衡法的一个典型的例子。图 2-4 是惠斯登电桥的示意图。在图中，4 个电阻以四边形组成电路，当在对角线 AC 两端接上电源时，在另一对角线的 B 点和 D 点之间出现电势差，检流计 G 上有电流通过，这种电路称为桥式电路。图中 R_1 和 R_2 为标准电阻，称为“比率臂”；R 为可变标准电阻；R_x 为待测电阻。测量时，调节电阻 R 可使检流计 G 上示值为零，即 B 点和 D 点电势相等，这时电桥达到平衡。此时有

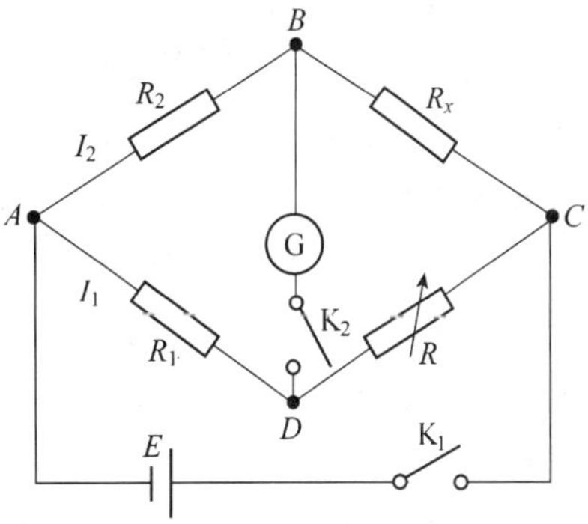

$$R_x=\frac{R_2}{R_1}R$$

图 2-4　惠斯登电桥示意图

在上式中，只要知道比率臂和 R 的电阻值就可算出待测电阻 R_x 的阻值。显然，电桥平衡是对应点的电势差为零。

这里还应指出，由平衡概念引出的平衡测量法已发展到不平衡测量。在桥式电路中，将被测元件置于电桥中的一臂，并调节电桥平衡，这时在 BD 的输出端——平衡指示点将无信号。如果被测元件状态因环境或其他物理因素的影响发生改变，平衡系统被破坏，在平衡指示点就有信号输出。这种变化可用来检测微弱信号的变化，也属于“平衡法”，不过其测试形态发生了一些变化。这种测量的思想在非电量的电测技术中有广泛的应用。

7. 补偿法

补偿法是根据某一测量原理，在提供一种可调的标准量来抵消待测量所显现的作用的条件下，对待测量进行测量的方法。例如，用电压表跨接待测电源的两端测电源的电动势时，由于有电流 I 流过电压表，电压表的读数不是待测电源的电动势 E_x，而是外电路的端电压 U，根据全电路欧姆定律，可得

$$U=E_x-Ir$$

其中 r 为待测电源的内阻。造成这种结果的原因是因为电压表的接入改变了待测电源原有状态。为了精确地测定电源的电动势，可按图 2-5 所示的电路进行测量。图中 E_x 为待测电源，E_0 为可调标准电源，G 为检流计。调节 E_0 使检流计 G 示零，则回路中两个电源的电动势必然大小相等，方向相反，此时称电路达到补偿。在补偿条件下，如果 E_0 的量值已知，则 E_x 亦可求出。

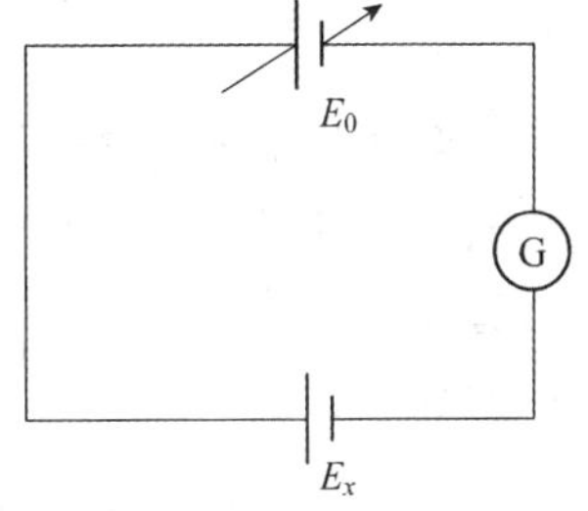

图 2-5　补偿法示意图

在光学实验的测量中，常常要求光程相等或光程差恒定。在设计和调整光路时，很难达到上述要求，通常的办法是在光路的某一部分加上一个可调的光路补偿器，以达到预期的光程要求。

8. 模拟法

有些不易测量的量，可根据相同的物理性质或运动规律有相同的数学模型，有相似结果的特点，用对模型的测量代替对原形的测量。如静电场与稳恒电流场有相同的数学模型，所以在相同边界条件下可用对稳恒电流场等位线的测量模拟静电场等位线测量。

9. 组合测量法

在很多情况下，物理实验要给出一个物理量随其他物理量变化的规律。或者根据一些物理量的变化规律来测定另外的一些物理量。如晶体管的伏安特性的研究和普朗克常数的测量等实验。对于这样的实验，我们需要多个物理量的多点组合测量(测量数据为 x_1,y_1；x_2,y_2；…；x_n,y_n)，通过数据处理，得到实验结果。

有些物理量在某些状态下很难测量，我们可以测出在其他状态下的值，外推出在这一状态下的值。例如，在测软弹簧的自然长度时，直接测准是有困难的。若将弹簧竖起来，则因受重力影响而伸长；若放在桌面上测量又会因摩擦力的影响产生误差。因此，也要通过组合测量，测外力与伸长的关系，推出外力为 0 时的自然长度。

以上提到的这些方法是相互联系、相辅相成的，往往需要综合运用来达到好的实验效果。

2.1.3　实验方案设计中需要注意的问题

在实验方案的制订过程中，实验现象的展现和测量方式是要同时考虑的。使用的仪器设备分为两类：一类是展示物理现象的设备和仪器；另一类是测量的设备和仪器。这两类仪器设备的选择都由实验任务确定，其选用是相互联系的，即要求这两种仪器匹配。在同一个实验中，各物理量的测量精度也要匹配。例如，迈克尔逊-莫雷实验要完成的任务是用高精度的实验方法测量地球相对于以太的运动速度，选择的展示方式是如果以太存在，则与地球运动方向相同和垂直方向传播的光的速度就不同。选择的仪器为迈克尔逊干涉仪，拟通过交换干涉仪两臂的位置时光的干涉条纹的移动，把沿两个垂直方向传播的光的速度的不同表现出来；而用来测量的仪器是显微镜。由这样巧妙构思、精确测量的实验，得到了两个方向的光速相等的结论。另外，在选择仪器、设备及实验物质时，还要考虑实验的成本、安全性及环保的要求。

2.2　物理量的测量

测量就是将被测量与测量仪器提供的相关标准量进行直接或间接比较，得到测量值的方法。如米尺、角规、天平、电表、温度计等都是常用的测量仪器。将被测量与相关标准量进行直接比较的测量叫直接测量；由一组直接测量结果，通过一定的运算得出实验结果的测量叫间接测量。

2.2.1　单次直接测量

单次直接测量是物理实验中最简单、最基本的测量。多次重复测量是由多个单次测量组成。由于单次测量的可靠性较差，所以在实验中一般尽可能采用多次重复测量，但在实验精度要求不高，或由于条件限制，无法多次测量的情况下，可以采用单次测量方法。在这里我们通过讨论单次测量问题，给出直接测量一些基本概念和处理问题的方法。

1. 直接测量的误差

测量就是要用测量仪器把被测量的值读出并记录下来。我们希望得到被测量真实的值（真值），但是由于种种因素的存在，我们的测量值总要与被测量的真值有偏差，我们把这个偏差定义为误差。测量误差就是测量值与真值的差异。如用 x 表示测量值，μ 表示真值，Δx 表示测量误差，则

$$\Delta x = x - \mu$$

测量误差的产生主要有以下三个方面：

(1)系统误差　由于实验的原理、理论、方法等造成的误差；测量仪器存在缺陷造成的误差（仪器误差）；测量者读数、操作时长久保持的不良习惯（比如读数总是偏大）带来的误差。

(2)随机误差　由不确定的偶然因素引起的误差。如环境和仪器性能产生的波动，测量者感官分辨能力的随机变化引起的误差。

(3)过失误差　实验者操作不当，或读数错误造成的误差。

2. 单次测量的误差估计

对于单次测量，我们在误差估计时只考虑仪器误差。一般把仪器误差估计到最大限度，即仪器的允许误差。确定方法为：

(1)对一般的分格仪器，如温度计、直尺等，仪器误差为最小分格值的一半，即

$$\Delta_{仪} = \frac{1}{2}\delta$$

其中 δ 为最小分格值。例如，对最小分格为 1 mm 的直尺，$\Delta_{仪} = 0.5$ mm。

(2)对游标类仪器，如游标卡尺和螺旋测微计，仪器误差与量程有关。对于测量范围在 300 mm 以下的卡尺，常取其分度值为仪器误差。例如，分度值为 0.02 mm 的游标卡尺，每次测量结果的仪器误差为 ± 0.02 mm，故 $\Delta_{仪} = 0.02$ mm。目前，国内使用的游标卡尺分度值通常有 0.1 mm、0.05 mm、0.02 mm 三种。国家计量局规定的各种量程的游标卡尺的仪器误差（即允许的示值误差）如表 2-1 所示。

表 2-1　各种量程游标卡尺的仪器误差　　mm

测量范围	分度值		
	0.1	0.05	0.02
0～300	±0.1	±0.05	±0.02
300～500	±0.1	±0.05	±0.04
500～700	±0.1	±0.075	±0.05
700～900	±0.15	±0.1	±0.06
900～1000	±0.15	±0.12	±0.07

对螺旋测微计，其分为零级和1级两类，实验室通常使用的是1级。螺旋测微计的仪器误差与测量范围(量程)有关，其关系如表2-2所示。

表2-2 各种量程螺旋测微计的仪器误差 mm

量程	0～100	100～150	150～200	200～300	300～400	400～500
仪器误差	±0.004	±0.005	±0.006	±0.007	±0.008	±0.01

对零级螺旋测微计，其仪器误差为上表所列仪器误差的一半。

(3)对标有准确度等级的仪器，如电学仪表，可根据准确度等级计算仪器误差。在我国，电气仪表的准确度分为0.1、0.2、0.5、1.0、1.5、2.5和5.0七级。当单向标度的电气仪表(使用最为广泛)在规定条件下使用时，仪器误差为

$$\Delta_{仪}=x_m\cdot S\%$$

其中x_m为仪表量程，S为准确度等级。例如，对标有0.5级、量程为100 mA的电流表，

$$\Delta_{仪}=100\times0.5\%=0.5(\text{mA})$$

电阻箱也常分为0.02、0.05、0.1和0.2四级，目前已有更高准确度的0.01级和0.005级电阻箱问世。不同等级电阻箱的仪器误差通常按下式计算：

$$\Delta_{仪}=(Ra+bm\times100)\%$$

其中a为电阻箱的等级，R为电阻箱所指示的值，b是与等级有关的系数，其值为每个旋钮的接触电阻，对常用的0.1级电阻箱，$b=0.002\ \Omega$；m为电阻箱的旋钮数。

(4)天平的仪器误差用感量表示。常用的分物理天平、分析天平、电子天平三种，其感量可参见仪器说明。

3. 单次直接测量的读数

在实验中要把被测量的测量值读出并记录下来，即得到被测量关于测量标准物(测量仪器)最小刻度的倍数。当这个倍数不是整数时，一般要对小于最小刻度的量进行估计。由于这种估计是粗略的，不可靠的，所以是有误差的，一般在实验中要求估计到最小刻度的十分之一的整数倍。因此对于单次测量，我们记录的数字只能比被测量相对于测量仪器的最小刻度倍数的位数多一位。例如，我们用直尺对一个物体进行长度测量，直尺的最小刻度是毫米，我们测得该物体的长度为36 mm多一点，我们就要对多的这部分进行估计，而这个估计粗略的，只能估计到十分之一毫米的整数倍，比如我们估计为0.7 mm。因此，该物体的本次测量值为36.7 mm或3.67 cm。本次测量实验数据的数字为3位，前2位是可靠的，后1位是不可靠的，带有误差的。如果我们用最小刻度是0.01 mm螺旋测微计来测量，可以发现该物体的长度是螺旋测微计最小刻度0.01 mm的3 667倍多一点。对多的这一点，我们可以估计到0.001 mm的整数倍，比如说，估计值是0.004 mm。因此，由螺旋测微计测得的该物体的长度是36.674 mm或3.667 4 cm。前面的3.667 cm是可靠的，最后一位0.000 4 cm是不可靠的，叫可疑数字或欠准数字。

4. 有效数字

如前所述，由于在测量过程中存在一定误差，就使得测量值中与误差相同数量级位数上

的数字不可靠；而且在测量读数时，也只能读出有限位的可靠数字，估计出的数字是不可靠的。因此，在读取和记录数据时，也只能取一定位数的数据，过多地读取是没有意义的。一般只取可靠数字和一位可疑数字（或欠准数字），这样读取的数字叫有效数字。

测量中有效数字的位数由测量仪器的最小刻度和被测量的大小决定，有效数字的最后一位是估计的。我们在记录测量数据时，要记录有效数字的位数既不能多写也不能少写。另外要特别注意以下几点。

(1)有效数字的记录

①有效数字位数与小数点的位置无关。如 0.001 23、0.123、12.3 等都是三位有效数字，这只是选取不同单位造成的，即有效数字的位数，由左边第一个不为零的数字算起。

②当“0”写在有效数字的末尾时，它就是欠准数字。不可随意去掉有效数字最后的“0”，也不可以随意加上一个“0”。

③有效数字的科学表示法。测量数字特大或特小时，可用 10 的幂指数形式表示。指数前的系数有 1 位整数，其余由小数构成，它的位数表明了有效数字的位数，10 的幂指数部分不代表有效数字的位数。如 250 kΩ 若用为 Ω 单位，只能写成 2.50×10^5 Ω，不能写成 250 000 Ω。因为前者是三位有效数字，后者则是六位有效数字。前者表示 2.5×10^5 Ω 是可靠的，后边的 0 kΩ 是估计的；而后者表示 250 000 Ω 的前五位是可靠的，后面的 0 Ω 是估计的。

(2)有效数字的运算规则　总的原则是：准确数字与准确数字（含常数）之间的运算得准确数字；准确数字与欠准数字、欠准数字与欠准数字之间的运算得欠准数字。其运算结果只含 1 位欠准数字。

①欠准数字的进、舍规则。为使有效数字只含有一位欠准数字，往往要对诸位欠准数字进行进舍。规则是：“四舍、六入、五凑偶（即五左边这位数为奇数则进，为偶数则舍）”。

②加减运算。加减运算结果的最后一位与参与运算各数中最高数量级的末位具有相同的数量级。如

$$20.33+5.224=25.55$$

③乘除运算。乘除运算积、商的有效数字位数，一般与运算各数中位数最少者相同（特殊情况可多保留 1 位，或少保留 1 位。在此对同学不作要求，如有兴趣可自行验证）。如

$$2.355\times13.3=31.3\text{（与位数最少者相同）}$$
$$3.357\times53.3=178.9\text{（比位数最少者多一位）}$$
$$1.01\div1.211=0.83\text{（比位数最少者少一位）}$$

④幂运算。幂运算结果的有效数字位数，与底数的有效数字位数相同。如

$$3.56^3=45.1$$
$$356^3=451\times10^7$$

⑤对数运算、三角函数运算。对数运算时，对数尾数的有效数字位数与真数的有效数字位数相同，对数的首数对应于乘方，不应计入有效数字。如

$$\log1.997=0.300\,4$$
$$\log1\,997=3.300\,4\ (\log1\,997=\log1.997\times10^3=\log10^3+\log1.997=3+0.300\,4)$$

三角函数运算不改变有效数字的位数。如

$$\sin 52°13' = 0.790\,3$$

证明：因为 $y=\sin x$，$\Delta y=(\mathrm{d}x/\mathrm{d}y)\cdot\Delta x=\cos x\cdot\Delta x$

所以 $\Delta y=\cos 52°13'\times 1' \qquad (\Delta x\approx 1')$

$=0.612\,7\times\pi/(60\times 180)\approx 0.000\,2$

因为分位为欠准数，使函数值在小数点后第四位成为欠准数所在位，则 sin52°13′等于 0.790 3，而不是 0.790 或 0.790 33 等。

⑥约简。约简就是根据某些要求或需要将有效数字的位数减少。约简遵从“四舍六入五凑偶”的原则。如将下列各量保留两位有效数字。

1.451＝1.5（5 后面有数时要进位）

1.45＝1.4（5 后面没数，又不能凑偶时舍去）

0.355＝0.36（能凑偶时进到上一位）

加减运算前，先将各量约简到其中欠准位数是最高者的下一位。如

$$11.1+1.002\,5+0.337\,6=11.1+1.00+0.34=12.4$$

乘除运算前，将各量约简到比有效数字位数最少者多一位。如

$$2.02\times 0.337\,6\times 1.1=2.02\times 0.338\times 1.1=0.75$$

5. 不确定度

（1）不确定度的提出和定义　由前面的讨论我们知道，由于各种误差的存在，被测量的真值是无法得到的。通过测量我们只能估计出真值以较大概率（置信度）存在的范围。为了更确切地表示真值的这一性质，以及定量地确定真值所在的范围，1980 年 10 月，国际计量局提出了关于“不确定度”的建议书。为此，中国计量科学院于 1986 年发出通知，规定在基准校准研究和测量、鉴定工作中，应采用不确定度来定量地描述测量结果。不确定度是通过测量得到的真值以较大概率（置信度）存在于某个量值附近的范围的评价。这个范围越小，不确定度就越小，测量结果的可靠性越大。

（2）不确定度的种类及合成方法　不确定度分为两类：A 类不确定度和 B 类不确定度。

A 类不确定度：在同一条件下多次重复测量时，其结果与真值形成的误差可用统计分析评定的不确定度，用 ΔA 表示，与测量的随机误差相联系；

B 类不确定度：指可用其他（非统计分析）方法评定的不确定度，用 ΔB 表示，由测量的系统误差构成。

两类不确定度的总不确定度为：

$$\Delta=\sqrt{(\Delta A)^2+(\Delta B)^2}$$

6. 单次测量的不确定度

单次测量的不确定度即 ΔB。而 ΔB 由仪器的允许误差、取值的置信概率以及仪器误差服从的分布决定。

$$\Delta B=k_p\,\frac{1}{C}\Delta_{仪}$$

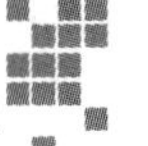

其中 C 是置信系数，它的取值与测量误差分布状态有关，对于均匀分布 $C=\sqrt{3}$，三角形分布 $C=\sqrt{6}$，正态分布 $C=3$。k_p 为置信因子，其取值与置信概率 p 有关。其依赖关系见表 2-3。

表 2-3 置信概率 p 与置信因子 k_p 的关系

p	0.500	0.683	0.9	0.950	0.955	0.990	0.997
k_p	0.675	1.00	1.65	1.96	2.00	2.58	3.00

7. 单次直接测量结果的表示

单次测量结果可表示为：测量的有效数字 $\pm\Delta B$。一般情况下，ΔB 只取一位数字，而测量有效数字的最后一位应与 ΔB 对齐。

2.2.2 多次重复性直接测量

为了得到较为可靠的实验结果，在物理实验中较多的采取多次重复性测量方法。这里的多次重复测量是指对于一个物理量在完全相同的条件下测量多次。多次重复性测量之所以有较好的可靠性，是由于重复测量值具有一定的统计特性，经过适当的数据处理，得到的结果更能接近被测量的真值。本单元讨论多次重复直接测量值的特点，及误差和不确定度的计算方法。

1. 多次重复性直接测量值的特点

(1)不考虑系统误差时，平均值趋于真值　随机误差的一个重要特点是，在相同的实验条件下多次测量的随机误差的代数和随测量次数的增加趋近于零。也就是说，在相同的实验条件下，多次测量取平均值可减小随机误差，使其更接近真值。在不考虑系统误差时，可以近似地把多次测量的平均值 $\bar{x}$ 作为真值 μ。

$$\bar{x}=\lim_{n\to\infty}\frac{1}{n}\sum_{i=1}^{n}x_i=\mu$$

(2)测量值分布的单峰性　当测量次数 $n\to\infty$ 时，测量值在平均(真值)μ 附近出现的次数最多。这表明靠近真值的测量值出现的机会大，远离真值的测量值出现的机会小。因此，在有限次测量中，其 n 次测量的平均值 $\bar{x}$(即峰值所在位置)可作为真值的最佳估计值。

(3)测量值有界性　各测量值都分布在一定的范围内，过大或过小的测量值实际上很少出现，大部分测量值分布在由 $\mu\pm\sigma$ 决定的范围内，因此可由 σ 来描述这类偶然误差的大小，称为测量次数当 $n\to\infty$ 时的标准误差。

$$\sigma=\sqrt{\frac{\sum(\mu-x_i)^2}{n}}$$

从统计意义上讲，在 $\mu\pm\sigma$ 的范围内包含了总数据的 68.3%(或任何一个测量数据在 $\mu\pm\sigma$ 的范围内的可能性有 68.3%)；在 $\mu\pm2\sigma$ 范围内包含了总数据的 95%；在 $\mu\pm3\sigma$ 范围内包含了总数据的 99.7%。所有测量数据中不在 $\mu\pm3\sigma$ 范围内的数据存在的概率很小，只有 0.3%，称为小概率事件，也称为不可能发生事件。因此 3σ 也叫极限误差 $\Delta_{极}$，即

$$\Delta_{极}=3\sigma$$

(4)测量值分布的对称性　它表明在多次测量中，正负误差出现的机会均等，因此，多次测量可部分地消除随机干扰带来的偶然误差。

2. 多次直接测量随机误差的估计

由于任何物理量的客观描述都是在有限次测量下得到的。在对 x 进行的有限次测量得到的测量列($x_1,x_2,x_3,\cdots,x_n$)中，其误差 σ 可用由该测量量决定的标准差 S_x 来估算。

$$S_x=\sqrt{\frac{\sum(\overline{x}-x_i)^2}{n-1}}$$

它表明，在这组测量数据中以其平均值 $\overline{x}$ 作为被测真值 μ 的最佳估计值时，任何一个测量值 x_i 偏离平均值$\overline{x}$超过$\pm S_x$ 的范围的概率不会超过 68.3%，也可以说占 68.3%的测量值与平均值(或真值)的偏离程度不会超过$\pm S_x$ 范围；占 95%的测量值与平均值(或真值)的偏离程度不会超过$\pm 2S_x$ 范围；占 99.7%的测量值与平均值(或真值)的偏离程度不会超过$\pm 3S_x$ 范围；同样，测量值超过$\pm 3S_x$ 的概率，在有限次测量中是不可能发生的，故 $3S_x$ 可作为所得实验数据中坏值剔除的标准。

3. 多次测量的平均值与真值偏差的估计

在评价测量过程中偶然误差对测量结果的影响程度时，我们是用平均值 $\overline{x}$ 与真值 μ 的偏离程度来表述，而这个数值可用测量列平均值的标准差来估算。

$$S_{\overline{x}}=\sqrt{\frac{\sum(\overline{x}-x_i)^2}{n(n-1)}}$$

它表明，在一测量列中以 $\overline{x}$ 作为真值 μ 的最佳估计值时，平均值与真值之差小于 $\pm S_{\overline{x}}$的概率为 68.3%。因 $S_{\overline{x}}=\frac{1}{\sqrt{n}}S_x$，可见增加测量次数可在标准偏差不变的情况下减小 $S_{\overline{x}}$。但当 $n\geqslant 10$时，$S_{\overline{x}}$减小的程度已很不明显，故教学中一般取 $n\geqslant 5$ 即可。

4. 多次重复性直接测量的不确定度

对于多次的直接测量，当测量次数 $n>5$ 时，A 类不确定度 ΔA 可用测量列平均值的标准误差来估算，即

$$\Delta A=\delta=\sqrt{\frac{\sum(x_i-x)^2}{n(n-1)}}$$

B 类不确定度 ΔB 主要由系统误差确定。当系统误差由 n 个独立的因素产生，其大小为 $u_i(i=1,2,\cdots,n)$时，

$$\Delta B=\sqrt{\sum_{i=1}^{n}u_i^2}$$

合成的不确定度为

$$\Delta=\sqrt{(\Delta A)^2+(\Delta B)^2}$$

5. 多次直接测量数据的表示

多次直接测量的结果的最后表达式应为：

$$\text{测量值}=\text{平均值}\pm\text{不确定度}$$

用 x 表示测量值，$\bar{x}$ 表示平均值，Δ 表示不确定度，则有

$$x=\bar{x}\pm\Delta$$

Δ 一般情况下取一位，$\bar{x}$ 保留的最后一位数字应与 Δ 的这位数字有相同数量级。

例：对某长度用毫米尺等精度测 5 次，得 29.18，29.24，29.27，29.25，29.26(cm)。仪器误差为 0.02 cm。

测量平均值为

$$\bar{x}=29.24(\text{cm})$$

平均值的标准偏差为

$$\Delta A=S_{\bar{x}}=\frac{1}{\sqrt{n}}S_x=0.02(\text{cm})$$

依题意可知

$$\Delta B=\Delta_{\text{仪}}=0.02(\text{cm})$$

所以

$$\Delta=\sqrt{(\Delta A)^2+(\Delta B)^2}=0.026(\text{cm})$$

实验结果应表达为

$$x=29.24\pm0.03(\text{cm})$$

6. 直接测量的质量的评价

我们在实验过程中，往往还要对测量质量进行评价。评价主要包括以下几个方面：

(1)测量精密度　表示测量结果中随机误差(A 类不确定度)大小的程度，即是指在规定条件下对被测量进行多次测量时，所得结果之间符合的程度，简称为精度。

(2)测量正确度　表示测量结果中系统误差(B 类不确定度)大小的程度。它反映了在规定条件下，测量结果中所有系统误差的综合。

(3)测量准确度　表示测量结果与被测量的“真值”之间的一致程度。它反映了测量结果中系统误差与随机误差的综合。准确度又称精确度。

精密度、正确度和准确度皆高的测量，为高质量的测量。

2.2.3　间接测量

在物理实验中，有些物理量不能通过直接测量得到，而是其他可直接测量量的函数，可通过直接测量的物理量得到，这种测量叫间接测量。例如，物理量 H 是物理量 x,y,z 的函数，即 $H=H(x,y,z)$，x,y,z 是可直接测量的，H 不能直接测量，需通过测量 x,y,z 得到。这样得到 H 的过程叫做间接测量。

1. 单次间接测量结果的计算与表示

设 $H=H(x,y,z)$，x,y,z 是可直接测量的。实验中只对 x,y,z 进行了单次测量。我们可按前面给出的单次直接测量值的记录方法写出直接测量值，

$$x=x_0\pm\Delta x, y=y_0\pm\Delta y, z=z_0\pm\Delta z$$

其中 x_0, y_0, z_0 是根据有效数字的写法和不确定度理论写出的测量值，$\Delta x, \Delta y, \Delta z$ 是单次测量的不确定度。由此，我们可以把间接测量值 H 写成如下形式：

$$H=H_0\pm\Delta H$$

ΔH 为间接测量的不确定度，满足传递关系

$$\Delta H=\sqrt{\left(\frac{\partial H}{\partial x}\Delta x\right)^2+\left(\frac{\partial H}{\partial y}\Delta y\right)^2+\left(\frac{\partial H}{\partial z}\Delta z\right)^2}$$

按前面讨论的不确定度有效数字的保留方法，保留一到两位有效数字。

$$H_0=H(x_0, y_0, z_0)$$

先按有效数字计算规则计算，并保留有效数字，然后根据 ΔH 的有效数字值进行修改，即保证 H_0 的欠准数字与 ΔH 的值有相同的数量级。

2. 由多次重复直接测量结果给出的间接测量结果与表示

设 $H=H(x,y,z)$，x,y,z 是可直接测量的，在实验中对 x,y,z 进行了多次测量。我们可按前面给出的多次直接测量值的记录方法写出直接测量值，

$$x=\bar{x}\pm\Delta x, y=\bar{y}\pm\Delta y, z=\bar{z}\pm\Delta z$$

其中 $\bar{x},\bar{y},\bar{z}$ 分别是根据有效数字的写法和不确定度理论写出的对于 x,y,z 多次直接测量的平均值；$\Delta x,\Delta y,\Delta z$ 是由多次直接测量得到的不确定度。由此，我们可以把间接测量值 H 写成如下形式：

$$H=\overline{H}\pm\Delta H$$

ΔH 为间接测量的不确定度，仍满足传递关系

$$\Delta H=\sqrt{\left(\frac{\partial H}{\partial x}\Delta x\right)^2+\left(\frac{\partial H}{\partial y}\Delta y\right)^2+\left(\frac{\partial H}{\partial z}\Delta z\right)^2}$$

按前面讨论的不确定度有效数字的保留方法，保留一到两位有效数字。

$$\overline{H}=H(\bar{x},\bar{y},\bar{z})$$

先按有效数字计算规则计算并保留有效数字，然后根据 ΔH 的有效数字进行修改，即保证 $\overline{H}$ 的欠准数字与 ΔH 的值有相同的数量级

例：用顶角 $\alpha=60°00'$ 的空心三棱镜（α 可视为常量）测量水的折射率，对最小偏向角 δ，测量 5 次结果如下（仪器误差取 $1'$）：$23°42'$，$23°44'$，$23°44'$，$23°43'$，$23°45'$。

(1)求$\bar{n}$。

将$\bar{\delta}=23°44'$代入折射率公式

$$n=\frac{\sin\frac{1}{2}(\bar{\delta}+\alpha)}{\sin\frac{1}{2}\alpha}=\frac{\sin 41°52'}{\sin 30°00'}=2\times 0.667\,4=1.334\,8$$

这里$\bar{\delta}$有四位有效数字，则 $\sin\bar{\delta}$也取四位。由于 α 按常数（准确数字）看待，$\sin 30°00'=0.5$，有效数字乘 2 后，第 1 位有效数字有进位，则$\bar{n}$比$\bar{\delta}$多一位，属于乘法规则的特例。

(2)$S_{\bar{\delta}}\doteq 0.5'$，$u_B$ 取 $1'$，则 $u_{\bar{\delta}}=\sqrt{0.5'^2+1'^2}=1.1'=0.000\ 32(\text{rad})$。

由 n 的表达式及 $\alpha=\sin 30°00'$得

$$\frac{\partial n}{\partial \delta}=\frac{1}{\sin\frac{1}{2}\alpha}\left[\cos\frac{1}{2}(\alpha+\delta)\right]\times\frac{1}{2}=\cos\left(30°00'+\frac{\delta}{2}\right)$$

$$u_{\bar{n}}=\cos\left(30°00'+\frac{\delta}{2}\right)u_{\bar{\delta}}$$

$$=\cos 41°52'\times 0.003\ 2=\cos 42°\times 0.003\ 2=0.002\ 4$$

(3)$n=\bar{n}\pm u_{\bar{n}}=1.334\ 8\pm 0.000\ 2$。

2.3　组合测量实验数据的处理

实验数据的处理，一般包括测量值的平均值、误差、不确定度的计算，以及组合测量数据的分析与展现。由于有关平均值、误差、不确定度的计算已在前一节讨论，本节只讨论对组合测量实验数据的处理。

2.3.1　组合测量结果的表示

组合测量的数据给出了物理量之间的变化关系，这些关系需要在实验报告中清晰明了地表达出来，以使实验者及相关人员对实验规律有一个简明、形象的了解。通常测量结果的表示有列表法和作图法。

1. 列表法表示

一般写实验报告，都要列出数据表。尤其是对于组合测量数据，需要展示出物理量之间的函数关系，更宜于用列表法处理数据。数据列表要求表格设计合理，简单明了，根据需要可把计算的某种中间项列出来，一些相关量、对应量都可按一定的形式和顺序列出相应栏目，一般先列出直接读出量，再列出计算得出量，先列先测量，后列后测量。这样就可简单明确地表示出相关物理量之间的对应关系，有利于比较、分析各量变化趋势，发现各量之间的规律性联系。

列表要注意完整，必须写明表格与栏目的名称，单位与公因子写在标称栏里，不要重复写在各数据中；不同的物理量之间、物理量与测量数据之间应用线条加以区分。用直尺作表格，字母、数字书写要规范。在表格上方可以附有必要的数据及文字说明。列表是为了清楚明白，让人看懂，反之，就不可取了。

列表法处理数据可使实验报告形式简捷，分门别类，眉目清楚。便于随时检查测量数据，及时发现问题，可以提高数据处理效率，避免不必要的重复计算。

2. 作图法表示

用作图法处理组合测量数据，反映物理量之间的关系，可以收到形象直观的效果。这是作图法处理数据的突出优点。

作图法是了解物理量间函数关系，找出经验公式的最常用方法之一。由于图线是依据点做出的，则作图具有多次测量、取其平均的作用。可以从图线中求出某些物理量或常数，也可直接从图中读出没有进行观测的对应于 x 的 y，“内插法”与“外推法”就是从所作的图线上或延长线上读坐标的方法。在科研和生产中，作图法有着不可取代的重要作用。

作图必须用坐标纸。当决定了参量之后，根据具体情况选用毫米方格的直角坐标纸、对数坐标纸、半对数坐标纸、极坐标纸等。其坐标纸大小及坐标分度的比例，根据测量数据的有效位数、数据的分布区间和结果的需要来确定。其原则是：测量数据中的可靠数字在图中应为可靠，测量数据中的可疑数字在图中应是估计的。即坐标中的最小格应为测量有效数字中可靠数字的最后一位。

坐标轴的坐标与比例。通常以横轴代表自变量，纵轴代表因变量，并在坐标轴上标明所代表物理量的字母符号和单位。作图时可根据需要，横轴和纵轴的标度可以不同，其轴的交点不一定从零开始，根据实际确定并调整图线的大小和位置，充分利用坐标纸。对于数据特别大或特别小的可以写成数量级表示法，如 10^{+m} 或 10^{-n}，并位于坐标轴最大值的右边。

图线的标点与连线。根据测量数据，用削尖的铅笔在坐标图纸上，找出与实验数据对应的坐标位置，标上小“＋”或小“×”等符号，且在同一图上不同曲线应当用不同的符号，如“×”、“＋”、“○”、“△”等。当测量数据点标好后，用直尺或曲线板等作图工具，把测量数据点连成直线或光滑曲线，除特殊情况外绝不允许连成折线，也不允许连成“蛇线”。图线不一定通过每一个测量数据点，但应使图线两旁的数据点有较均匀的分布，图线起平均值的作用。

图上应标明图的名称、简要的实验条件。一般要求在图纸上部附近空旷位置，写出简要完整的图名，中部标明实验条件。所标明的文字应当用仿宋体。

计算直线斜率时，一定在所作图线上找两相距较远的新点，不用原来的测点坐标；用两点式 $b=\dfrac{(y_2-y_1)}{(x_2-x_1)}$ 计算斜率。计算截距时，是在图线上再选定一点 $P_3(x_3,y_3)$ 代入 $y=bx+a$ 中，求得 $a=y_3-\dfrac{(y_2-y_1)}{(x_2-x_1)}x_3$。

图解法方法简便，形象直观，应用十分广泛，缺点是作图具有一定的随意性，对同一组数据，不同的人会得到不同的结果，即使同一个人，先后两次作图结果也会略有不同，因此它的误差很难估计。另外如果测量数据有效数字位数很多，分布范围很广，势必要求坐标纸的尺寸很大，有时甚至难以实现。

2.3.2 组合测量数据的分析与回归

组合测量的目的往往不只是得到物理量与物理量之间的数值变化关系，在很多情况下要找到物理量之间的内在联系。这样就需要对数据进行分析与回归，找到实验数据中隐含的物理规律，得到反映这一物理规律的关键数据。下面介绍几种常用的数据回归方法。应该指出，正确的数据回归方法，是建立在对实验深刻理解和对实验数据的正确分析的基础之上的。

1.逐差法回归

设组合测量数据 $y_1,y_2,\cdots,y_i,\cdots,y_n$ 和 $x_1,x_2,\cdots,x_i,\cdots,x_n$ 之间满足线性关系 $b=\dfrac{\Delta y}{\Delta x}$，而 b 是要得到的测量值时，可采取逐差法回归得到 b。逐差法选用数据的原则是，①所有数据都应用上；②任一数据都不应重复使用。逐差法规定，把 n 对数据分成两组，用第 2 组的一对数据作被减数，用第 1 组相应的一对数据作减数。如共 10 对数据，则将 1～5 号数据分作第 1 组，将第 6～10 号分作第 2 组可求得回归系数。

$$b_i=\frac{y_{i+5}-y_i}{x_{i+5}-x_i}\quad(i=1,2,3,\cdots,5)$$

可得 5 个 b 值，最佳值是

$$b=\frac{1}{5}\sum_{i=1}^{5}b_i$$

回归常数 a

$$a=\bar{y}-b\bar{x}$$

其中 $\bar{x}=\dfrac{1}{10}\sum x_i$ 是 x_i 数列的中值，$\bar{y}=\dfrac{1}{10}\sum y_i$ 是 y_i 数列的中值。

逐差法有固定的计算程序，在一定程度上避免了作图法的随意性，计算简便、迅速，因而获得了广泛的应用。它的缺点是若数据分组不同，计算结果也不相同，对于怎样分组才最合理，也缺乏理论分析，用这种方法处理数据时，尚不能对测量误差做出估算。

2.最小二乘法多项式回归

最小二乘法是比较常用的数据回归方法，其回归原理为：对于给定的数据 (x_i,y_i) $(i=1,2,\cdots,n)$，设回归函数为 $y(x)=f(a,x)=a_0+a_1x+a_2x^2+\cdots+a_nx^n$，取参数 $a_0,a_1,a_2,\cdots,a_n$，使 $\chi^2(a)=\sum\limits_{i=1}^{n}\left[\dfrac{y_i-f(a,x_i)}{\Delta y_i}\right]^2$ 最小。Δy_i 为 y_i 的测量误差。当假定 $\Delta y_i=\Delta y$ 不变时，上式变为使 $\chi^2(a)\cdot(\Delta y)^2=\sum\limits_{i=1}^{N}\left[y_i-f(a,x_i)\right]^2$ 最小。

例如，在组合测量中，得到 n 对测量值 $(x_1,x_2,\cdots,x_n)$，$(y_1,y_2,\cdots,y_n)$。若经分析得知回归方程应为 $y=a+bx$，则可由

$$\sum(y_i-y)^2=\sum(y_i-a-bx_i)^2$$

求出最小值，或

$$\begin{cases}\dfrac{\partial}{\partial a}(y_i-a-bx_i)^2=0\\[2mm]\dfrac{\partial}{\partial b}(y_i-a-bx_i)^2=0\end{cases}\quad 及\quad\begin{cases}\dfrac{\partial^2}{\partial a^2}(y_i-a-bx_i)^2>0\\[2mm]\dfrac{\partial^2}{\partial b^2}(y_i-a-bx_i)^2>0\end{cases}$$

求解得到 a 和 b 的最佳值：

$$\begin{cases}b=\dfrac{\bar{x}\cdot\bar{y}-\overline{xy}}{\bar{x}^2-\overline{x^2}}\\[2mm]a=\bar{y}-b\bar{x}\end{cases}$$

其中 $\overline{x}=\frac{1}{n}\sum_{i=1}^{n}x_i,\overline{y}=\frac{1}{n}\sum_{i=1}^{n}y_i,\overline{x^2}=\frac{1}{n}\sum_{i=1}^{n}x_i^2,\overline{xy}=\frac{1}{n}\sum_{i=1}^{n}x_iy_i$。

3. 曲线方程转化为直线方程的回归问题

在物理实验中，很多情况是所测两个物理量 x 与 y 之间的关系符合某种非线性曲线关系，和直线相比曲线作图比较困难，而且不容易精确画出。把这种非线性曲线先转化成直线再进行回归，则更方便，更可靠。如 $y=ax^2$ 可将等式两边取自然对数，得 $\ln y=2\ln x+\ln a$。再令 $Y=\ln y, X=\ln x, b=\ln a$，即可将幂函数转化成线性函数 $Y=2X+b$；又如曲线方程为 $y=ae^{ax}$，同样可将等式两边取自然对数，得 $\ln y=ax+\ln a$。再令 $Y=\ln y$，$b=\ln a$，即可将幂函数转化成线性函数 $Y=aX+b$。

现在许多计算器是程序型计算器，具有最小二乘法的直线拟合功能，只要输入 x 和 y 的数据组，即可得出斜率 k 截距 b 和相关系数 r；还可求得幂函数和指数函数中的 a 和 b。在实验的数据处理中利用计算器的这些功能，可省去许多繁琐的计算。

例：用空心三棱镜对糖溶液浓度 y 与所形成最小偏向角 x 进行组合测量，利用函数型计算器进行数据处理。可按下列表格设计：

$x/°$	23.73	24.04	24.38	24.70	24.96	25.22	25.48	$x=24.64$
y	3.0	6.0	9.0	12.0	15.0	18.0	21.0	$y=12.0$
Δ_x	0.92	0.58	0.27	0.05	0.32	0.57	0.83	
Δ_y	9.0	6.0	3.0	0.0	3.0	6.0	9.0	
$\Delta_x\Delta_y$	8.28	3.48	0.81	0.0	0.96	3.42	7.47	
$S_{xx}=S_x^2(n-1)=2.404$				$\overline{x^2}=\frac{1}{n}\sum x_i^2=608.0$				
$S_{yy}=252$				$S_{xy}=\sum\Delta x_i\Delta y_i=24.58$				

$$b=\frac{S_{xy}}{S_{xx}}=\frac{24.58}{2.404}=10.22$$

$$a=\overline{y}-b\overline{x}=12.0-10.22\times 24.64=239.9$$

$$S_y=\sqrt{\frac{S_{yy}-\frac{S_{xy}^2}{S_{xx}}}{n-2}}=\sqrt{\frac{1}{5}\left(252-\frac{24.58^3}{2.404}\right)}=0.37$$

$$S_b=\frac{S_y}{\sqrt{S_{xx}}}=\frac{0.37}{\sqrt{2.404}}=0.24$$

$$S_a=\sqrt{\overline{x^2}}\cdot S_b=\sqrt{608}\times 0.24=5.9$$

$$r=\frac{S_{xy}}{\sqrt{S_{xx}S_{yy}}}=\frac{24.58}{\sqrt{2.404\times 252}}=0.998\ 6$$

所以
$$a=-240\pm 6, b=10.2\pm 0.2$$

则回归方程为：

$$y=-240+10.2x$$

2.4　实验结论的得出

得出实验结论，是物理实验的最后一个环节，它是前三个实验环节的结晶。一般来讲，有了很好的实验方案，正确的测量方法，恰当的数据处理，最后得出正确的实验结论是水到渠成的事情。但是，在很多情况下，前三个环节的努力并不能保证得到正确的实验结论。得到正确的实验结论需要实验者有良好的科学素养，严谨的科学态度，实事求是的探索精神。我们在给出实验结论时要注意：①给出结论时，要有客观求实的精神，不要受自己预期的结果所左右，认真、细致地研究实验数据的每一个细节，不要想当然地重视一部分实验数据，忽略一部分实验数据；②给出实验结论时，要注明实验结论的适用范围及条件；③当感到实验结果与现有理论有冲突时，要认真分析产生冲突原因，态度要客观，审慎。既不要轻易否定自己的实验，也不要轻率地下结论。结论要建立在对理论和实验的全面分析研究的基础之上，所下的结论要留有余地，要充分考虑到我们所得到的实验结果受实验室提供的客观条件限制，受测量仪器的精度限制，受实验者测量技术、操作习惯以及数据处理方法的限制。

附　物理量的单位

附表 2-1　国际单位制的基本单位与定义

量的名称	单位名称	单位符号	定　义
长度	米	m	光在真空中 1/299 792 458 s 内经过的距离
质量	千克	kg	等于国际千克原器的质量
时间	秒	s	铯 133 原子基态的两个超精细能级之间跃迁所对应的辐射的 9 192 631 770个周期的持续时间
电流	安[培]	A	若保持在处于真空中相距 1 m 的两无限长且圆截面可以忽略的平行直导线内通过 1 A 的恒定电流，则在此两导线间产生的力在每米长度上等于 2×10^{7} N
热力学温度	开[尔文]	K	开尔文是水三相点热力学温度的 1/273.16
物质的量	摩[尔]	mol	摩尔是一系统的物质的量，该系统中所包含的基本单元数与 0.012 kg 碳 12 的原子数目相同
发光强度	坎[德拉]	cd	坎德拉是频率为 5.40×10^{14} Hz 的单色辐射在给定方向上，且为 1/683 W 每球面度的发光强度

附表 2-2　国际单位制的辅助单位

量的名称	单位名称	单位符号	定　义
平面角	弧度	rad	弧度是一圆内两条半径之间的平面角，这两条半径在圆周上截取的弧长与半径相等
立体角	球面度	sr	球面度是一立体角，其顶点位于球心，而它在球面上截取的面积等于以球半径为边长的正方形面积

附表 2-3　国际单位制中的一些导出单位

量的名称	单位名称	单位符号	用基本单位表达的表示式
频率	赫[兹]	Hz	s^{-1}
力	牛[顿]	N	$m \cdot kg \cdot s^{-2}$
压强	帕[斯卡]	Pa	$m^{-1} \cdot kg \cdot s^{-2}$
能、功、热量	焦[耳]	J	$m^2 \cdot kg \cdot s^{-2}$
功率	瓦[特]	W	$m^2 \cdot kg \cdot s^{-3}$
电量	库[仑]	C	$s \cdot A$
电压、电势	伏[特]	V	$m^2 \cdot kg \cdot s^{-3} \cdot A^{-1}$
电容	法[拉]	F	$m^{-2} \cdot kg^{-1} \cdot s^4 \cdot A^2$
电阻	欧[姆]	Ω	$m^2 \cdot kg \cdot s^{-3} \cdot A^{-2}$
磁感应强度	特[斯拉]	T	$kg \cdot s^{-2} \cdot A^{-1}$
电感	亨[利]	H	$m^2 \cdot kg \cdot s^{-2} \cdot A^{-2}$
光通量	流[明]	lm	$cd \cdot sr$
照度	勒[克斯]	lx	$m^{-2} \cdot cd \cdot sr$

附表 2-4　与国际单位制并行使用的一些单位

量的名称	单位名称	单位符号	与国际单位制的关系
时间	分	min	1 min=60 s
	小时	h	1 h=60 min=3 600 s
	日	d	1 d=24 h=86 400 s
平面角	度	°	$1^\circ=(\pi/180)$rad
	分	′	$1'=(1/60)^\circ=(\pi/10\,800)$rad
	秒	″	$1''=(1/60)'=(\pi/648\,000)$rad
长度	千米	km	1 km=1 000 m
能	电子伏特	eV	$1\ eV=1.062\,189\,2\times10^{-19}\ J$
热量	卡	cal	1 cal= 4.185 8 J

Chapter 3 第 3 章

基本实验

Fundamental Experiment

实验 3-1 落球法测量液体的黏滞系数

A. 液体的黏滞系数简介

一、什么是液体的黏滞性

实际流体在流动过程中，由于各流层的流速不同，相邻两流层之间存在等值反向的摩擦力，它们阻碍两流层的相对运动且沿分界面切线方向，流速较慢的流层对流速较快的流层施于与速度反向的阻力，流速较快的流层对流速较慢的流层施于与速度同向的拉力，这一对摩擦力称内摩擦力或黏滞力，流体的这种性质称为黏滞性。各种液体都具有不同程度的黏滞性，液体的黏滞性在许多情况下是不能忽略的，例如小钢球在蓖麻油中下落，小钢球会受到蓖麻油的黏滞力。

二、日常生活中与液体的黏滞性有关的现象

在日常的生产活动和科学研究中，经常要考虑液体黏滞性的影响，如在流体输送、机器润滑、船舶制造、医药生产及人体保健等各个方面。

1. 心血管疾病与血液黏滞性有关

糖尿病人的血脂、血糖值一般比较高，血液的颜色也与正常血液颜色有差异，糖尿病人就比较容易产生心血管疾病等并发症。易产生脑血栓症状的病人，脑部血液的血脂比较稠，易发生因血液流动不畅而引起的突发性脑血栓等疾病。

2. 输运黏滞性流体的管道设计，要考虑流体的黏滞性

石油在输运过程中，输运特性与石油的黏滞性密切相关。设计人员必须充分考虑到石油的黏滞性，设计出合理的输运管道。

三、液体的黏滞系数

1. 液体黏滞系数的定义

液体的黏滞系数是反映液体流动行为的重要特征之一。如果将黏滞流体分成许多很薄

的流层，各流层的流速是不相同的。当流速不大时，流速是分层有规律变化的，流层之间仅有相对滑动而不混合。这种流体在管内流动时，其质点沿着与管轴平行的方向作平滑直线运动的流动称为层流。图 3-1-1 所示为实际流体在水平圆形管道中作层流时的速度分布情况，附着在管壁上的一层流体流速为零，从管壁到管轴流体的流速逐渐增大，管轴处流体流速最大，形成速度不同的流层。

如图 3-1-2 所示，设流体沿 x 方向分层流动，沿 y 方向速度梯度为$\frac{\mathrm{d}v}{\mathrm{d}y}$，相邻流层接触面积为 ΔS。实验证明，黏滞力 f 的大小与所取流层的面积 ΔS 和流层的速度梯度的乘积成正比，即

$$f=\eta\frac{\mathrm{d}v}{\mathrm{d}y}\Delta S \tag{3-1-1}$$

式中比例系数 η 称为流体的黏滞系数，简称黏度，在国际单位制中，黏度的单位是 Pa・s（帕・秒）。它是指当两流层间具有单位速度梯度时，沿流层单位面积上所受的内摩擦力。式(3-1-1)称为牛顿黏滞定律。

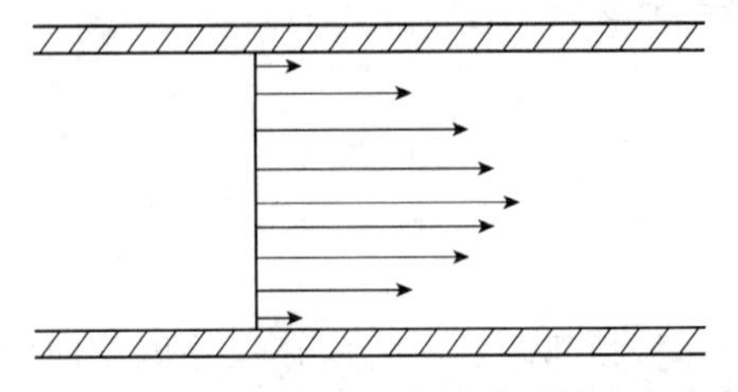

图 3-1-1　管内黏滞流体流动时的速度分布

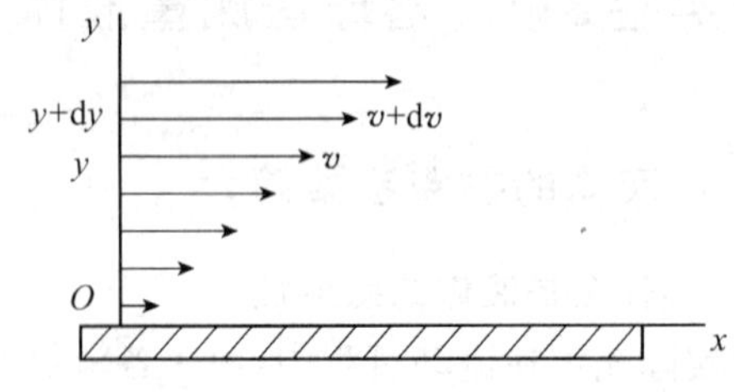

图 3-1-2　流体的黏滞系数

2. 影响液体黏滞系数的因素

一般情况下，黏滞系数的大小与液体本身的性质、液体的温度和流速有关。不同流体黏度不同，同种流体在不同温度下黏度也不同。例如蓖麻油在 20～50℃温度内变化时，其黏度变化为 0.12～0.98 Pa・s。另外，流体的黏度还与压强有关，在高压下流体的黏度会有比较明显的增加。

四、测量液体黏滞系数的意义

确定液体的黏滞系数在很多方面有实际意义，它是流体黏滞性强弱的重要参数。例如，小颗粒在液体中下落时，通过测量液体的黏度，可测定小颗粒的半径或下落速度，在土壤学中该方法常被用来进行土壤颗粒分析；20 世纪初，著名的密立根油滴实验，就是考虑了带电油滴在电场中下落时空气的黏度，进而测定了电子所带的电量，同时证明了油滴所带的电荷为电子电荷的整数倍，即证明了电荷的量子性；在医学上，通过测量血液的黏度可为疾病的及时诊断与治疗提供非常有价值的信息；另外，机械中润滑油的加入等，也要考虑到黏度的影响。

五、测量方法

测定液体黏滞系数的常用方法有落球法、毛细管法、转筒法、扭摆法等。

B. 本实验采用方法的详细介绍

一、实验方法

根据流体黏滞系数的大小和透明度可选择不同的测量方法。本实验采用落球法来测量蓖麻油的黏滞系数。

二、实验物品、仪器及设备

变温黏度测量仪，ZKY-PID 温控实验仪，秒表，螺旋测微器，钢球若干。

三、重要仪器简介

1. *落球法变温黏度测量仪*

变温黏度仪的外形如图 3-1-3 所示。待测液体装在细长的样品管中，能使液体温度较快地与加热水温达到平衡，样品管壁上有刻度线，便于测量小球下落的距离。样品管外的加热水套连接到温控仪，通过热循环水加热样品。底座下有调节螺钉，用于调节样品管的铅直。

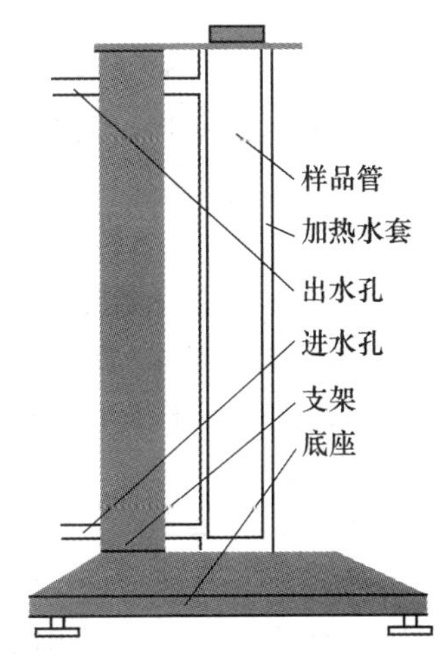

图 3-1-3 变温黏度仪

2. *开放式 PID 温控实验仪*

温控实验仪包含水箱、水泵、加热器、控制及显示电路等部分。

本温控试验仪内置微处理器，带有液晶显示屏，具有操作菜单化，能根据实验对象选择 PID 参数以达到最佳控制，能显示温控过程的温度变化曲线和功率变化曲线及温度和功率的实时值，能存储温度及功率变化曲线，控制精度高等特点。仪器面板如图 3-1-4 所示。

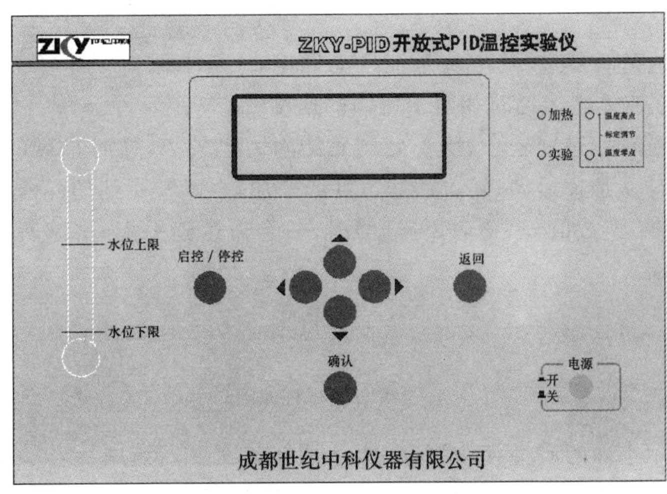

图 3-1-4 温控实验仪面板

开机后，水泵开始运转，显示屏显示操作菜单，可选择工作方式，输入序号及室温，设定温度及 PID 参数。使用◀ ▶键选择项目，▲▼ 键设置参数，按确认键进入下一屏，按返回键返回上一屏。

进入测量界面后，屏幕上方的数据栏从左至右依次显示序号，设定温度、初始温度、当前温度、当前功率、调节时间等参数。图形区以横坐标代表时间，纵坐标代表温度(以及功率)，并可用▲▼键改变温度坐标值。仪器每隔 15 s 采集 1 次温度及加热功率值，并将采得的数据标示在图上。温度达到设定值并保持 2 min 温度波动小于 0.1℃，仪器自动判定达到平衡，并在图形区右边显示过渡时间 t_s，动态偏差 σ，静态偏差 e。一次实验完成退出时，仪器自动将屏幕按设定的序号存储(共可存储 10 幅)，以供必要时查看、分析、比较。

3. 秒表

PC396 电子秒表具有多种功能。按功能转换键，待显示屏上方出现符号且第 1 和第 6、第 7 短横线闪烁时，即进入秒表功能。此时按开始/停止键可开始或停止记时，多次按开始/停止键可以累计记时。一次测量完成后，按暂停/回零键使数字回零，准备进行下一次测量。

四、实验的基本构思与原理

1. 实验的基本构思

本实验的基本构思是金属小球在蓖麻油中下落，在竖直方向达到受力平衡时，开始匀速运动，通过受力平衡的分析，找到影响蓖麻油黏度的因素，并通过实验的方法测量出黏度大小。

2. 实验原理

如图 3-1-5 所示，质量为 m 的金属小球在黏滞液体中下落时，它会受到三个力，分别是小球的重力 G、小球受到的液体浮力 F 和黏滞阻力 f。如果液体的黏滞性较大，小球的质量均匀、体积较小、表面光滑，小球在液体中下落时不产生漩涡，而且下落速度较小，则小球所受到的黏滞阻力为

$$f=3\pi\eta vd \tag{3-1-2}$$

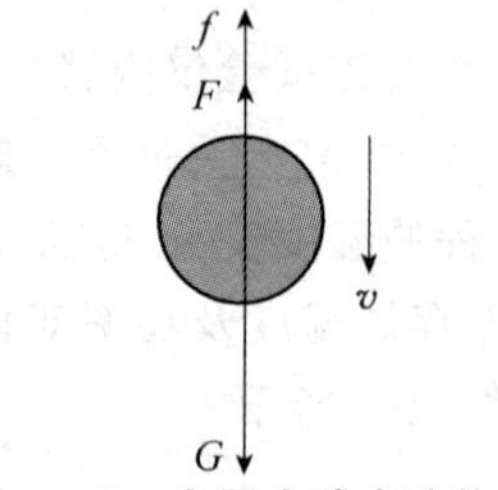

图 3-1-5　金属小球在液体中下落时受力分析

式(3-1-2)称为斯托克斯公式，其中 η 是液体的黏度，d 是小球的直径，v 是小球在流体中运动时相对于流体的速度。

当小球开始下落时，速度较小，所受到的黏滞阻力也较小，这时小球的重力大于浮力和黏滞阻力之和，小球做加速运动；随着小球速度的增加，小球所受到的黏滞阻力也随之增加，当小球的速度达到一定数值 v_0(称收尾速度)时，三个力达到平衡，小球所受合力为零，小球开始匀速下落，此时

$$G=F+f \tag{3-1-3}$$

即

$$mg=\rho_0 gV+3\pi\eta v_0 d \tag{3-1-4}$$

式中 m、V 分别表示小球的质量和体积，ρ_0 表示液体的密度。如用 ρ 表示小球的密度，则小球的体积 V 为

$$V=\frac{4}{3}\pi\left(\frac{d}{2}\right)^3$$

小球的质量 m 为

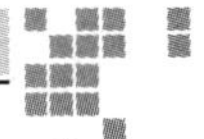

$$m=\rho V=\frac{\pi}{6}d^3\rho$$

代入式(3-1-4)并整理得

$$\eta=\frac{(\rho-\rho_0)gd^2}{18v_0} \tag{3-1-5}$$

本实验中,小球在直径为 D 的玻璃管中下落,液体在各方向无限广阔的条件不满足,此时黏滞阻力的表达式可加修正系数$(1+2.4d/D)$,而式(3-1-5)可修正为:

$$\eta=\frac{(\rho-\rho_0)gd^2}{18v_0(1+2.4d/D)} \tag{3-1-6}$$

当小球的密度较大,直径不是太小,而液体的黏度值又较小时,小球在液体中的平衡速度 v_0 会达到较大的值,奥西思-果尔斯公式反映出了液体运动状态对斯托克斯公式的影响:

$$f=3\pi\eta v_0 d\left(1+\frac{3}{16}Re-\frac{19}{1\,080}Re^2+\cdots\right) \tag{3-1-7}$$

其中 Re 称为雷诺数,是表征液体运动状态的无量纲参数。

$$Re=v_0 d\rho_0/\eta \tag{3-1-8}$$

当 Re 小于 0.1 时,可认为式(3-1-2)、式(3-1-6)成立。当 $0.1<Re<1$ 时,应考虑式(3-1-7)中 1 级修正项的影响,当 Re 大于 1 时,还须考虑高级修正项。

考虑式(3-1-7)中 1 级修正项的影响及玻璃管的影响后,黏度 η_1 可表示为:

$$\eta_1=\frac{(\rho-\rho_0)gd^2}{18v_0(1+2.4d/D)(1+3Re/16)}=\eta\frac{1}{1+3Re/16} \tag{3-1-9}$$

由于 $3Re/16$ 是远小于 1 的数,将 $1/(1+3Re/16)$ 按幂级数展开后近似为 $1-3Re/16$,式(3-1-9)又可表示为:

$$\eta_1=\eta-\frac{3}{16}v_0 d\rho_0 \tag{3-1-10}$$

已知或测量得到 ρ、ρ_0、D、d、v 等参数后,由式(3-1-6)计算黏度 η,再由式(3-1-8)计算 Re,若需计算 Re 的 1 次修正,则由式(3-1-10)计算经修正的黏度 η_1。

3. PID 调节原理

PID 调节是自动控制系统中应用最为广泛的一种调节规律,自动控制系统的原理可用图 3-1-6 说明。

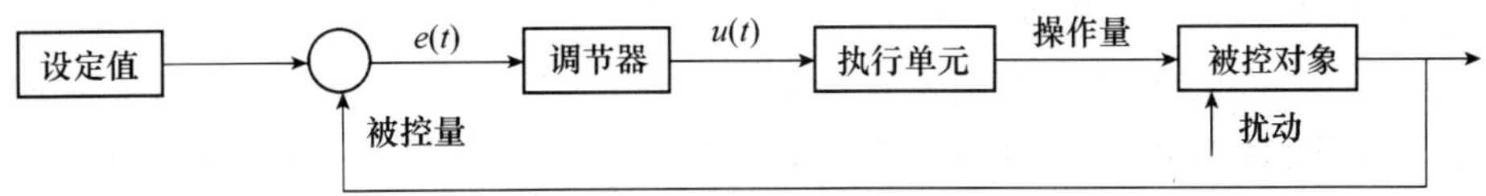

图 3-1-6 自动控制系统框图

假如被控量与设定值之间有偏差 $e(t)$=设定值-被控量,调节器依据 $e(t)$及一定的调节规律输出调节信号 $u(t)$,执行单元按 $u(t)$输出操作量至被控对象,使被控量逼近直至最后等于设定值。调节器是自动控制系统的指挥机构。

在我们的温控系统中，调节器采用PID调节，执行单元是由可控硅控制加热电流的加热器，操作量是加热功率，被控对象是水箱中的水，被控量是水的温度。PID调节器是按偏差的比例(proportional)、积分(integral)、微分(differential)进行调节，其调节规律可表示为：

$$u(t)=K_P\left[e(t)+\frac{1}{T_I}\int_0^t e(t)\mathrm{d}t+T_D\frac{\mathrm{d}e(t)}{\mathrm{d}t}\right] \tag{3-1-11}$$

式中第一项为比例调节，K_P 为比例系数。第二项为积分调节，T_I 为积分时间常数。第三项为微分调节，T_D 为微分时间常数。

PID温度控制系统在调节过程中温度随时间的一般变化关系可用图3-1-7表示，控制效果可用稳定性、准确性和快速性评价。

系统重新设定(或受到扰动)后经过一定的过渡过程能够达到新的平衡状态，则为稳定的调节过程；若被控量反复振荡，甚至振幅越来越大，则为不稳定调节过程，不稳定调节过程是有害而不能采用的。准确性可用被调量的动态偏差和静态偏差来衡量，二者越小，准确性越高。快速性可用过渡时间表示，过渡时间越短越好。实际控制系统中，上述三方面指标常常是互相制约，互相矛盾的，应结合具体要求综合考虑。

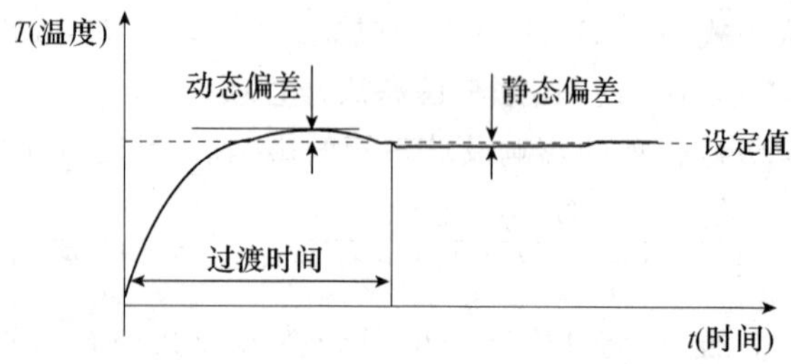

图 3-1-7　PID调节系统过渡过程

由图3-1-7可见，系统在达到设定值后一般并不能立即稳定在设定值，而是超过设定值后经一定的过渡过程才重新稳定，产生超调的原因可从系统惯性、传感器滞后和调节器特性等方面予以说明。系统在升温过程中，加热器温度总是高于被控对象温度，在达到设定值后，即使减小或切断加热功率，加热器存储的热量在一定时间内仍然会使系统升温，降温有类似的反向过程，这称之为系统的热惯性。传感器滞后是指由于传感器本身热传导特性或是由于传感器安装位置的原因，使传感器测量到的温度比系统实际的温度在时间上滞后，系统达到设定值后调节器无法立即作出反应，产生超调。对于实际的控制系统，必须依据系统特性合理整定PID参数，才能取得好的控制效果。

由式(3-1-11)可见，比例调节项输出与偏差成正比，它能迅速对偏差作出反应，并减小偏差，但它不能消除静态偏差。这是因为任何高于室温的稳态都需要一定的输入功率维持，而比例调节项只有偏差存在时才输出调节量。增加比例调节系数 K_P 可减小静态偏差，但在系统有热惯性和传感器滞后时，会使超调加大。

积分调节项输出与偏差对时间的积分成正比，只要系统存在偏差，积分调节作用就不断积累，输出调节量以消除偏差。积分调节作用缓慢，在时间上总是滞后于偏差信号的变化。

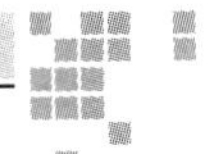

增加积分作用(减小 T_I)可加快消除静态偏差,但会使系统超调加大,增加动态偏差,积分作用太强甚至会使系统出现不稳定状态。

微分调节项输出与偏差对时间的变化率成正比,它阻碍温度的变化,能减小超调量,克服振荡。在系统受到扰动时,它能迅速作出反应,减小调整时间,提高系统的稳定性。

PID 调节器的应用已有一百多年的历史,理论分析和实践都表明,应用这种调节规律对许多具体过程进行控制时,都能取得满意的结果。

C. 本实验对学生的基本要求

一、实验任务

测定蓖麻油的黏滞系数。

二、实验中要采集的数据及其处理

表 3-1-1 小钢球的直径

次数	1	2	3	4	5	6	7	8	平均值
$d/10^{-3}$ m									

表 3-1-2 黏度的测定

温度/℃	时间/s						速度/(m/s)	η(测量值)/(Pa·s)	* η(标准值)/(Pa·s)
	1	2	3	4	5	平均			
10									2.420
15									
20									0.986
25									
30									0.451
35									
40									0.231
45									
50									
55									

$\rho=7.8\times10^3$ kg/m^3,$\rho_0=0.95\times10^3$ kg/m^3,$D=2.0\times10^{-2}$ m。

三、实验步骤提示

1. 检查仪器后面的水位管,将水箱的水加到适当值

平常加水从仪器顶部的注水孔注入。若水箱排空后第 1 次加水,应该用软管从出水孔将水经水泵加入水箱,以便排出水泵内的空气,避免水泵空转(无循环水流出)或发出嗡鸣声。

2. 设定 PID 参数

若对 PID 调节原理及方法感兴趣，可在不同的升温区段有意改变 PID 参数组合，观察参数改变对调节过程的影响，探索最佳控制参数。

若只是把温控仪作为实验工具使用，则保持仪器设定的初始值，也能达到较好的控制效果。

3. 测定小球直径

由式(3-1-8)及式(3-1-5)可见，当液体黏度及小球密度一定时，雷诺数 $Re \propto d^3$。在测量蓖麻油的黏度时建议采用直径 1～2 mm 的小球，这样可不考虑雷诺修正或只考虑 1 级雷诺修正。

用螺旋测微器测定小球的直径 d，将数据记入表 3-1-1 中。

4. 测定小球在液体中下落速度并计算黏度

温控仪温度达到设定值后再等约 10 min，使样品管中的待测液体温度与加热水温完全一致，才能测液体黏度。

用镊子夹住小球沿样品管中心轻轻放入液体，观察小球是否一直沿中心下落，若样品管倾斜，应调节其铅直。测量过程中，尽量避免对液体的扰动。

用秒表测量小球落经一段距离的时间 t，并计算小球速度 v_0，用式(3-1-6)或式(3-1-10)计算黏度 η，记入表 3-1-2 中。表 3-1-2 中，列出了部分温度下黏度的标准值，可将这些温度下黏度的测量值与标准值比较，并计算相对误差。将表 3-1-2 中 η 的测量值在坐标纸上作图，表明黏度随温度的变化关系。

实验全部完成后，用磁铁将小球吸引至样品管口，用镊子夹入蓖麻油中保存，以备下次实验使用。

四、预习思考题

1. 为什么小球放进液体中时，应尽量靠近蓖麻油表面并使其沿圆筒的轴线下落？

2. 测量小球下落时间 t，不应从液面开始计时，而是要从小球下落一段距离开始计时，为什么？

3. 在测量过程中如何避免视差的产生？

五、操作后思考题

1. 如何判断小球在做匀速运动？

2. 不用秒表测量小球下落的时间，请问有什么其他方法吗？

3. 在测量 v_0 时，如果 v_0 太大，就难以准确测量其值，若要使 v_0 较小，问小球的材料、尺寸应如何选择？

4. 误差产生的主要原因是什么？如何减少误差？

六、作业

请完成初级设计性实验 4-1。

D. 参考文献及阅读材料推荐

[1] 厉爱昤，穆秀家. 大学物理实验. 北京：高等教育出版社，2006.

[2] 曹学成，姜永超. 大学物理. 北京：中国农业出版社，2009.

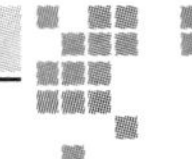

[3] 习岗. 普通物理学(理工类). 北京：中国农业出版社，2007.

实验 3-2　扭摆法测定物体的转动惯量

A. 转动惯量简介

一、什么是转动惯量？

1. 转动惯量的定义

转动惯量是研究和描述刚体转动规律的一个重要物理量。一般来说，在外力的作用下，物体的形状和大小会发生变化。但如果在外力作用下，物体的形状和大小不发生变化，即物体内任意两点间的距离都保持恒定，则称这种理想化了的物体为刚体。在外力作用下，有些物体的形状和大小变化甚微，可以忽略不计，这种物体也可近似地看作是刚体。刚体绕定轴转动的转动惯量与刚体的质量分布、几何形状及转轴的位置有关。其定义式为

$$I = \sum_i (\Delta m_i r_i^2)$$

即转动惯量 I 等于刚体上各质点的质量与各质点到转轴的距离平方的乘积之和。对于几何形状简单、质量连续且均匀分布的刚体，其转动惯量可以用积分进行计算，即

$$I = \int r^2 \mathrm{d}m$$

转动惯量的国际单位名称是千克平方米，符号为 $\mathrm{kg \cdot m^2}$。

2. 转动惯量的物理意义

根据刚体的转动定律，对于定轴转动的刚体，刚体转动的角加速度 β 与刚体所受到的合外力矩 M 成正比，与刚体对该转轴的转动惯量 I 成反比，即 $M=I\beta$。当刚体所受到的合外力矩 M 一定时，刚体的转动惯量 I 越大，角加速度 β 越小，刚体的转动状态越不容易改变；反之，刚体的转动惯量 I 越小，角加速度 β 越大，刚体转动状态越容易改变。可见，刚体的转动惯量是描述刚体转动惯性大小量度的物理量。

3. 转动惯量具有可加性

转动惯量具有可加性，当一个刚体由几部分组成时，可以分别计算各个部分对转轴的转动惯量，然后把结果相加就可以得到整个刚体的转动惯量。

4. 转动惯量的平行轴定理

刚体的转动惯量与轴的位置有关。如图 3-2-1 所示，若质量为 m 的物体绕通过质心转轴的转动惯量为 I_0，对另一平行轴的转动惯量为 I，x 为两轴的垂直距离。则刚体对二轴转动惯量有下列关系：

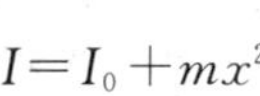

$$I=I_0+mx^2$$

上式叫作转动惯量的平行轴定理。

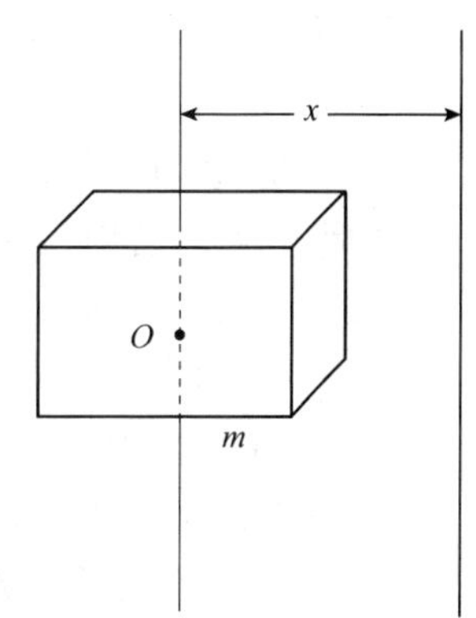

图 3-2-1　平行轴定理示意图

二、测量物体转动惯量的意义

对于形状简单的均匀刚体，测出其外形尺寸和质量，就可以计算出转动惯量。但对于形状复杂、质量分布不均匀的刚体，例如机械部件、电动机转子和枪炮的弹丸等的转动惯量，计算将极为复杂，通常用实验的方法测定。因此，学会用实验的方法测定刚体的转动惯量具有重要的实用价值和研究意义。例如，飞轮设计、发动机叶片设计乃至炮弹飞行、导弹和卫星的外形设计、分子运动的研究等，都需要有转动惯量的数据。

三、测量转动惯量的方法

转动惯量的测量，一般都是使刚体以一定形式运动，通过表征这种运动特征的物理量与转动惯量的关系，进行转换测量。测定转动惯量的实验方法较多，如落体法、复摆法、扭摆法、三线摆法等。

B. 本实验采用方法的详细介绍

一、实验方法

本实验是利用扭摆的简谐振动，来研究刚体的运动，从而测定刚体的转动惯量，并验证刚体转动惯量的平行轴定理。

二、实验物品、仪器及设备

扭摆、转动惯量测试仪、金属圆筒、实心塑料圆柱体、木球、验证转动惯量平行轴定理用的金属细杆（杆上有两块可以自由移动的金属滑块）、游标卡尺、米尺、托盘天平。

三、重要仪器简介

1. 扭摆

扭摆的构造如图 3-2-2 所示，在垂直轴 1 上装有一根薄片状的螺旋弹簧 2，用以产生恢复力矩。在轴的上方可以装上各种待测物体。垂直轴与支座间装有轴承，以降低摩擦力矩。3 为水平仪，用来指示整个系统平衡，可通过底脚螺丝钉来调节。

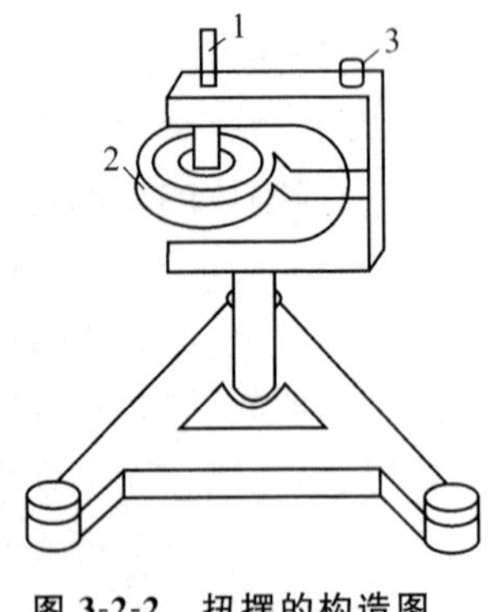

图 3-2-2　扭摆的构造图

使用该仪器时注意：

(1)底座应保持水平状态。

(2)弹簧的扭转常数 K 值不是固定常数，它与扭摆角度略有关系，摆角在 90°左右基本相同，在小角度时变小。使用时应将每一次的摆角固定在 90°左右。

(3)在安装待测物体时，其支架必须全部套入扭摆主轴，并将止动螺丝旋紧，否则扭摆不能正常工作。

2. 转动惯量测试仪

该仪器由主机和光电传感器两部分组成。

主机采用新型的单片机作控制系统，用于测量物体转动和摆动的周期，以及旋转体的转速，能自动记录、存贮多组实验数据并能够精确地计算多组实验数据的平均值。

光电传感器主要由红外发射管和红外接收管组成，将光信号转换为脉冲电信号，送入主机工作。因人眼无法直接观察仪器工作是否正常，但可用遮光物体往返遮挡光电探头发射光束通路，检查计时器是否开始计数，以及到预定周期数时是否停止计数。

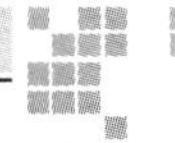

仪器使用方法：

(1)调节光电传感器在固定支架上的高度，使被测物体上的挡光杆能自由往返地通过光电门。调节固定支架的位置，使得扭摆静止时，被测物体上的挡光杆处于光电门的间隙。

(2)开启主机电源，摆动指示灯亮，参量指示为"$P_1$000.0"。

(3)本机默认扭摆的周期数为10，如要更改，按"置数"键，显示"$n=10$"，按"上调"键，周期数依次加1，按"下调"键，周期数依次减1，周期数能在1～20范围内任意设定，再按"置数"键确认。更改后的周期数不具有记忆功能，一旦切断电源或按"复位"键，便恢复原来的默认周期数。

(4)将被测物体水平旋转约90°后让其自由摆动，按"执行"键，计时仪器显示"$P_1$000.0"，表示仪器已处在等待测量状态，当被测物体上的挡光杆第一次通过光电门时开始计时，同时，状态指示的计时灯点亮，随着刚体的摆动，仪器开始连续计时，直到周期数等于设定值时，停止计时，计时指示灯随之熄灭，此时仪器显示第一次测量的总时间，同时仪器自行计算周期C_I予以存贮，以供查询和作多次测量求平均值，至此，P_1(第一次测量)测量完毕。

(5)按"执行"键，"P_1"变为"P_2"，数据显示又回到"000.0"，仪器处在第二次待测状态，本机设定重复测量的最多次数为5次，即(P_1，P_2，…，P_5)。通过"查询"键可知各次测量的周期值C_I($I=1,2,\cdots,5$)以及它们的平均值C_A。

使用该仪器时注意：

(1)为防止过强光线对光探头的影响，光电探头不能置放在强光下，实验时采用窗帘遮光，确保计时的准确。

(2)为提高测量精度，应先让扭摆自由摆动，然后按"执行"键进行计时。

(3)光电探头宜放在挡光杆平衡位置处，挡光杆不能和它相接触，以免增大摩擦力矩。

(4)在使用过程中，若遇强磁场等原因而使系统死机，请按"复位"键或关闭电源重新启动，但以前的一切数据都将丢失。

四、实验的基本构思与原理

1. 测量物体转动惯量的构思与原理

将物体在水平面内转过一角度θ后，在弹簧的恢复力矩作用下物体就开始绕垂直轴作往返扭转运动。根据胡克定律，弹簧受扭转而产生的恢复力矩M与所转过的角度θ成正比，即

$$M=-K\theta$$

式中K为弹簧的扭转常数。

若使I为物体绕转轴的转动惯量，β为角加速度，由转动定律$M=I\beta$可得

$$\beta=\frac{M}{I}=-\frac{K}{I}\theta$$

令$\omega^2=\dfrac{K}{I}$，忽略轴承的摩擦阻力矩，得

$$\beta=\frac{\mathrm{d}^2\theta}{\mathrm{d}t^2}=-\omega^2\theta$$

上式表示扭摆运动具有角简谐振动的特性，角加速度与角位移成正比，且方向相反。方程的解为

$$\theta = A\cos(\omega t + \varphi)$$

式中 A 为简谐振动的角振幅，φ 为初相位角，ω 为角速度。谐振动的周期为

$$T = \frac{2\pi}{\omega} = 2\pi\sqrt{\frac{I}{K}}$$

由上式可知，只要通过实验测得物体扭摆的摆动周期，并在 I 和 K 中任何一个量已知时即可计算出另外一个量。

本实验使用一个几何形状规则的小塑料圆柱，它的转动惯量可以根据其质量和几何尺寸用理论公式直接计算得到，将其放在扭摆的金属载物盘上，通过测定其在扭摆仪上摆动时的周期，可算出仪器弹簧的 K 值。若要测定其他形状物体的转动惯量，只需将待测物体安放在同一扭摆仪顶部的各种夹具上，测定其摆动周期，即可算出该物体绕转动轴的转动惯量。

假设扭摆上只放置金属载物圆盘时的转动惯量为 I_0，周期为 T_0，则

$$T_0^2 = \frac{4\pi^2}{K} I_0$$

若在载物圆盘上放置已知转动惯量为 I'_1 的小塑料圆柱后，周期为 T_1，由转动惯量的可加性，总的转动惯量为 $I_0 + I'_1$，则

$$T_1^2 = \frac{4\pi^2}{K}(I_0 + I'_1) = T_0^2 + \frac{4\pi^2}{K} I'_1$$

解得

$$K = 4\pi^2 \frac{I'_1}{T_1^2 - T_0^2}$$

以及

$$I_0 = \frac{I'_1 T_0^2}{T_1^2 - T_0^2}$$

若要测量任何一种物体的转动惯量，可将其放在金属载物盘上，测出摆动周期 T，就可算出其转动惯量 I，即

$$I = \frac{KT^2}{4\pi^2} - I_0$$

本实验测量木球和金属细杆的转动惯量时，没有用金属载物盘，分别用了支架和夹具，则计算转动惯量时需扣除支架和夹具的转动惯量。

2. 验证物体转动惯量的平行轴定理

本实验利用金属细杆和两个对称放置在细杆两边凹槽内的滑块来验证平行轴定理。测量整个系统的转动周期，可得整个系统的转动惯量的实验值为

$$I = \frac{KT^2}{4\pi^2}$$

当滑块在金属细杆上移动的距离为 x 时，根据平行轴定理，整个系统对中心轴转动惯量

的理论计算公式应为

$$I' = I_{细杆} + I_{夹具} + 2I_{滑块} + 2m_{滑块}x^2$$

式中 $I_{滑块}$ 为滑块通过滑块质心轴的转动惯量理论值。

如果测量值 I 与理论计算值 I' 相吻合，则说明平行轴定理得证。

C. 本实验对学生的基本要求

一、实验任务

1. 测定扭摆的仪器常数（弹簧的扭转常数）K。
2. 测定塑料圆柱体、金属圆筒、木球与金属细长杆的转动惯量。
3. 验证转动惯量的平行轴定理。

二、实验中要采集的数据及其处理

（1）用游标卡尺、米尺、天平分别测出待测物体的质量和必要的几何尺寸。如塑料圆柱的直径，金属圆筒的内、外径，木球的直径以及金属细杆的长度等。

（2）计算扭摆弹簧的扭转常数 K，其计算公式为：

$$K = 4\pi^2 \frac{I'_1}{T_1^2 - T_0^2} - \underline{\qquad\qquad\qquad} (\mathrm{N \cdot m})$$

（3）测定塑料圆柱、金属圆筒、木球与金属细杆的转动周期，计算转动惯量的实验值，并与理论值比较，求百分比误差。

以上各测量值均记录在表 3-2-1 中。

表 3-2-1　刚体转动惯量的测定

<table>
<tr><th>物体名称</th><th>质量/kg</th><th colspan="2">几何尺寸/10^{-2} m</th><th colspan="2">周期/s</th><th>转动惯量理论值/(10^{-4} kg · m^2)</th><th>实验值/(10^{-4} kg · m^2)</th><th>百分差</th></tr>
<tr><td rowspan="4">金属载物盘</td><td rowspan="4"></td><td colspan="2" rowspan="4"></td><td colspan="2">T_{01}</td><td rowspan="4"></td><td rowspan="4">$I_0 = \frac{I'_1 \bar{T}_0^2}{\bar{T}_1^2 - \bar{T}_0^2}$</td><td rowspan="4"></td></tr>
<tr><td colspan="2">T_{02}</td></tr>
<tr><td colspan="2">T_{03}</td></tr>
<tr><td colspan="2">$\bar{T}_0$</td></tr>
<tr><td rowspan="4">小塑料圆柱</td><td rowspan="4"></td><td>D_{11}</td><td></td><td>T_{11}</td><td></td><td rowspan="4">$I'_1 = \frac{1}{8} m \bar{D}_1^2$</td><td rowspan="4">$I_1 = \frac{K\bar{T}_1^2}{4\pi^2} - I_0$</td><td rowspan="4"></td></tr>
<tr><td>D_{12}</td><td></td><td>T_{12}</td><td></td></tr>
<tr><td>D_{13}</td><td></td><td>T_{13}</td><td></td></tr>
<tr><td>$\bar{D}_1$</td><td></td><td>$\bar{T}_1$</td><td></td></tr>
</table>

续表 3-2-1

物体名称	质量/kg	几何尺寸/10^{-2}m		周期/s		转动惯量理论值/(10^{-4}kg·m²)	实验值/(10^{-4}kg·m²)	百分差
大塑料圆柱		D_{21}		T_{21}		$I'_2=\frac{1}{8}m\overline{D}_2^2$	$I_2=\frac{K\overline{T}_2^2}{4\pi^2}-I_0$	
		D_{22}		T_{22}				
		D_{23}		T_{23}				
		$\overline{D}_2$		$\overline{T}_2$				
金属圆筒		$D_{外1}$		T_{31}		$I'_3=\frac{1}{8}m(\overline{D}_{外}^2+\overline{D}_{内}^2)$	$I_3=\frac{K\overline{T}_3^2}{4\pi^2}-I_0$	
		$D_{外2}$						
		$D_{外3}$		T_{32}				
		$\overline{D}_{外}$						
		$D_{内1}$		T_{33}				
		$D_{内2}$						
		$D_{内3}$		$\overline{T}_3$				
		$\overline{D}_{内}$						
木球		$D_{直1}$		T_{41}		$I'_4=\frac{1}{10}m\overline{D}_{直}^2$	$I_4=\frac{K}{4\pi^2}\overline{T}_4^2-I_{支座}$ $I_{支座}=0.187$	
		$D_{直2}$		T_{42}				
		$D_{直3}$		T_{43}				
		$\overline{D}_{直}$		$\overline{T}_4$				
金属细杆		L_1		T_{51}		$I'_5=\frac{1}{12}m\overline{L}^2$	$I_5=\frac{K}{4\pi^2}\overline{T}_5^2-I_{夹具}$ $I_{夹具}=0.321$	
		L_2		T_{52}				
		L_3		T_{53}				
		$\overline{L}$		$\overline{T}_5$				

(4)验证平行轴定理。改变滑块在金属细杆上的位置，测定转动周期，测量数据记录在表 3-2-2 中。计算滑块在不同位置处系统的转动惯量，并与理论值比较，计算百分比误差。

表 3-2-2　平行轴定理的验证

x /10^{-2}m	5.00	10.00	15.00	20.00	25.00
T_1/s					
T_2/s					
T_3/s					
$\overline{T}$/s					

续表 3-2-2

x /10^{-2}m	5.00	10.00	15.00	20.00	25.00
实验值 /(10^{-4} kg·m^2) $I=\frac{K}{4\pi^2}T^2$					
理论值 /(10^{-4} kg·m^2) $I'=\frac{K}{4\pi^2}T_5^2+2mx^2+2I_{滑块}$ $2I_{滑块}=0.753$					
百分差					

三、实验步骤提示

(1)熟悉扭摆的构造及使用方法,熟悉转动惯量测试仪的使用方法。

(2)测出塑料圆柱体的外径,金属圆筒的内、外径,木球直径,金属细长杆长度及各物体质量(各测量 3 次)。

(3)调整扭摆基座底脚螺丝,使水平仪的气泡位于中心。

(4)装上金属载物盘,调整光电探头的位置使载物盘上的挡光杆处于其缺口中央且能遮住发射、接受红外光线的小孔。测定摆动周期 T_0。

(5)将塑料圆柱体垂直放在载物盘上,测定摆动周期 T_1。

(6)用金属圆筒代替塑料圆柱体,测定摆动周期 T_3。

(7)取下载物盘、装上木球,测定摆动周期 T_4(在计算木球的转动惯量时,应扣除支架的转动惯量)。

(8)取下木球,装上金属细杆(金属细杆中心必须与转轴重合),测定摆动周期 T_5(在计算金属细杆的转动惯量时应扣除夹具的转动惯量)。

(9)将滑块对称放置在细杆两边的凹槽内(图 3-2-3),此时滑块质心离转轴的距离分别为 5.00 cm,10.00 cm,15.00 cm,20.00 cm,25.00 cm,测定摆动周期 T,验证转动惯量的平行轴定理(在计算转动惯量时,应扣除夹具的转动惯量)。

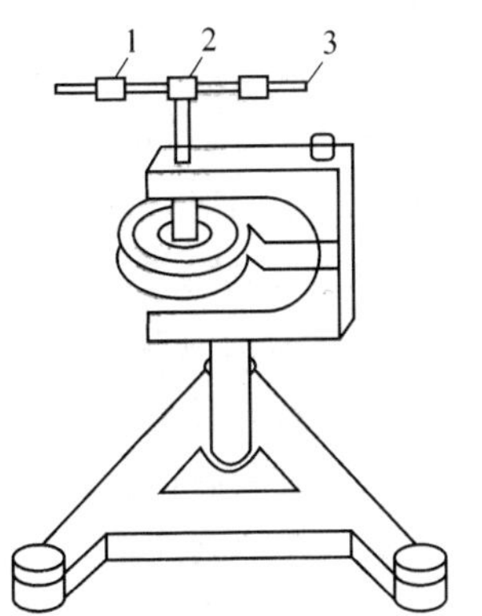

图 3-2-3 转动惯量的测定

1. 垂直轴 2. 螺旋弹簧

3. 水平仪

四、预习思考题

1. 如何测量扭摆弹簧的扭转系数 K?
2. 如何测定任意形状的物体绕特定轴转动的转动惯量?
3. 数字计时仪的仪器误差为 0.01 s,实验中为什么要测量 10 个周期?
4. 如何验证平行轴定理?

五、操作后思考题

1. 在测量形状规则的物体的转动惯量时,若物体在载物盘中放置不平稳,会对计算结果产生什么影响？

2.扭摆角度的大小对测量会产生什么影响？

3.验证平行轴定理时，为什么不用一个圆柱体而采用两个对称放置？

4.采用本实验测量方法，对测量试样的转动惯量的大小有什么要求？

六、作业

请完成初级设计性实验 4-2。

D. 参考文献及阅读材料推荐

[1] 习岗，杨初平.大学物理实验.2 版.北京：中国农业出版社，2006.

[2] 张兆奎，缪连元，张立.大学物理实验.2 版.北京：高等教育出版社，2002.

[3] 漆安慎，杜婵英.力学基础.北京：高等教育出版社，1996.

实验 3-3　液体表面张力系数的测定

A. 液体表面张力简介

一、什么是液体表面张力？

液体与气体相接触时，会形成一个表面层，在这个表面层内存在着的相互吸引力就是表面张力，它能使液面自动收缩。表面张力是由液体分子间很大的内聚力引起的。处于液体表面层中的分子受到的力是各向异性的，所以这些分子会受到指向液体内部的力的作用，使得液体表面层犹如张紧的橡皮膜，有收缩趋势，从而使液体尽可能地缩小它的表面面积。

不光液体与气体之间的表面层，液体与固体器壁之间也存在着“表面层”，这一液体薄层通常叫做附着层，它也一样存在着表面张力。这一表面张力决定了液体和固体接触时，会出现两种现象：不浸润和浸润现象。水银掉到玻璃上，是呈现出球形，也就是说，水银与玻璃的接触面具有收缩趋势，这种现象为不浸润。而水滴掉到玻璃上，是慢慢地沿玻璃散开，接触面有扩大趋势，这种现象为浸润。浸润和不浸润两种现象，决定了液体与固体器壁接触处形成两种不同形状：凹形和凸形。

二、日常生活中与液体表面张力有关的现象

在日常生活中，我们经常可以看到与液体表面张力有关的现象，主要有如下三种：

1.液滴的形成

下过雨后，我们可以见到树叶、草上的小水珠都接近于球形；不小心打碎了体温计后，里面的水银掉到地上，小水银滴也呈球形。这些是由于液体表面存在表面张力引起的。

2.轻巧小物体能浮于水面

在一杯水里，小心地把一枚针水平放置在水面上，针浮在水面上而不沉于杯底，并且在针下面的水面上形成一个凹面；我们经常看到轻巧的昆虫可以站在平静湖面上。这些都与液体的表面张力有关。

3.毛细现象

表面张力产生的一个重要现象是毛细现象。也就是说浸润液体在细管里上升，不浸润

液体在细管里下降。

我们可以很容易做一个小试验来观察这种现象。把细玻璃管放入盛水的槽中，这时水很快从细玻璃管中上升，管中的水平面比水槽中水平面还要高，管子越细，上升越高，并且管中水面是凹形的。若水槽中放的是水银，情况则恰恰相反，管中液面低于水槽中水银的平面。浸润液体为什么能在毛细管中上升呢？原来，浸润液体与毛细管内壁接触时，引起液面凹形，而表面张力是沿着液面切向作用的，所以沿着管壁作用的表面张力形成一个向上的合力，使得管内液体上升，直到表面张力的向上拉引作用和管内升高的液柱重量相等为止。同样的道理，对不浸润液体，毛细管壁的表面张力的合力方向向下，使管内液体下降。

毛细现象对植物生长具有很重要的意义，它们所需要的养分和水分就是由根、叶子和茎中的小管从土壤中吸上来，输送到绿叶里的。这就像不停止的抽水机，不知疲倦地把水分、养分送到植物的每一个细胞。

另外，土壤中有很多毛细管，地下的水分沿着这些毛细管上升到地面蒸发掉。如果要保存地下的水分来供植物吸收，就应当锄松表面的土壤，切断这些毛细管，减少水分的蒸发。所以农民常在雨后给庄稼松土，来保持水分。

利用毛细现象，人们还生产出各种钢笔、签字笔和彩色水笔。

三、表面张力系数

1.表面张力系数的定义

液体表面张力的方向与液面相切，并与液面的任何两部分分界线垂直。在线性近似下，作用在分界线上的表面张力，与分界线的长度成正比，即

$$f=\alpha\Delta l$$

式中 α 为表面张力系数，Δl 为分界线的长度，f 则为作用在分界线上的表面张力。从该公式可以看出，表面张力系数表示液体表面相邻两部分间单位长度的相互牵引力。

2.液体表面张力系数的性质

(1)不同液体的表面张力系数不同。例如，密度小的，容易蒸发的液体表面张力系数小，如液氢和液氦；已熔化的金属表面张力系数则很大。

(2)表面张力系数随温度的升高而减小，近似地为一线性关系。

(3)表面张力系数的大小还与相邻物质的化学性质有关。

(4)表面张力系数还与杂质有关。加入杂质可促使液体表面张力系数增大或减小。液体内掺杂表面活性物质会使得液体表面张力变小，而掺杂表面非活性物质则会使液体表面张力系数变大。

四、测量表面张力系数的意义

表面张力系数的测量，在工农业生产及科学研究领域有着重要的意义。例如，根据液体表面张力系数的大小可以确定表面活性并计算表面活性剂在溶液表面的吸附量，是反映液体性质的一个重要的物理量；在合金液体体系中，借助于表面张力还可以评价金相组织及孕育效果等重要参数，利用它可以说明许多液体所特有的现象，如泡沫的形成以及润湿和毛细现象等。在植物和土壤的水分运输以及营养吸收等方面，液体表面张力系数也有重要的作用。

五、测量表面张力系数的方法

测定表面张力系数的常用方法有拉脱法、毛细管法和液滴法。

B. 本实验采用方法的详细介绍

一、实验方法

本实验采用拉脱法测量水的表面张力系数。

二、实验物品、仪器及设备

液体表面张力系数测定仪、垂直调节台、硅压阻力敏传感器、铝合金吊环、吊盘、砝码、玻璃皿、镊子和游标卡尺。

三、重要仪器简介

1. 硅压阻力敏传感器

传感器是将感受的物理量、化学量等信息，按一定的规律转换成便于测量和传输的信号的装置。电信号易于处理，所以大多数的传感器都是将物理量等信号转换成电信号输出的。

硅压阻力敏传感器的结构如图 3-3-1 所示。当传感器的力臂发生形变时，硅力敏传感芯片就会把这一形变转变成电压值，由数字电压表显示出来。在弹性范围内，力臂的形变与挂钩所受的力成正比，而硅力敏传感芯片的输出电压与力臂的形变成正比；也就是说传感器的输出电压与挂钩 4 上所受的力成正比，其比值称为传感器的灵敏度，即

$$\Delta U = B \cdot \Delta F$$

式中 ΔF 为力的增量，ΔU 为相应的电压改变量，B 为传感器的灵敏度。灵敏度单位为 mV/N，它表示每增加 1 N 的力，力敏传感器的电压改变量为 B(mV)。

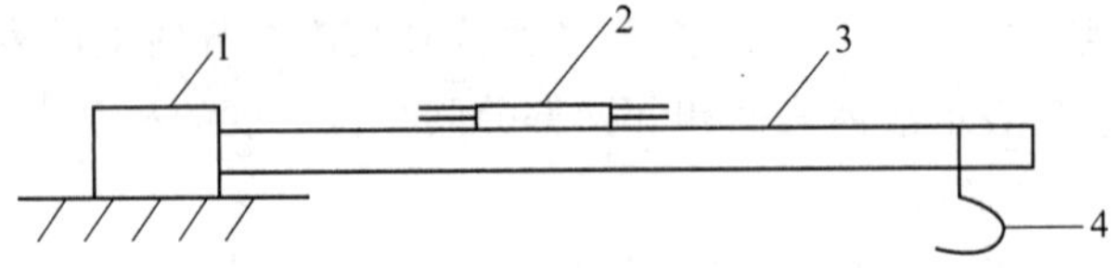

图 3-3-1　硅压阻力敏传感器结构简图

1. 力臂固定点　2. 硅力敏传感芯片　3. 弹性梁　4. 挂钩

由于硅压阻力敏传感器对力的测量的高度灵敏性，并且线性和稳定性好，所以通常用它来测量微小的力。

2. 液体表面张力系数测定仪

液体表面张力系数测定仪如图 3-3-2 所示。

实验时，将待测液体放入玻璃器皿中，通过升降螺丝使吊环与液体接触，然后轻轻提起直到吊环与液体表面脱离，由数字电压表测出吊环与液体表面脱离接触前后的电压差，我们就可以测出液体的表面张力系数了。在具体的测量过程中，为了测量的客观准确，我们要对仪器调水平、调零、测量传感器的灵敏度以及对吊环的尺度进行测量等。

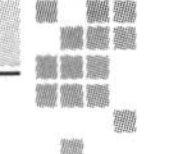

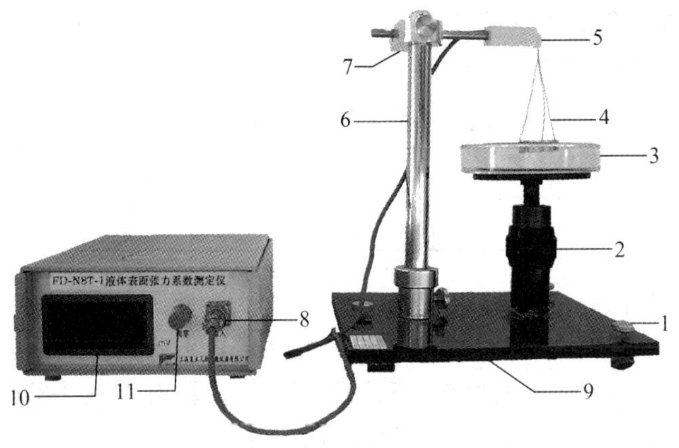

图 3-3-2 液体表面张力系数测定仪结构图

1.调节螺丝 2.升降螺丝 3.玻璃器皿 4.吊环 5.力敏传感器 6.支架 7.固定螺丝 8.航空插头 9.底座 10.数字电压表 11.调零

四、实验的基本构思与原理

我们知道，由于液体表面张力的存在，液体表面犹如张紧的弹性膜，具有收缩的趋势；在液体表面上作一条曲线，则曲线受两侧平衡的、并与液体表面相切的表面张力的作用。在线性近似下，表面张力的大小与曲线的长度成正比，表面张力的大小与曲线长度的比值即为液体的表面张力系数。根据这一规律，我们用液体表面张力系数测定仪测定液体的表面张力。在实验中，将一个金属圆环固定在传感器上，该环浸没于液体中，当把圆环渐渐从液体中拉起时，金属圆环会受到液体表面膜的拉力作用。表面膜拉力的大小为

$$f=\alpha\Delta l=\alpha(2\pi r_1+2\pi r_2)=\pi(D_1+D_2)\alpha$$

式中 D_1、D_2 分别为圆环外径和内径，α 为液体表面张力系数。在液面拉脱的瞬间，这个表面膜的拉力消失。因此，金属圆环拉脱瞬间前后传感器受到的拉力差为

$$f=\pi(D_1+D_2)\alpha \tag{3-3-1}$$

并以数字式电压表输出显示为

$$f=(U_1-U_2)/B \tag{3-3-2}$$

式中 U_1 为吊环即将拉断液柱前一瞬间数字电压表读数值，U_2 为拉断时瞬间数字电压表读数，B 为力敏传感器的灵敏度。由式(3-3-1)和式(3-3-2)，我们可以得到液体的表面张力系数为

$$\alpha=(U_1-U_2)/[B\pi(D_1+D_2)] \tag{3-3-3}$$

因此，只要测量出 (U_1-U_2)，B，D_1 和 D_2，就能得到液体的表面张力系数 α。

C. 本实验对学生的基本要求

一、实验任务

测量室温下水的表面张力系数。

二、实验中要采集的数据及其处理

(1)力敏传感器的定标(表 3-3-1)。

表 3-3-1　力敏传感器定标

物体质量 m/g	0.500	1.000	1.500	2.000	2.500	3.000	3.500
输出电压 U/mV							

(2)测量金属圆环的外径 D_1 和内径 D_2。

(3)记录吊环即将拉断液柱前一瞬间数字电压表的读数值 U_1 和拉断时瞬间数字电压表的读数 U_2。并用温度计测出水的温度。利用所测数据计算出 α(表 3-3-2)。

表 3-3-2　水的表面张力系数测量

测量次数	D_1/mm	D_2/mm	U_1/mV	U_2/mV	ΔU/mV	$f/10^{-3}$N	α /(10^{-3}N/m)
1							
2							
3							
4							
5							
6							

水的温度:________ ℃。

(4)求出在此温度下水的表面张力系数。请自查资料获得水的表面张力系数的标准值,与实验测得值相比较,对测量结果进行误差分析。

三、实验步骤提示

(1)开机预热 15 min,并清洗玻璃器皿和吊环。

(2)将砝码盘挂在力敏传感器的钩上,然后旋转仪器的调零旋钮对仪器调零。在砝码盘上依次加入 0.5 g、1.0 g、1.5 g、2.0 g、2.5 g、3.0 g 和 3.5 g 的砝码,从电压表读出相应的电压输出值,将相应的数据填入表 3-3-1 中。用最小二乘法作直线拟合,求出传感器的灵敏度 B。

(3)测定吊环的内外直径,将外径 D_1 和内径 D_2 数据填入表 3-3-2 中。

(4)取下砝码盘和砝码,将吊环挂在力敏传感器的钩上。玻璃器皿内放入被测液体并将其安放在升降台上(玻璃盛器底部可用双面胶与升降台面贴紧固定)。在测定液体表面张力系数的过程中,以逆时针转动升降台大螺帽时液体液面上升,当环下沿部分均浸入液体中时,改为顺时针转动该螺帽,这时液面往下降(或者说相对吊环往上提拉),观察环浸入液体中及从液体中拉起时的物理过程和现象。特别应注意吊环即将拉断液柱前一瞬间数字电压表的读数 U_1 和拉断时瞬间数字电压表读数 U_2,记下这两个数值,将相应的数据填入表 3-3-2 中。

实验注意事项:

(1)力敏传感器定标之前应先调零,待电压表输出稳定后再读数。

(2)砝码应轻拿轻放。

(3)实验前仪器开机预热 15 min;依次用 NaOH 溶液、清水、纯净水清洗玻璃器皿和吊环。

(4)玻璃器皿和吊环经过洁净处理后,不能再用手接触,亦不能用手触及液体。

(5)吊环必须保持水平,缓慢旋转升降台,避免水晃动,准确读取 U_1 和 U_2。

(6)实验结束后擦干、包好吊环,旋好传感器帽盖。

四、预习思考题

1. 为什么要用力敏传感器来测液体的表面张力系数? 可不可以用其他的方法?

2. 为什么要对力敏传感器定标? 标定时,加砝码前为什么首先要对仪器调零? 为什么要轻放砝码?

3. 实验时,为什么要清洗吊环和玻璃器皿? 为什么要记录当时的水温?

4. 为什么要用圆形吊环来测表面张力? 可不可以用其他形状的金属丝或金属框来测量? 说明用圆形吊环测表面张力的优点或不足之处。

五、操作后思考题

1. 测量前为什么要对整机进行预热?

2. 要得到准确的测量结果,实验中的哪几个步骤最为关键? 你为做好这几步骤的测量采取了什么措施? 措施是否奏效? 你认为是为什么?

3. 如果金属圆环不清洁、水不够纯净,将会给测量带来什么影响? 所测 α 值将偏大还是偏小,为什么?

4. 你认为该实验在哪些地方还需要改进? 怎样改进?

六、作业

请完成初级设计性实验 4-3。

D. 参考文献及阅读材料推荐

[1] 任文辉,林智群,彭道林. 液体表面张力系数与温度浓度的关系. 湖南农业大学学报,2004,30(1).

[2] 庄其仁,龚冬梅,陶海敏,范金友. 液体表面张力激光快速测量法. 光学精密工程,2007,15(5).

[3] 习岗,李伟昌. 现代农业和生物学中的物理学. 北京:科学出版社,2002.

实验 3-4 将灵敏电流计改装成安培表和伏特表

A. 灵敏电流计简介

一、什么是电流计?

电流计是根据可动线圈的偏转量来测量微弱电流或电流函数的仪器。最普通的电流计包括一个小线圈,悬挂在永磁铁两极之间的金属带上。电流通过线圈产生磁场,与永磁铁的磁场相互作用而产生转矩或扭力。线圈上连着一根指针或一面反射镜。线圈在转矩作用下旋转,旋转一定角度后与支撑部分的扭力相平衡。此角度即可用来度量线圈内通过的电流。角度用指针的转动或镜面反射光线的偏转来测定。

著名的法国物理学家安培(安德烈·玛丽·安培,1775—1836)发现,电流在线圈中流动的时候表现出来的磁性和磁铁相似,创制出第一个螺线管,在这个基础上发明了探测和量度电流的电流计。

一般情况下,电流计即指的是灵敏电流计,通常其测量电流是微安量级或低于微安量级;测量电流在微安量级以上的电流计通常叫做电流表或安培表。

灵敏电流计可以测量微弱电流,它是一种高灵敏度的磁电式仪表,有磁针式和光点式两种,通常光点式比磁针式的灵敏度要高,可以测量 $10^{-7}\sim10^{-12}$ A 的微小电流。

二、电流计的应用

电流计不仅可以检测和测量电流,利用它还可以测量其他电学量以及其他非电学量。

1.对各种电量和电参数的测量

电学量测量是电磁测量的重要内容,广泛用于科学研究和生产等部门。利用电流计进行改装,可以制成电压表、电阻表,进行电压、电阻的测量。同时利用某些物理量和电流的函数关系,可以通过测量电流的大小得到,比如电功率、电能、电容、电感等。

2.对各种非电学量的测量

由于电学量便于传递、易与其他能量形式相互转换,采用电流计制成的测量设备可以测量一些能转换为电学量的非电学量。比如油量(图 3-4-1)、水位、长度、照度等。

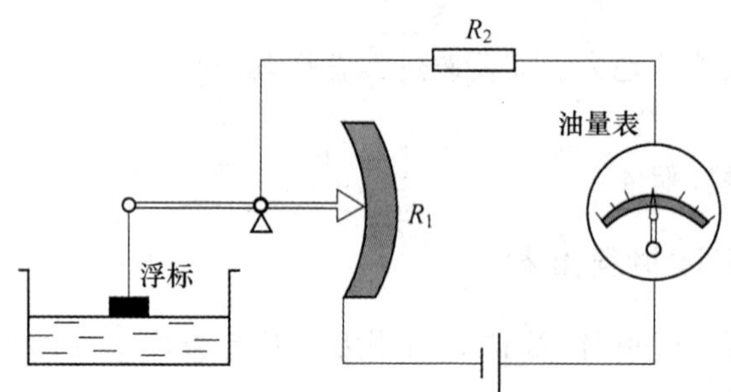

油面上升,滑片下移,油量表(电流计)读数变大
油面下降,滑片上移,油量表(电流计)读数变小

图 3-4-1 油量表工作示意图

三、电流计改装的意义

将灵敏电流计改装成安培表和伏特表,对电流计的应用有重要的意义。通过改装实验,可以更深层次地了解灵敏电流计的结构,理解其工作原理,熟悉利用电流计测量电流以外其他电学量的方法,进而能够掌握电流计在测量一些非电学量时的使用方法。

四、将灵敏电流计改装成安培表和伏特表的方法

将灵敏电流计改装成安培表的常用方法:并联电阻分流法。

将灵敏电流计改装成伏特表的常用方法:串联电阻分压法。

B. 本实验采用方法的详细介绍

一、实验方法

本实验分别采用并联电阻分流法和串联电阻分压法将灵敏电流计改装成安培表和伏特表。

二、实验物品、仪器及设备

磁针式灵敏电流计、电阻箱、滑线变阻器、稳压电源、标准电压表、标准电流表、单刀单掷开关、单刀双掷开关和导线等。

三、重要仪器简介

灵敏电流计(以下简称电流计)

常见磁电式电流计的构造如图 3-4-2 所示，一般用符号 G 表示。它的主要部分是放在永久磁场中的由细漆包线绕制成的可以转动的线圈、用来产生机械反力矩的游丝、指示用的指针和永久磁铁。当电流通过线圈时，载流线圈在磁场中就产生一磁力矩 M_1，使线圈转动。线圈的转动扭转了与线圈转动轴连接的上下游丝，使游丝发生形变而产生机械反力矩 M_2。线圈满刻度偏转过程中的磁力矩 M_1 只与电流强度有关，而与偏转角度无关，游丝因形变产生的机械反力矩 M_2 与偏转角度成正比。因此，当接通电流后，线圈在 M_1 的作用下偏转角逐渐增大，同时反力矩 M_2 也逐渐增大，当 $M_1=M_2$ 时，线圈就很快地停下来。线圈偏转角的大小与通过的电流大小成正比(也与加在电流计两端的电势差成正比)，由于线圈偏转的角度通过指针的偏转是可以直接指示出来的，因此上述电流或电势差的大小均可由指针的偏转直接指示出来。

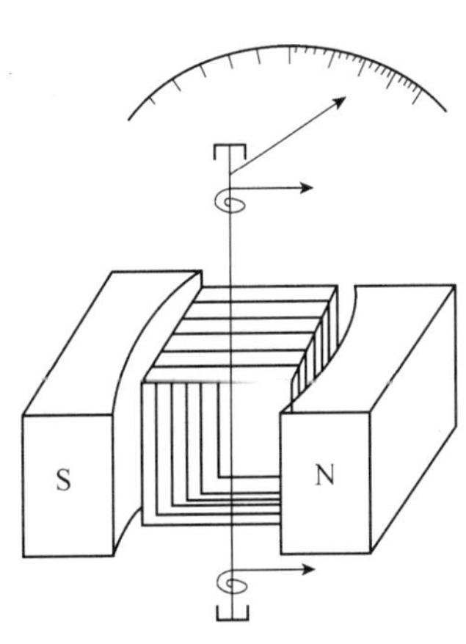

图 3-4-2　电流计结构示意图

电流计允许通过的最大电流称为电流计的量程，用 I_G 表示；电流计的线圈有一定的内阻，用 R_G 表示。在电流计磁铁的磁性一定的条件下，要提高灵敏度，就要增加转动线圈的匝数，使同样大小的电流流经线圈时所受的磁力矩较大，以此来增大指针的偏转角，这就要求绕成线圈的漆包线不仅特别细，而且长度增加，结果导致电流计的内阻增大，同时电流计的量程会减小。因此，I_G 与 R_G 是表示电流计特性的两个重要参数。一般情况下，电流计的灵敏度越高，量程越小，内阻越大。

使用电流计时应注意：

(1)注意接入电流的极性和大小，以免指针反偏或超过量程时出现“打针”现象。

(2)电流计的线圈及游丝很精细，应注意保护，不要有较大的振动，要轻拿轻放。

四、实验的基本构思与原理

1. 将灵敏电流计改装成安培表

电流计只能测量很小的电流，将其改装成安培表，就是为了扩大量程，可以选择一个合适的分流电阻 R_P 与电流计并联，如图 3-4-3(a)所示，这样就能使电流计不能承受的那部分电流流经分流电阻 R_P，而流经电流计的电流仍在原来许可的范围之内。电流计和与其并联的分流电阻组成了安培表，此时电表面板上指针的指示值就要按预定要求设计的满刻度值 I

(即安培表量程)的要求来读取数据。

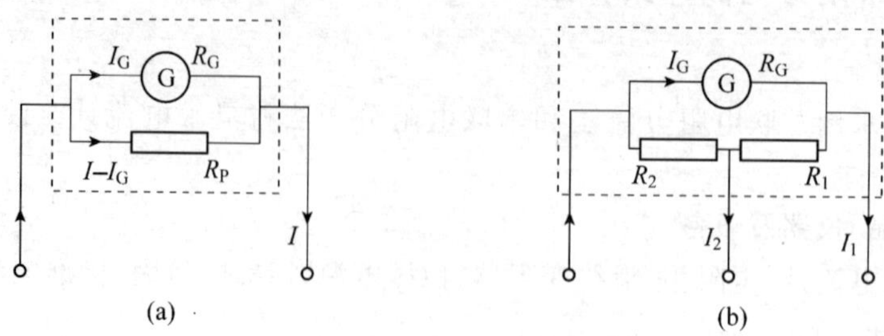

图 3-4-3 电流计改装安培表原理

若测出电流计 G 的 I_G 与 R_G,则根据式(3-4-2)就可以算出将此电流计改装成量程为 I 的安培表所需的分流电阻 R_P。

由欧姆定律得

$$I_G R_G=(I-I_G)R_P \tag{3-4-1}$$

$$R_P=\left(\frac{I_G}{I-I_G}\right)R_G=\frac{R_G}{\frac{I}{I_G}-1} \tag{3-4-2}$$

式(3-4-2)中$\frac{I}{I_G}$表示改装后安培表较原来量程扩大的倍数,用 m 表示:

$$R_P=\frac{R_G}{m-1} \tag{3-4-3}$$

因此,如果将电流计的量程扩大 m 倍,只要与之并联一个阻值为$\frac{R_G}{m-1}$的分流电阻R_P即可。可见,电流量程 I 扩展越大,分流电阻阻值 R_P 越小。在电流计上并联不同阻值的分流电阻,便可制成多量程的安培表,如图 3-4-3(b)所示,图中量程 I_2 大于量程 I_1。

同样由欧姆定律可得:

$$\begin{cases}(I_1-I_G)(R_1+R_2)=I_G R_G \\ (I_2-I_G)R_2=(R_G+R_1)I_G\end{cases} \tag{3-4-4}$$

则

$$\begin{cases}R_1=\dfrac{I_G(I_2-I_1)R_G}{(I_1-I_G)I_2} \\ R_2=\dfrac{I_G I_1 R_G}{(I_1-I_G)I_2}\end{cases} \tag{3-4-5}$$

2. 将灵敏电流计改装成伏特表

电流计所能承受的最大电位差由电流计的 I_G 与 R_G 的大小决定,虽然电流计的 R_G 较大,但是 I_G 很小,因此只允许加很小的电位差。为了扩大其测量电位差的量程,只需选择合适的高阻 R_S 与电流计串联作为分压电阻,如图 3-4-4(a)所示,这时电流计不能承受的那部分电位差将落在分压电阻 R_S 上,而电流计上仍为原来的量值 $I_G \cdot R_G$,电流计和与其串联的分压电阻组成了伏特表。此时电流计面板上指针的指示值就要按预定要求设计的满刻度值

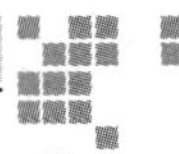

U(即伏特表量程)的要求来读取数据。

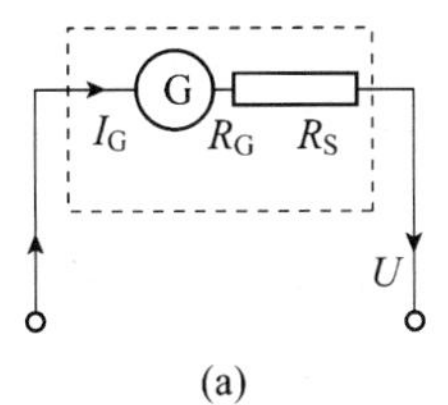

(a)

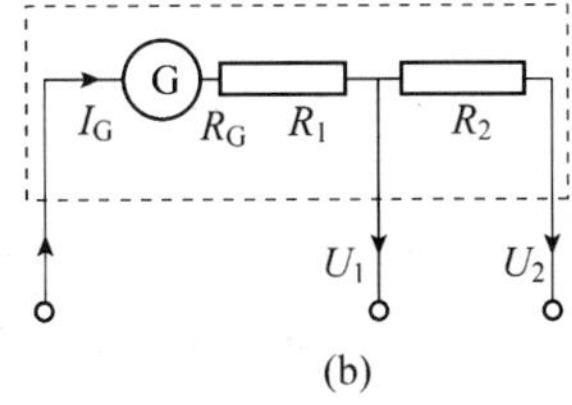

(b)

图 3-4-4 电流计改装伏特表原理

如果改装后的伏特表量程为 U,由电流计的 I_G 与 R_G,则根据式(3-4-7)就可以算出将此电流计改装成量程为 U 的伏特表所需的分压电阻 R_S。

根据欧姆定律得:

$$U=I_G(R_G+R_S) \tag{3-4-6}$$

$$R_S=\frac{U}{I_G}-R_G=\left(\frac{U}{I_G R_G}-1\right)\cdot R_G \tag{3-4-7}$$

式中 $\frac{U}{I_G R_G}$ 表示改装后电压表扩大量程的倍数,用 n 表示:

$$R_S=(n-1)\cdot R_G \tag{3-4-8}$$

因此,要将电流计测量的电压扩大 n 倍时,只要与电流计串联阻值为 $(n-1)R_G$ 的分压电阻 R_S 即可。可见,电压量程 U 扩展越大,分压电阻阻值 R_S 越大。在电流计上串联不同阻值的分压电阻,便可制成多量程的伏特表,如图 3-4-4(b)所示,图中量程 U_2 大于量程 U_1。

同理可得:

$$\begin{cases} I_G(R_G+R_1)=U_1 \\ I_G(R_G+R_1+R_2)=U_2 \end{cases} \tag{3-4-9}$$

则

$$\begin{cases} R_1=\frac{U_1}{R_G}-R_G \\ R_2=\frac{U_2}{I_G}-R_G-R_1 \end{cases} \tag{3-4-10}$$

在实际应用中,分流电阻和分压电阻均采用线绕电阻,材料是锰铜丝,因其电阻温度系数较小,电阻值较为稳定。在要求不高的场合,也可用金属膜电阻或碳膜电阻代替。本实验中采用的是可变电阻箱。

3. 电表级别确定

在测量电学量时,由于电表本身机构及测量环境的影响,测量结果会有误差。由温度、外界电场和磁场等环境影响而产生的误差是附加误差,可以由改变环境状况而予以消除。而电表本身(如摩擦、游丝残余形变、装配不良及标尺刻度不准确等)产生的误差则为仪表基本误差,它不依使用者不同而变化,因而基本误差也就决定电表所能保证的准确程

度。仪表准确度等级定义为仪表的最大绝对误差与仪表量程(即测量上限)比值的百分数。即

$$K=\frac{\text{最大绝对误差}}{\text{量程}}\times 100\% \tag{3-4-11}$$

每个仪表的准确度等级在该表出厂前都经检定并标示在盘上,根据其等级就知道这个表的可靠程度。电表的准确度等级按国家质量技术监督管理局规定可分为 0.1,0.2,0.5,1.0,1.5,2.5,5.0 七个等级,其中数字愈小的准确度愈高。我们根据最大相对误差的大小就可以定出电表的等级。

例如某个安培表量程为 1 A,最大绝对误差为 0.012 A,那么

$$K=\frac{\text{最大绝对误差}}{\text{量程}}\times 100\%=\frac{0.012\ \text{A}}{1\ \text{A}}\times 100\%=1.2\%<1.5\%$$

因为 $1.0<1.2<1.5$,所以该表准确度等级属于 1.5 级。反之,如果知道某个安培表的准确度等级是 0.5 级,量程是 1 A,那么该电流表的最大绝对误差就是 0.005 A。由于实验中误差的来源是多方面的,在其他方面的误差比仪表带来的误差还大的情况下,就不应该片面地去追求高级别的电表。因为级别提高一级,价格就要贵很多。实验室常用 1.0 级,1.5 级,2.5 级电表,准确度要求较高的测量中则用 0.5 级或 0.1 级的。

实际选用电表时,在待测量不超过所选量程的前提下,应力求指针的偏转尽可能大一些,只有在被测量接近仪表的量程时,才能最大限度达到这个仪表的固有准确度,以减小读数误差。

C. 本实验对学生的基本要求

一、实验任务

1. 将灵敏电流计改装成安培表并校准。

2. 将灵敏电流计改装成伏特表并校准。

二、实验中要采集的数据及其处理

(1)电流计相关参数:内阻 $R_G=$____,量程 $I_G=$____。

(2)改装成安培表:分流电阻 $R_P=$____,改装后量程 $I=$____。将校准改装后安培表的数据填入表 3-4-1 中。

表 3-4-1 改装后安培表的校准数据

序　号	1	2	3	4	5	6	7	8	9	10
改装后安培表读数 I_X/mA										
标准电流表读数 I_0/mA										
$\Delta I_X=I_0-I_X$/mA										

(3)改装成伏特表:分压电阻 $R_S=$____,改装后量程 $U=$____。自拟表格填入校准改装后伏特表的数据。

(4)分别绘制改装后安培表和伏特表的校准曲线,并确定二者的等级。

三、实验步骤提示

1. 测定电流计 G 的内阻 R_G

设计测量电路并测定电流计 G 的内阻 R_G，可以采用替代法或中值法等多种方法。

(1)替代法　如图 3-4-5 所示，将被测电流计接在电路中读取标准表的电流值，然后切换开关 K 的位置，用十进位电阻箱 R 代替它，并改变电阻值，当电路中的电压不变时，使流过标准电流表的电流保持不变，则电阻箱的电阻值即为被测电流计的内阻。

(2)中值法　如图 3-4-6，当被测电流计接在电路中时，使电流计满偏，再用十进位电阻箱 R 与电流计并联作为分流电阻，改变电阻箱阻值即改变分流程度，当电流计指针指示到中间值，即流过电流计的电流为$\frac{I_G}{2}$时，且总电流强度保持不变时，那么流过电阻箱的电流也为$\frac{I_G}{2}$，这里的标准电流表是监视总电流强度的。

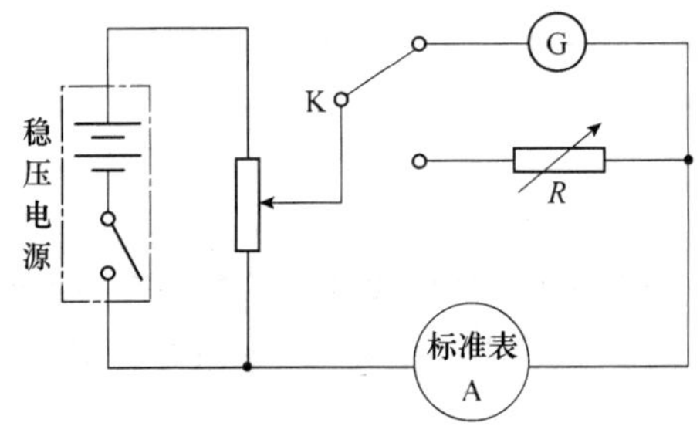

图 3-4-5　替代法测量电流计内阻

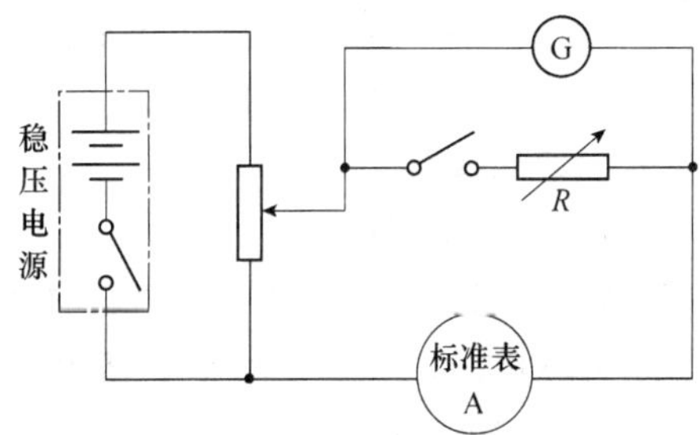

图 3-4-6　中值法测量电流计内阻

根据欧姆定律可得

$$\frac{1}{2}I_G R_G = \frac{1}{2}I_G R \tag{3-4-12}$$

则 $R_G = R$，即这时电流计的内阻等于分流电阻值。

上述两种电流计内阻的测量方法，选择一种即可，有余力的学生可以两种都尝试。

2. 改装电流计为 5 mA 量程的安培表并校准

按式(3-4-2)计算出将此电流计改装成量程为 5 mA 的安培表所需的分流电阻 R_P 的值，用电阻箱调出 R_P 的值代替分流电阻与电流计并联，则将电流计改装成一只 5 mA 的安培表。

按图 3-4-7 将改装后的安培表与标准电流表串联进行校准，从 0 到满量程，将测得的校准数据填入表 3-4-1 中，然后以改装后安培表读数 I_X 为横坐标，以 ΔI_X 为纵坐标，作出安培表的校准曲线。

3. 改装电流计为 1 V 量程的伏特表并校准

按式(3-4-7)计算出将此电流计改装成量程为 1 V 的伏特表所需的分压电阻 R_S 的值，用电阻箱调出 R_S 的值代替分压电阻与电流计串联，则将电流计改装成一只 1 V 的伏特表。

按图 3-4-8 将改装后的伏特表与标准电压表并联进行校准，从 0 到满量程，将测得的校准数据填入自拟的表格中，然后以改装后伏特表读数 U_X 为横坐标，以 ΔU_X 为纵坐标，做出伏特表的校准曲线。

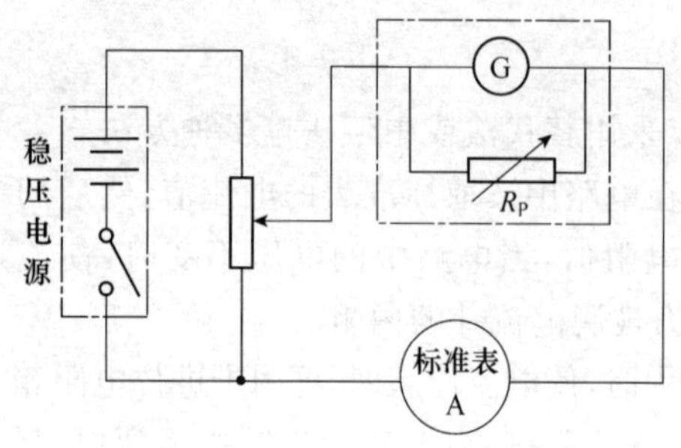

图 3-4-7 改装安培表的校准图

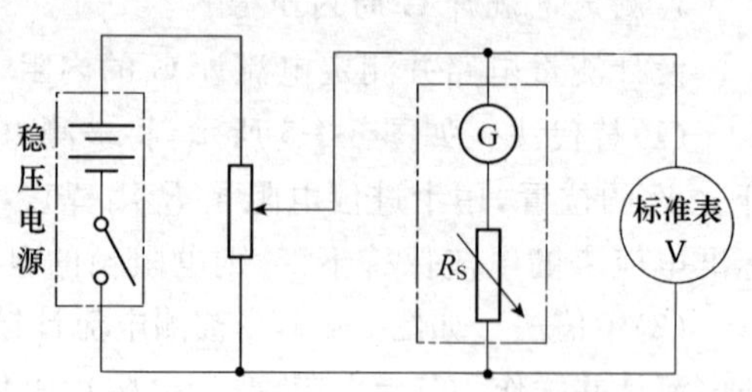

图 3-4-8 改装伏特表的校准图

4. 确定改装安培表和伏特表的级别

通常改装表的级别不能高于用来校准的标准表的级别，根据实际测量与计算的结果，向低的级别靠，来确定改装表级别。

四、预习思考题

1. 电表改变量程的方法是什么？如何计算相应的电阻？

2. 将一个量程 $I_G=100\ \mu A$，内阻 $R_G=1\ 000\Omega$ 的电流计，改装成 0.5 mA，500 mA 两挡安培表，并联电阻该多大？画出电路图；若改装成 1 V，5 V 两挡伏特表，串联电阻该多大？画出电路图。

3. 如何确定电表的级别？

五、操作后思考题

1. 校正安培表（伏特表）时发现改装表的读数相对于标准表的读数偏高，试问要达到标准表的数值，改装表的分流电阻（分压电阻）应调大还是调小？

2. 替代法测电阻可以消除仪表精度、理论方法等造成的误差，在实验中应注意哪些问题？设计几种测量电流计内阻的其他方法。

六、作业

请完成初级设计性实验 4-4。

D. 参考文献及阅读材料推荐

[1] 金铁锋. 电表改装实验的设计与测试. 渭南师范学院学报，2005，20(5).

[2] 王春香. 微安表内阻测量的误差分析. 青岛建筑工程学院学报，2000，21(2).

[3] 苏启录. 几种微安表内阻测量方法比较. 福州师专学报（自然科学版），2001，21 (5).

[4] 杨桂娟，梅妍. 大学物理实验. 大连：大连理工大学出版社，2006.

[5] 郭红，徐铁军，陈西园，等. 大学物理实验. 北京：中国科学技术出版社，2003.

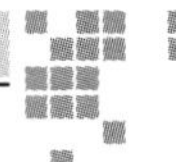

实验 3-5 空气比热容比的测量

A. 比热容简介

一、什么是比热容？

物质的热学性质主要由物质的比热容表示，物体间传热前后热平衡方程的建立，物体温度变化过程中吸、放热量多少的计算等都依赖于物质的比热容，比热容是物质的重要热力学性质之一。我们把单位质量的物质温度升高（或降低）1 K 时所吸收（或放出）的热量称为该物质的比热容，用小写字母“c”来表示，其单位为 $J\cdot kg^{-1}\cdot K^{-1}$。某一个物体或系统温度升高（或降低）1 K 时所吸收（或放出）的热量定义为热容，常用大写的字母“C”来表示，单位是 $J\cdot K^{-1}$。当质量为 m(kg)的物体或系统温度升高 dT(K)所吸收的热量为 dQ(J)时，热容的数学表达可写为 $C=\frac{dQ}{dT}=mc$，即系统的热容相当于该物体的质量和它的比热容的乘积。

通常情况下，同种物质可以有不同的比热容，物质的比热容不仅与温度有强烈的依赖关系，而且还取决于外界对物质本身所施加的约束。对 1 mol 物质而言，当压力恒定时可得物质的摩尔定压热容，体积一定时可得物质的摩尔定体热容。

摩尔定体热容是指体积不变时，质量为 1 mol 的物质温度升高 1 K 时所吸收的热量，记作 $C_{V,m}$，其定义式为 $C_{V,m}=\frac{(dQ)_{V,m}}{dT}$，其中，下标 V 和 m 分别代表等体过程和 1 mol 物质。

摩尔定压热容是指压强不变时，质量为 1 mol 的物质温度升高 1 K 时所吸收的热量，记作 $C_{p,m}$，其定义式为 $C_{p,m}=\frac{(dQ)_{p,m}}{dT}$，其中，下标 p 和 m 分别代表等压过程和 1 mol 物质。

在 SI 中，$C_{V,m}$和 $C_{p,m}$的都是单位 $J\cdot kg^{-1}\cdot K^{-1}$。当然，$C_{V,m}$和 $C_{p,m}$一般也是温度的函数，但在实际过程中，涉及的温度范围不大时二者均被视为常数。

二、比热容比的定义

通常我们将 $C_{p,m}$与 $C_{V,m}$的比值称为比热容比，用 γ 表示，即 $\gamma=\frac{C_{p,m}}{C_{V,m}}=\frac{i+2}{i}$，其中 i 是气体分子自由度。对于理想气体分子而言，单原子气体（Ar，He）分子的自由度 $i=3$，双原子气体分子（N_2，H_2，O_2）的自由度 $i=5$，多原子气体（CO_2，CH_4）分子的自由度 $i=6$，则 γ 的理论值分别对应为 $\gamma=1.67$，$\gamma=1.40$ 及 $\gamma=1.33$。

三、测量气体比热容比的意义

由于固体的热膨胀系数很小，因膨胀而对外界所做的功一般可忽略不计，所以，不必区分其定压或定容比热容；液体的热膨胀比固体大得多，所以其 $C_{p,m}$与 $C_{V,m}$相差较大；对气体而言，二者就必须严格加以区别，二者之比$\frac{C_{p,m}}{C_{V,m}}=\gamma$，$\gamma$ 即为气体的比热容比，又称为气体的绝热系数，是研究热力学过程中的一个很重要的参量，在绝热或近于绝热的过程中有许多应用。例如：气体的突然膨胀或压缩以及声音在气体中的传播都与该比值有关。气体的摩尔定体热容一般不易用实验的方法直接测量，但若用实验测得了 γ 及 $C_{p,m}$，$C_{V,m}$ 也就易于求得了。

四、测量比热容比的方法

测量空气比热容比的常用方法有绝热膨胀法、振动法、超声法等。

B. 本实验采用方法的详细介绍

一、实验方法

本实验采用绝热膨胀法测量空气的比热容比。

二、实验物品、仪器及设备

储气瓶一套（包括玻璃瓶、活塞两只、橡皮塞、打气球）、两只传感器（扩散硅压力传感器和电流型集成温度传感器 AD590 各一只）、测空气压强的三位半数字电压表、测空气温度的四位半数字电压表、连接电缆及电阻。

三、重要仪器简介

1. 数字电压表

数字式电压表可以测量压强和温度。测空气压强的三位半数字电压表用于测量超过环境气压的那部分压强，测量范围 0～10 kPa，灵敏度为 20 mV/kPa（表示 1 kPa 的压强变化将产生 20 mV 的电压变化，或者 50 Pa/mV，单位电压变化对应 50 Pa 的压强变化）。实验时，储气瓶内空气压强变化范围为 6 kPa。

2. AD590 温度传感器

AD590 温度传感器由多个参数相同的三极管和电阻组成，具有测量灵敏度高、线性好等特点，它的灵敏度为 1 μA/K，测温范围为 －50～150℃。AD590 接 6 V 直流电源后组成一个稳流源，若串接 5 kΩ 电阻后，可产生 5 mV/K 的信号电压，接 0～2 V 量程四位半数字电压表，可检测到最小 0.02℃温度变化。

3. 扩散硅压力传感器

它由瓶内的压力传感器探头、同轴电缆线及数字电压表内的放大器组成。它与三位半数字电压表相接可将瓶内的压强转变成电压读数来测量，瓶内气压与三位半数字电压表读数的对应关系为：$p=p_0+\frac{U}{200}\times 10^4$(Pa)，其中 p 为瓶内气压，p_0 为室内大气压，U 为三位半数字电压表的读数。当待测气体压强为环境大气压 p_0 时，数字电压表显示为 0，当待测气体压强为 p_0+10 kPa时，数字电压表显示为 200 mV，仪器测量气体压强灵敏度为 20 mV/ kPa，测量精度为 5 Pa。

四、实验的基本构思与原理

在理想热学实验中，应遵循两条基本原则：其一是保持系统为孤立系统；其二是测量一个系统的状态参量时，应保证系统处于平衡态。这就要求设计实验时要选择好实验系统和把握好观察过程，同时也要做一些必要的近似处理。空气比热容比实验的基本装置如图 3-5-1 所示。下面我们以储气瓶内的空气作为热学系统研究对象进行研究，实验过

程如下：

(1)首先打开 C_2，储气瓶与大气相通，当瓶内充满与周围空气同压强同温度的气体后，再关闭活塞 C_2。

(2)打开充气活塞 C_1，将原处于环境大气压强为 p_0、室温为 T_0 的空气，用打气球从活塞 C_1 处向瓶内打气，充入一定量的气体，然后关闭充气活塞 C_1。此时瓶内空气被压缩而压强增大，温度升高，等待瓶内气体温度稳定，即达到与周围温度平衡。此时的气体处于状态Ⅰ(p_1,V_1,T_0)，其中 V_1 为储气瓶容积。

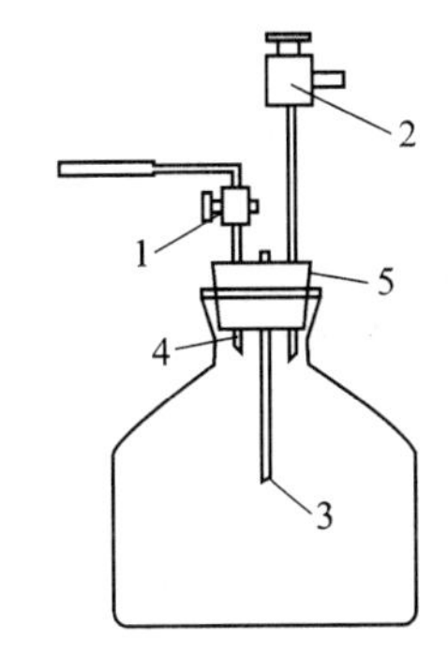

图 3-5-1 测量仪器示意图

1. 进气活塞 C_1　2. 放气活塞 C_2

3. 温度传感器　4. 传感器探头　5. 橡皮塞

(3)然后迅速打开放气阀门 C_2，使瓶内空气与周围大气相通，瓶内气体做绝热膨胀，将有一部分体积为 ΔV 的气体喷泻出储气瓶。当听不见气体冲出的声音，即瓶内压强为大气压强 p_0，瓶内温度下降到 $T_1(T_1<T_0)$，此时，立即关闭放气阀门 C_2。由于放气过程较快，瓶内保留的气体来不及与外界进行热交换，可以认为是一个绝热膨胀过程。在此过程后，瓶内保留的气体由状态Ⅰ(p_1,V_1,T_0)转变为状态Ⅱ(p_0,V_2,T_1)。

(4)由于瓶内气体温度 T_1 低于室温 T_0，所以瓶内气体慢慢从外界吸热，直至达到室温 T_0 为止，此时瓶内气体压强也随之增大为 p_1。稳定后的气体状态为Ⅲ(p_2,V_2,T_0)，从状态Ⅱ到状态Ⅲ的过程可以看作是一个等容吸热的过程。

总之，气体从状态Ⅰ到状态Ⅱ是绝热过程，由泊松公式得(把绝热膨胀后留在瓶内的这部分气体作为热力学系统)

$$\frac{p_1^{\gamma-1}}{T_0^{\gamma}}=\frac{p_0^{\gamma-1}}{T_1^{\gamma}} \tag{3-5-1}$$

从状态Ⅱ到状态Ⅲ是等容过程，对同一系统，由盖吕萨克定律得

$$\frac{p_0}{T_1}=\frac{p_2}{T_0} \tag{3-5-2}$$

由式(3-5-1)和式(3-5-2)可得

$$\left(\frac{p_1}{p_0}\right)^{\gamma-1}=\left(\frac{p_2}{p_0}\right)^{\gamma}$$

两边取对数，化简得

$$\gamma=(\lg p_0-\lg p_1)/(\lg p_2-\lg p_1) \tag{3-5-3}$$

利用式(3-5-3)，通过测量 p_0、p_1 和 p_2 值就可求得空气的比热容比的值。

C. 本实验对学生的基本要求

一、实验任务

测量室温下的空气比热容比。

二、实验中要采集的数据及其处理

(1)参考表 3-5-1 记录实验数据。

表 3-5-1　数据记录参考用表

测量次数		状态Ⅰ压强显示值 $p_Ⅰ$/mV	状态Ⅰ温度 $T_Ⅰ$/mV	状态Ⅲ压强显示值 $p_Ⅲ$/mV	状态Ⅲ温度 $T_Ⅲ$/mV	状态Ⅰ气体实际压强 $p_1=p_0+p_Ⅰ$ /10^5 Pa	状态Ⅲ气体实际压强 $p_2=p_0+p_Ⅲ$ /10^5 Pa	γ
正常关闭	1							
	2							
	3							
	平均值							
提前关闭	1							
	2							
推迟关闭	1							
	2							

周围大气压强 $p_0=$________；实验开始前的室温 $T_0=$________。

(2)计算空气比热容比的平均值和标准偏差，给出测量结果。

(3)计算提早或推迟关闭放气阀门 C_2 时的空气比热容比值，并与正常关闭计算结果进行比较，分析提早或推迟关闭放气阀门 C_2 对测量结果有何影响。

三、实验步骤提示

(1)按图 3-5-2 接好仪器的电路，注意 AD590 的正负极不要接错。用 Forton 式气压计测定大气压强 p_0，用水银温度计测量环境温度。

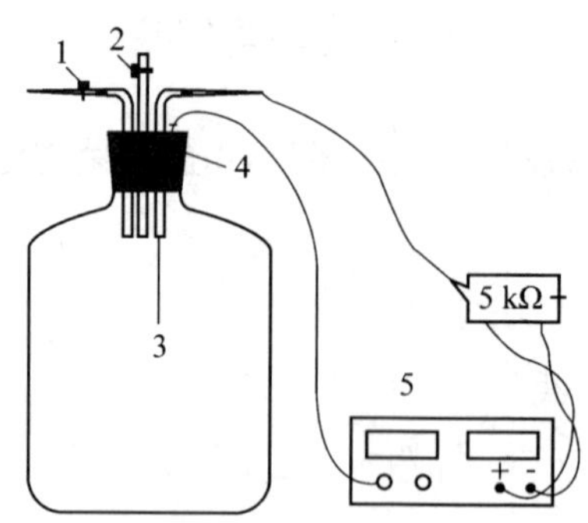

图 3-5-2　系统连接图

1、2. 活塞　3. 传感器　4. 橡皮塞组成　5. 测量仪器

(2)开启电源，将电子仪器部分预热 20 min，然后用调零电位器调节零点，把三位半数字电压表示值调到 0。

(3)将活塞 C_2 关闭，活塞 C_1 打开，用打气球把空气稳定地徐徐打入储气瓶 B 内，用压力传感器和 AD590 温度传感器测量空气的压强和温度，记录瓶内压强均匀稳定时压强 $p_Ⅰ$ 和温度 T_0(室温为 T_0)($p_Ⅰ$ 取值范围控制在 130～150 mV 之间。由于仪器只显示大于大气压强的部分，实际计算时式(3-5-3)中的压强 $p_1=p_0+p_Ⅰ$)。

(4)突然打开活塞 C_2，当储气瓶的空气压强降低至环境大气压强 p_0 时(这时放气声消

失)，迅速关闭活塞 C_2。

(5)当储气瓶内空气的气压稳定，温度上升至室温 T_0 时，记下储气瓶内气体的压强 $p_Ⅲ$(由于仪器只显示大于大气压强的部分，实际计算时式(3-5-3)中的压强 $p_2=p_0+p_Ⅲ$)。

(6)记录完毕后，打开 C_2 放气，当压强显示降低到“0”时关闭 C_2。

(7)重复步骤 2～6。

(8)用式(3-5-3)进行计算，求得空气比热容比值。

四、预习思考题

1. 泊松公式成立的条件是什么?

2. 比热容比 $\gamma=(\lg p_0-\lg p_1)/(\lg p_2-\lg p_1)$之中，并没有温度出现，那为什么要用温度传感器 AD590 来精确测定温度呢?

3. 既然用了温度传感器 AD590 来测温，为何又要用水银温度计来测室温呢? 它们各有何用途?

五、操作后思考题

1. 怎样做才能在几次重复测量中保证 p_1 的数值大致相同? 这样做有何好处? 若 p_1 的数值很不相同，对实验有无影响?

2. 打开活塞 C_2 放气时，若提前关闭或滞后关闭活塞，各会给实验结果带来什么影响?

3. 环境温度的逐渐升高或下降会对实验结果产生什么影响?

4. 本实验的误差来源于哪几个方面? 最大误差是哪个因素造成的? 怎样减少误差?

六、作业

请完成初级设计性实验 4-5。

D. 参考文献及阅读材料推荐

[1]习岗. 大学基础物理学. 北京：高等教学出版社，2008.
[2] 姜向东，杨士君，吴晓立. 大学物理实验. 成都：西南交通大学出版社，2006.
[3]刘子臣. 大学物理实验(力学、热学及分子物理分册). 天津：南开大学出版社，2001.
[4]赵亚林，周在进. 大学物理实验. 南京：南京大学出版社，2006.

实验 3-6 万用表和惠斯登电桥的使用

A. 电桥简介

一、什么是电桥电路

电桥电路是电学中一种很基本的电路连接方式，应用非常广泛。基本的电桥电路如图 3-6-1所示，这种电路的特点是把四个电学元件(可以是电阻，也可以是电容、电感，甚至是非线性元件，称为“桥臂”)连接成四边形，在它的一条对角线 A 和 B 上连接电源，而在另一条对角线 C 和 D 上接检测器，用来比较 C 和 D 两点电势是否相同。所谓“桥”，指的就是 C 和 D 两

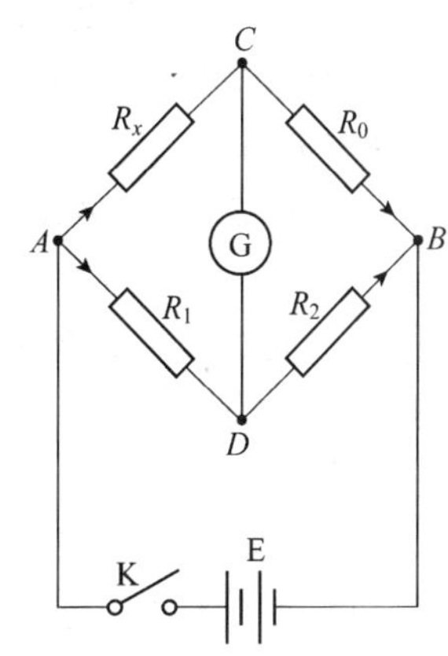

图 3-6-1 惠斯登电桥示意图

点之间的电流通路。

电桥是利用比较法进行电磁测量的一种电路连接方式，它不仅可以测量很多电学量，而且配合不同的传感器件，可以测量很多非电学量。电桥电路的优点具有测量准确、稳定性好、方法巧妙、使用方便等优点。因此，它在自动检测和自动控制领域的应用极广。特别在近几年飞速发展起来的传感器技术中，电桥电路是很重要的组成部分。

经过多年的发展和应用，电桥已经形成了一个庞大的家族。按工作状态，电桥分为平衡电桥和非平衡电桥；按工作电流种类，电桥又分为直流电桥和交流电桥；按结构和测量范围，电桥分为单臂电桥和双臂电桥；按用途划分，则有电阻电桥、电容电桥、电感电桥和万用电桥等。常用的电桥电路有单臂电桥（惠斯登电桥）、双臂电桥（开尔文电桥）、非平衡电桥和交流电桥。

直流电桥的四个桥臂都是纯电阻元件，探测器一般用灵敏检流计。惠斯登电桥是典型的直流电桥，早在1833年就有人提出基本的电桥网络，十年之后，英国人惠斯登利用它精确测量电阻，故得名。交流电桥用交流电源（市电、信号发生器等）供电，桥臂可以是电容、电感以及它们的组合，探测器不能再用检流计，通常用耳机、示波器、振动式灵敏电流计或其他整流型交流放大器。由于交流电桥的桥臂特性变化繁多，因而使用范围更为广泛：它可以用来测量电容、电感、两线圈的互感以及耦合系数、磁性材料的磁导率、饱和特性、电容器的介质损耗等。当电桥的平衡条件与频率有关时，还可用来测量频率或者液体的电量。

直流电桥工作在平衡态可以准确测量未知电阻，但平衡的调节要求比较严格，而且需要耗费一定的时间。在实际的生产技术中，往往有些电阻准确度要求不是很高，但需要连续快捷的测量，例如铁路桥梁的应力检测、产品质量检查、测量变化的温度等，在这些情况中，非平衡直流电桥得到了广泛的应用，这时电桥中的某一个或几个桥臂往往是具有一定功能的传感元件，这些元件的电阻值可以由某一物理量的一系列变化而引起相应改变，利用非平衡电桥可以很快连续测量这些传感元件电阻值的改变，就可以得到这些物理量变化的信息，因此，由于各类传感器日新月异地发展，非平衡电桥的应用日益广泛。

惠斯登单臂电桥是最基本的直流单臂电桥，它是学习掌握电桥原理和使用的基础。

二、什么惠斯登电桥？

惠斯登电桥是一种常用的电学仪器。它可以用来测量电阻、电容、电感等电学量，还可以通过参量转换对温度、压力等非电学量进行测量。箱式惠斯登电桥还具有测量方便、操作简单、测量准确和便于携带等特点。

惠斯登简介

惠斯登（Charles Wheatstone，1802—1875），英国物理学家、发明家，具有非凡技巧的实验家。1834年他借助旋转镜观测电火花，测定导体中电流流过的速度；1835年研究电火花的光谱，得出该光谱只取决于金属电极材料，而与电火花通过的气体无关；1837年发明五针电报机并获得专利。两年后，在派丁顿与西德累顿之间架设了第一条商用电报线；1858年研制出第一个具有实用价值的自动发报装置。

欧姆定律传入英国较晚，但传入后很快受到惠斯登的重视。1843年他发表了欧姆定律的实验证明，进而发展了电阻的测量方法，发明了变阻器和惠斯登电桥。在被卡利亚讲座中，他对欧姆的研究工作表示赞扬和钦佩，此举引起德国科学界及政府对欧姆研究工作的关注。

他首先在发电机中采用电磁铁。1867年与西门子（W. von Siemens，1816—1892）独立

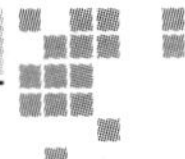

地提出自激发电机原理，为制造大容量发电机开辟了美好的前景。

在其他方面，惠斯登于1829年发明六角手风琴，1837年查明了音色决定于泛音的相对强度。他还发明了观察立体图像的体视镜，现在仍用于观察X射线和航空照相。

惠斯登电桥的原理如图3-6-1所示，它是由四个电阻 R_1、R_2、R_0 和 R_x 连接而成的四边形，每一边称为电桥的一个桥臂，四边形的两个 AB、CD 对角分别与电源E和电流表G相连。所谓桥的意思是指电流表G跨接 CD，其作用是将桥的两个端点 C 和 D 的电位进行比较。当 C、D 的电位相等时称为电桥平衡，此时，电流表G中无电流通过，即 $I_G=0$。反之，若 B、D 两点的电势不相等，称为电桥不平衡。

当电桥平衡时，电路满足如下关系：

$$U_{AC}=U_{AD},U_{CB}=U_{DB} \tag{3-6-1}$$

根据欧姆定律可得

$$U_{AC}=I_xR_x,U_{AD}=I_1R_1,U_{CB}=I_0R_0,U_{DB}=I_2R_2 \tag{3-6-2}$$

将式(3-6-2)各式代入式(3-6-1)得：

$$I_xR_x=I_1R_1,I_0R_0=I_2R_2 \tag{3-6-3}$$

比较上面两式并考虑电桥平衡时，$I_x=I_0$，$I_1=I_2$，得

$$R_x=\frac{R_1}{R_2}R_0=KR_0 \tag{3-6-4}$$

式中 $K=\frac{R_1}{R_2}$ 为比率臂或倍率。当已知比率臂 K 和电阻 R_0 即可得到未知电阻，这就是应用惠斯登电桥测量电阻的原理。

上述用惠斯登电桥测量电阻的方法，也体现了一般桥式线路的特点，其主要优点是：

(1)平衡电桥采用了示零法，根据示零器的“零”或“非零”的指标，即可判断电桥是否平衡而不涉及数值的大小。因此，只需示零器足够灵敏就可以使电桥达到很高灵敏度，从而为提高它的测量精度提供了条件。

(2)用平衡电桥测量电阻方法的实质是拿已知的电阻和未知的电阻进行比较。这种比较测量方法简单而精确。如果采用精确电阻作为桥臂，可以使测量的结果达到很高的精确度。

(3)由于平衡条件与电源电压无关，故可避免因电压不稳定而造成的误差。

如果将三只电阻箱、检流计、电源开关等均组装在一个箱子里构成如图3-6-1所示的桥路，就成为携带方便的箱式电桥。箱式电桥的测量范围为 $10\sim10^6\ \Omega$(中等电阻值)。

三、用电桥测量电阻

电桥是用比较法测量物理量的电磁学基本测量仪器，可以用电桥来测量电阻。测量中等阻值($10\sim10^6\ \Omega$)的电阻要用惠斯登单臂电桥进行测量；若要测量更大阻值的电阻，一般采用高电阻电桥或兆欧表；而要测量阻值较小的电阻，一般采用双臂电桥(开尔文电桥)。本实验采用惠斯登电桥测量中值电阻，同时学习万用表的使用方法。

B. 本实验采用方法的详细介绍

一、实验方法

本实验利用惠斯登电桥采用代替法和交换法测量电阻的阻值。

二、实验物品、仪器及设备

标准电阻箱两个、滑线变阻器两个、电流表、直流复射式光点检流计、数字式万用表、直流稳压电源、待测电阻、开关、导线等。

三、重要仪器简介

(一)检流计

专门用来检验电路中有无电流通过的电流计称检流计(也称灵敏电流计)。检流计常用作电桥、电位差计等的电流指零或测量微小电流及电压。

由于检流计的量程很小($10^{-10}\sim10^{-3}$ A),所以使用时需要接保护电阻,否则极易烧毁。常用的检流计有指针式和光点反射式两类。前者的灵敏度较后者低。这里主要介绍光点反射式检流计。

1. 直流复射式光点检流计(AC15 型)

常用的光点反射式检流计是 AC15 型直流反射式检流计,其基本结构仍属于磁电式结构。当电流通过导线游丝、拉丝(悬丝)流过置于铁芯与永磁铁形成的磁场中的线圈时,线圈产生转动力矩而使活动部分转动,其偏转的角度由通过线圈的电流值、拉丝及导电游丝的反作用力矩来决定。为了提高灵敏度,检流计活动部分上装有小平面镜,通过光的反射原理将具有叉丝的光斑反射在标度尺上。

AC15 型检流计有 6 种不同性能的系列产品,现以 AC15/4 型直流复射式检流计为例说明其使用方法及注意事项。

图 3-6-2 为 AC15/4 型直流复射式检流计的面板,图中左侧旋钮为分流器选择旋钮,其上×0.01 挡为灵敏度最低挡,×1 为灵敏度高挡。测量时应先从检流计的最低灵敏度的挡位开始。若光点偏转不大,可逐步转到灵敏度较高的挡位。为了防止检流计活动部分和导电游丝等受到机械振动而损坏,检流计内设置有短路阻尼,因此在分流器旋钮上具有短路挡,当旋至此挡时可以保护检流计的活动部分及导电游丝。若在标尺上找不到光斑,可将分流器旋钮旋至直接挡,轻微摆动检流计,如有光斑掠过,可调节面板上的零点调节器,将光斑调节到标尺上(调节器顺时针旋转,光斑左移)。

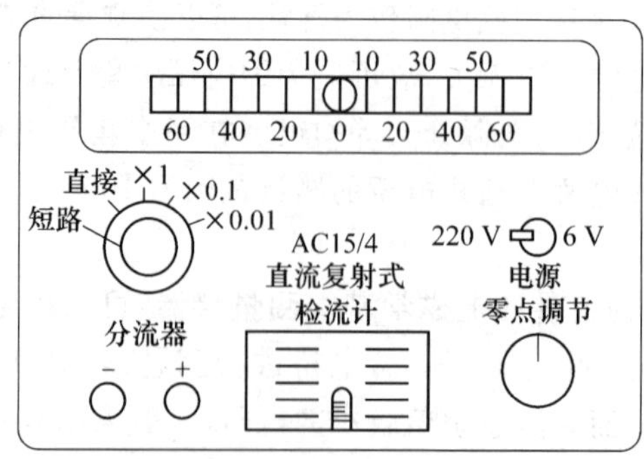

图 3-6-2 AC15/4 型检流计面板

面板上"+"、"-"两个接线柱是用来测量电路的,电流从"+"极流向"-"极时,检流计表盘上光斑向右偏转。

该仪器有两种供电方式,当接 220 V 电压时,电源开关置于 220 V 处,电源接通;当接

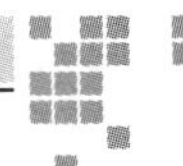

6 V 电压时，电源开关置于 6 V 处，电源接通。

使用该仪器主要应注意的是，在测量中若光斑摇晃不停，可用短路挡使检流计受到阻尼，在改变电路、使用结束以及搬动仪器时，也均应将检流计短路以保护仪器，这时将分流器旋钮置于"短路"位置即可。

最后应该指出，使用上述电流表、电压表及检流计时还应特别注意以下几个方面：

(1)电流方向的确定　直流电表指针的偏转方向取决于电流的方向，所以要注意电表面板上接线柱的"＋"、"－"或"红色"、"黑色"标记。红色接线柱或标有"＋"号的接线柱为电流流入端，又称正极端(接电路高电位点)；黑色接线柱或标有"－"号的接线柱为电流流出端，又称负极端(接电路低电位点)。

(2)电表在电路中的联接法　直流电流表是测量电流的，使用时应串联在待测电路中；直流电压表则用来测量电路中两点间的电压，因此，使用时应并联在这两点上。

(3)量程的选择　使用电表时要选择合适的量程。若量程太小，过大的电流会使电表烧毁；若量程过大，则指针偏转过小，读数误差较大。一般选择量程的原则是：先估计待测量的大小，选择量程比待测量稍大，使指针偏转为满刻度的 2/3 为好。否则，测量准确度较差。

(4)视差问题　为了减少读数误差，应使观测的视线垂直于标度盘表面。对于有些电表，刻度线旁附有反光镜面，当指针在镜中的像与指针重合时读数最准确。

2. 数字式灵敏检流计

除了光点检流计以外，还有一类数字式检流计。JRLQJI-2A 型数字式检流计就属于此类。JRLQJI-2A 型数字式检流计灵敏度较高，达 0.2 nA/μV。接通电源后，同样先用面板右下方的调零旋钮调零。使用时若有电流通过，便会在显示器上显示出所通过电流的极性"＋"或"－"及电流的大小。其电流大小由显示器上的示数和面板右上方"×1"、"×10"两指示灯共同决定。如"×100"灯亮，则电流大小为示数值×100，表示此时通过的电流较大，偏离平衡位置较远。

(二)万用电表

万用电表是一种常用的电学仪器，它可用来测量交、直流电压，直流电流以及电阻等，因此用途十分广泛。

1. 指针式万用表

指针式万用电表的型号很多，但结构与原理基本相同，其主要由表头、转换开关和测量电路三部分组成。下面以 MF-30 型万用电表为例说明指针式万用电表的使用方法。

MF-30 型万用电表的外形如图 3-6-3 所示。该万用表的表头有几条弧形刻度线，最上端的一条是供测量电阻时读数用的，由右至左，读数为零至无穷大；第二条是供测量交流电压、直流电压和直流电流时读数用的；第三条红色刻度线是供测量 10 V 以内交流电压的读数用的。

该万用表的范围选择开关共有五个范围可选择，分别为直流电压、交流电压、直流电流(分 mA 与 μA 两部分)、电阻(Ω)。除电阻各挡位表示读数的数量级外，其余各范围的挡位均表示最大量程。量程不同，其对应的刻度线的最小分度值就不同。

在使用万用表前，无论测什么物理量，都应先观察表头指针是否指在表头刻度线左侧的

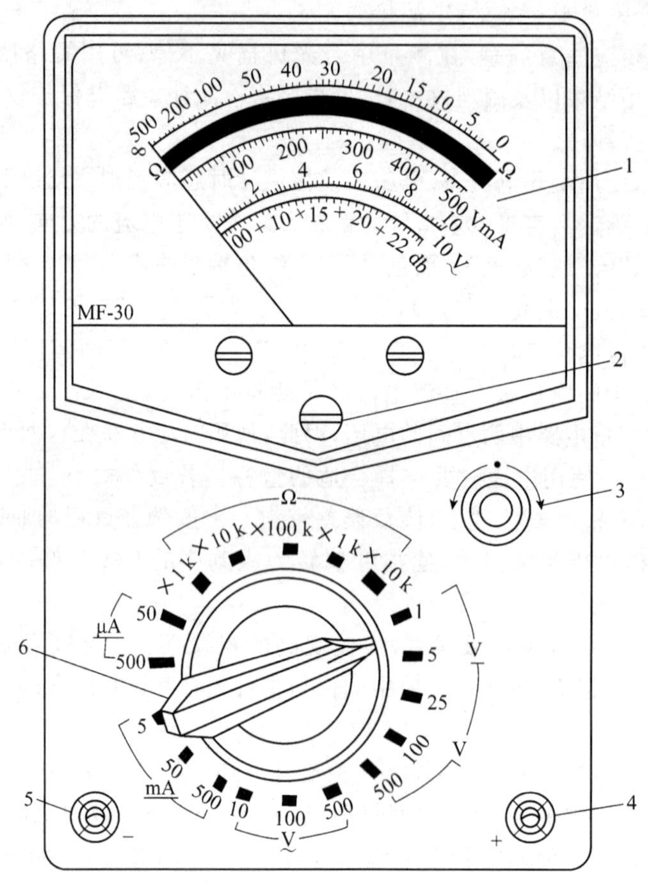

图 3-6-3　MF-30 型万用表外形示意图

1. 刻度板　2. 机械零位调节器　3. 欧姆零点旋钮　4. 红表棒插口　5. 黑表棒插口　6. 转换开关

零位上。若不指零，可通过调整表头盖上的机械零位调节器，使指针旋到零位。

(1)直流电压的测量　将测试棒插入万用表下端左右两侧的"+"、"−"插孔中，红色棒插入"+"插孔，黑色棒插入"−"插孔，把转换开关旋至直流电压挡 V，选择合适的挡位即量程(有 1 V、5 V、25 V、100 V、500 V 五个量程)，然后将测试棒并联于待测电路中。

注意：红色棒接靠近正极的一端，黑色棒接靠近负极的一端，表头指针所示刻度即为所测读数。

(2)交流电压的测量　将测试棒插入万用表"+"、"−"插孔中，不分正负。将转换开关旋至交流电压挡中适当的量程(有 10 V、100 V、500 V 三个量程)，然后将测试棒并联在待测电路中即可(也不用分正负端)。

(3)直流电流的测量　将测试棒接好(插法与直流电压相同)，将转换开关旋至直流电流挡中适当的量程(毫安挡有 5 mA、50 mA、500 mA 三个量程，微安挡有 50 μA、500 μA 两个量程)，然后将测试棒串联在待测电路中，注意不要接错。

(4)电阻的测量　将测试棒插入万用表"+"、"−"插孔中，把转换开关旋至电阻范围内。先将两测试棒短接(相碰)，指针即向表头刻度线右端偏转。轻轻旋动表头盖右下端的

“零欧姆调节器”,使表头指针指于第一条刻度线右端零欧姆位置,然后将测试棒分开,分别接于待测电阻两端即可测量。如果测试棒短接时指针无法调到零欧姆处,可能是万用表内的电池电压不足,需换新电池,切勿用力扭动零欧姆调节器,以免损坏。在读数时,为了提高测试结果的精度,应尽可能选好合适的挡位,保证在刻度线的中间位置读数。

电阻范围的 5 个挡:×1、×10、×100、×1 k、×10 k,表示读数的数量级。因此,记录数据时,应将表头指针所示读数乘以挡位上的数值才是待测电阻的真正数值。例如,选择开关旋至×10 挡,而表头指针指示 25,则待测电阻阻值应表示为 25×10 Ω。

在使用万用表测电阻时应注意两点,一是每次改换挡位后都应重新调节零欧姆调节器;二是不能在电路中带电测电阻,也不能测量额定电流极小的电阻(如灵敏电流计内阻),否则将损坏被测物。

在使用万用表时,还应注意以下三个方面:

(1)首先必须弄清万用表表头刻度线的读数方法,然后根据测量要求定好适当的挡位。如不知待测量的大小,一般应选最大量程,再逐渐减小。

(2)要注意测试棒的接法,尤其是测直流量时,正负不能接反。同时,无论测什么物理量,实验者的手在测量时都不能接触测试棒的金属部分。

(3)测试时应采用跃测法,即在用测试棒接触测量点时,应注意表头指针偏转情况,一旦出现异常,测试棒立即离开测量点。

在实验中,万用表常用来检查电路中的故障。使用万用表检查电路的方法有以下两种:

(1)伏特计法　在电源接通的情况下,从电源的正、负极两端开始,对各电器元件的接点按电流顺序用万用表的电压挡检查其电压,若电压出现反常,就是故障所在。

(2)欧姆计法　将电路电源和电表断开,用万用表的电阻挡检查电路中各电阻的情况(例如,此处电路应当通、不通或有一个电阻值),从而找出故障所在。

2. 数字式万用电表

数字式万用电表是一种操作方便、读数精确、功能齐全的新型万用电表,其最显著的特点是能将读数直接通过液晶屏幕显示出来。用它可以测量交/直流电流与电压、电阻、电容、音频频率、二极管正向压降、晶体三极管参数等。

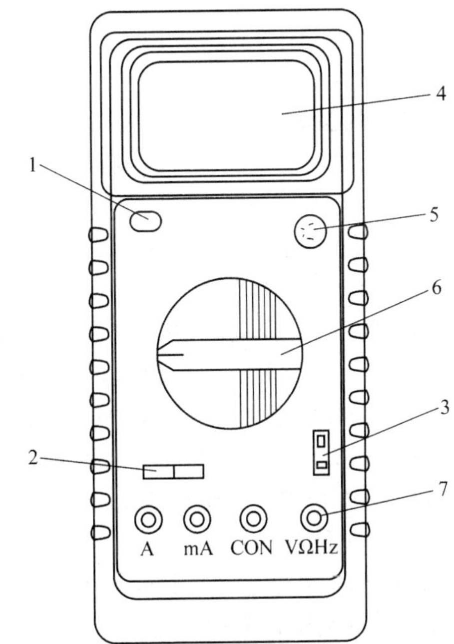

图 3-6-4　MY-60 型数字万用表的面板示意图

1. 电源开关　2. 电容测试座　3. 温度测试座　4. LCD 显示器　5. 晶体管测试座　6. 功能开关　7. 输入插座

下面说明 MY-60 型数字式万用电表的使用方法。

MY-60 型数字万用表性能稳定,整机电路设计以大规模集成电路、双积分 A/D 转换器为核心并配以全功能过载保护,可用来测量直流和交流电压、直流和交流电流、电阻、电容、二极管以及电路的通断。

MY-60 型数字万用表的面板如图 3-6-4 所示,其中各功能挡符号含义见表 3-6-1。使用

MY-60 型数字万用表应注意以下几个方面：

表 3-6-1 MY-60 型数字万用表各功能挡符号含义

Ω	欧姆挡	A—	直流电流挡
V—	直流电压挡	♫⊣	二极管正向电压测试和通断测试
V～	交流电压挡	HfE	晶体管测量挡
A～	交流电流挡		

(1)读数　直接由 LCD 显示器上读数，单位视所选择的量程而定。如测量某电阻阻值时量程选择 200 k，显示器示数为 198.1，则此电阻大小为 198.1 kΩ。

(2)量程选择　如果所选择的量程挡太低，仪表将会显示“1”，表示过载；如果所选择的量程挡太高，仪表不能显示出最精确的测量值。最合适的量程应选择使测量结果的有效数字位数最多的那一挡，此时测量精度最高。

(3)测量电流　测量电流时必须将电表串联入电路中，切勿将表笔并联跨接到任何电路上。

(4)电阻的测量　测量电阻时应注意以下几点：①将电源断开；②电阻挡 200 M 量程短路时有 10 个字以内的误差，测量时应先将表笔短路，测出此误差值，再从测量读数中减去，如在 200 M 量程，表笔短路时显示 0.9，测量待测电阻显示为 198.1，则结果应为 198.1－0.9＝197.2(MΩ)；③对于大于 1 MΩ 或更高的电阻，要几秒钟后读数才能稳定，对于高阻值读数这是正常的。

四、实验的基本构思与原理

用惠斯登电桥测量中值电阻线路如图 3-6-1 所示。调节电桥平衡有两种方法：对滑线式电桥，是保持 R_0 不变，通过调节 R_1/R_2 的比值使电桥平衡；对箱式电桥，是保持 R_1/R_2 不变，通过调节 R_0 使电桥平衡。

1. 本实验利用惠斯登电桥测量电阻所采用的方法

在本实验中，图示 3-6-5 中两臂 R_1、R_2 由滑线变阻器 H_1 以滑动头为分界点的两边电阻构成。其中，R_x、R_0 分别代表未知电阻和标准电阻箱的标称阻值。为了限制电路的电流，电源要通过另一个滑线变阻器 H_2 再与电桥相连。当电阻箱的阻值 R_0 为一定时，可通过滑动 H_1 的滑动头使电桥平衡。

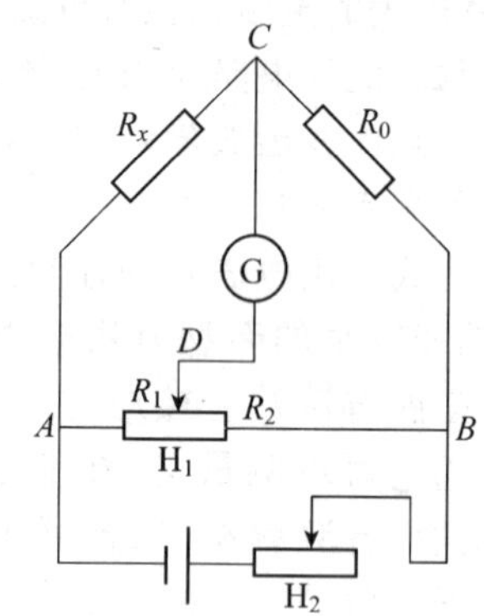

图 3-6-5　实际电桥测量回路示意图

由平衡条件可见电桥的平衡与工作电流无关，用电桥测电阻，待测阻值只需通过三个标准电阻的阻值便可求得。由于 R_1、R_2 阻值的精确性影响未知电阻阻值的精确性，本实验不是直接将 R_1、R_2、R_0 的阻值代入式(3-6-4)计算未知电阻 R_x，而是采用代替法和交换法获得未知电阻的阻值，这样可以不考虑 R_1、R_2 阻值的精确性对未知电阻阻值的影响，也可以避免测量电路的系统误差对未知电阻阻值的影响。

(1)代替法　在上述电桥平衡的基础上，如果移去未知电阻 R_x，而用另一个阻值可调的

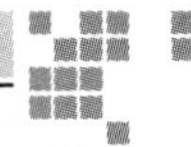

电阻箱 R_d 代替未知电阻，改变电阻箱 R_d 的阻值而其他部分保持不变，当电桥重新恢复到平衡状态时，电路满足如下关系：

$$R_d=\frac{R_1}{R_2}R_0 \tag{3-6-5}$$

由于 R_1、R_2、R_0 不变，所以 $R_d=R_x$，即电阻箱 R_d 此时的读数等于未知电阻的阻值，这种方法即为代替法。

(2)交换法　在电桥平衡的基础上，如果交换未知电阻 R_x 和已知电阻 R_0，这时电路将不平衡。保持其他部分不变而仅仅改变 R_0 的阻值，使电路重新恢复平衡状态。如果这时电阻箱的阻值变为 R_0'。则电路满足如下关系

$$R_0'=\frac{R_1}{R_2}R_x \tag{3-6-6}$$

由于 R_1、R_2、R_x 不变，比较式(3-6-4)和式(3-6-9)，得

$$R_x=\sqrt{R_0R_0'} \tag{3-6-7}$$

式中 R_0 为第一次电路平衡时的电阻箱的阻值，R_0' 为第二次电路平衡时的电阻箱的阻值，这种方法即为交换法。由上式可知：交换测量后得到的测量值与比例臂阻值无关，此方法消除了比率臂的影响。

2. 电桥的灵敏度

公式(3-6-4)是在电桥平衡的条件下推导出来的，而电桥是否平衡，实验上是看检流计有无偏转来判断的。当我们认为电桥已达到平衡时 $I_g=0$，而 I_g 不可能绝对等于零，而仅是 I_g 小到无法用检流计检测而已。例如，有一惠斯登电桥上的检流计偏转一格所对应的电流大约为 10^{-6} A，当通过它的电流为 10^{-7} A，指针偏转 1/10 格，我们是可以察觉出来的，当通过它的电流小于 10^{-7} A 时，指针的偏转小于 1/10 格，我们就很难察觉出来了。为了定量地表示检流计不够灵敏带来的误差，可引入电桥灵敏度 S 的概念，它的定义是

$$S=\frac{\Delta n}{\frac{\Delta R_x}{R_x}} \tag{3-6-8}$$

式中 ΔR_x 是当电桥平衡后把 R_x 改变一点的数量；Δn 是因为 R_x 改变了 ΔR_x 电桥略失平衡引起的检流计偏转格数，它越大，说明电桥越灵敏，带来的误差也就越小。

从误差来源看，只要仪器选择合适，用电桥测电阻可以达到很高的精度。在测灵敏度时，由于 R_x 是不可变的，故可以用改变 R_0 的办法来代替。计算表明

$$S=\frac{\Delta n}{\frac{\Delta R_x}{R_x}}=\frac{\Delta n}{\frac{\Delta R_1}{R_1}}=\frac{\Delta n}{\frac{\Delta R_2}{R_2}}=\frac{\Delta n}{\frac{\Delta R_0}{R_0}} \tag{3-6-9}$$

可见，任意改变一臂测出的灵敏度都是一样的。

显然，电桥灵敏度 S 越大，则当比较臂电阻改变单位值时，检流计指针偏转也越大，对电桥平衡的判断也越容易，测量结果也就越准确。

提高电桥灵敏度的途径有：

(1)在不超过桥臂电阻额定功率的情况下，增加电源电压可提高电桥灵敏度。

(2)选用灵敏度较高的检流计可提高电桥灵敏度(但要注意检流计灵敏度不可过高,否则,测量将会很不方便)。

C. 本实验对学生的基本要求

一、实验任务

1. 用代替法测量电阻。
2. 用交换法测量电阻。
3. 掌握电路联接和排除简单线路故障的技能。

二、实验中要采集的数据及其处理

1. 用代替法测量电阻和灵敏度

表 3-6-2 代替法测量数据

次数	R_0/Ω	R_x/Ω	Δn	$\Delta R_0/\Omega$	灵敏度	万用表测量 R_x/Ω
1	100		1			
2	150		1			
3	200		1			
4	250		1			
5	300		1			

测量结果表示:$\overline{R}_x=$__________ Ω;$E=\dfrac{|\Delta R_x|}{\overline{R}_x}\times 100\%=$__________。

2. 用交换法测量电阻和灵敏度

表 3-6-3 交换法测量数据

次数	R_0/Ω	R_0'/Ω	Δn	$\Delta R_0/\Omega$	灵敏度	R_x/Ω	万用表测量 R_x/Ω
1	100						
2	150						
3	200						
4	250						
5	300						

测量结果表示:$\overline{R}_x=$__________ Ω;$E=\dfrac{|\Delta R_x|}{\overline{R}_x}\times 100\%=$__________。

三、实验步骤提示

1. 用数字式万用表测量电阻阻值

(1)将万用表挡位拨到欧姆挡。根据电阻的标称值,确定适当的挡位(电阻值的数量级),测量未知电阻 R_x 的阻值。

(2)将测量结果记录在表 3-6-2。

2. 用自组惠斯登电桥测量电阻阻值

(1)自组电桥的接线要领　根据图 3-6-5 所示的线路图接线，电桥线路可大致分为三步联接。首先将四个桥臂联成一个回路，然后在一对角线上的两点（R_1 与 R_x 的联接点和 R_2 与 R_0 的联接点）之间接电源、开关和滑线变阻器；最后在另一对角线上的两点（R_1 与 R_2 的联接点和 R_0 与 R_x 的联接点）之间接入检流计和带保护电阻的闸刀。

(2)正确调节自组电桥平衡的方法　调节电桥平衡应遵循先粗调后细调的原则。

粗调：先将如图 3-6-5 所示的滑线变阻器的滑动头 H_2 调至阻值最大，将带保护电阻的闸刀断开，调节 H_1 的滑动头使检流计指针指零；

细调：将 H_2 阻值调至最小，将保护电阻短路（合上闸刀），微调 H_1 使检流计再次指零，此时电桥达到平衡。

(3)用代替法测量电阻和灵敏度　分别设定已知电阻箱的阻值 R_0 为 100 Ω、150 Ω、200 Ω、250 Ω、300 Ω，按代替法的原理测量未知电阻的 5 个值 R_x，并且在电桥平衡时，改变 R_0 的阻值使得检流计指针偏转一格，记录 Δn 和 ΔR_0。将测量结果记录在表 3-6-2 中，求出未知电阻的平均值和相对差。

(4)用交换法测量电阻和灵敏度　分别设定已知电阻箱的阻值 R_0 为 100 Ω、150 Ω、200 Ω、250 Ω、300 Ω，按交换法的原理测量未知电阻的 5 个值，并测出相应的灵敏度，将测量结果记录在表 3-6-3 中。求出未知电阻的平均值和相对误差。

3. 注意事项

(1)在使用检流计之前必须调节检流计调零旋钮，使检流计指针停在零点处。

(2)实验操作时，电桥一般远离平衡状态，为了防止通过检流计的电流过大，应先将滑线变阻器（H_2）值拨至最大值，随着电桥逐渐接近平衡，逐渐减小 H_2 的值，直到零。

(3)测电桥灵敏度时，用阻值 R_0 的改变量代替 R_x 的改变量。

(4)各接线旋钮必须拧紧，否则接触电阻过大，影响测量的准确度，甚至无法达到平衡。

(5)检流计作为平衡指示器，其允许通过的电流非常小，因此在实验过程中必须特别注意保护检流计。每次开始重复测量时，都必须将滑线变阻器（H_2）和保护电阻放到阻值最大处，以保护检流计。

4. 简单线路故障的原因和排除

实验中出现故障是不可避免的正常情况，对于仪器故障，需由专门人员进行排除；常见简单线路故障的排除则是大学生必须掌握的基本技能。

用自组电桥测电阻，实验过程可能出现的故障有：

(1)检流计指针不偏转（排除检流计损坏的可能性）。这种情况的出现，说明桥（检流计）支路没有电流通过，其原因可能是电源回路不通，或者是桥支路不通。检查故障的方法是先用万用电表检查电源有无输出，然后接通回路，再检查电源与桥臂的两个联接点之间有无电压，最后分别检查桥支路上的导线、开关是否完好（注意检流计不能直接用万用电表电阻挡检查）。如果仍未查出原因，则故障必定是四个桥臂中相邻的两相桥臂同时断开。查出故障后，采取相应措施排除（如更换导线、开关、电阻等）。

(2)检流计指针偏向一边。出现这种情况,原因有三种:

原因之一,倍率 K 取值不当,改变 K 的取值,故障即便消失。

不论 K 和 R_0 取何值,检流计指针始终偏向一边,则有:

原因之二,四个桥臂中必定有一个桥臂断开;

原因之三,四个桥臂中某两个相对的桥臂同时断开。

对于后两种原因引起的故障,只需用一根完好的导线便可检查确定。检查时,首先将保护电阻调至最大,减小桥臂电流。然后用一根导线将四个桥臂中任一桥臂短路,若检流计指针反向偏转,则说明被短路的桥臂是断开的,可用此导线替换原导线,检查出导线是否断开及电阻是否损坏;若检流计指针偏转方向不变,则说明被短路桥臂是完好的;若检流计指针不再偏转,则说明对面桥臂是断开的,可进一步判明是导线还是电阻故障,接通后,用同样方法再检查开始被短路的桥臂是否完好。最后,将查出的断开桥臂中坏的导线或电阻更换,故障便被排除。

四、预习思考题

1. 什么是电桥平衡?

2. 在实验中如何判断电桥达到平衡?

3. 为什么要测量电桥的灵敏度?如何定义?

4. 自组电桥线路如图 3-6-5 中滑线变阻器(H_2)作为限流器串接于电源回路中,请思考其作用。

解答:滑线变阻器(H_2)不仅用于调节桥臂电流的大小,而且还对电桥灵敏度起着调节作用。粗测时,将其阻值调至最大,使桥臂电流减小,降低电桥灵敏度;细测时,将其阻值调至最小,使桥臂电流增大,提高电桥灵敏度。

五、操作后思考题

1. 电桥法测量电阻的原理是什么?

2. 在调节电桥平衡过程中,若发现检流计指针始终向一个方向偏转,试分析可能出现的故障是什么?

3. 影响电桥灵敏度有哪些因素,什么措施可以提高电桥灵敏度?

4. 当电桥平衡后,若将电源与检流计的位置对换,电桥是否仍保持平衡?为什么?

5. 交换法为什么能消除比率臂误差的影响?

6. 你能用 Matlab 软件对惠斯登电桥灵敏度进行分析吗?(此题选作)

六、作业

请完成初级设计性实验 4-6。

D. 参考文献及阅读材料推荐

[1] 谭兴文,韩力. 惠斯登电桥灵敏度的探究. 西南师范大学学报(自然科学版),2008,33(4).

[2] 鲁晓东. Matlab 在惠斯登电桥灵敏度分析中的应用. 浙江海洋学院学报(自然科学版),2003,22(1).

实验 3-7 温差电动势的测量

A. 温差电动势简介

一、什么是温差电动势?

1821 年德国物理学家塞贝克(T. J. Seeback)发现,当两种不同金属导线组成闭合回路时,若在两接头之间维持一定的温差,回路就有电流和电动势产生,这种现象称为塞贝克效应,又称为第一热电效应,它是指由于温差而产生的热电现象。其中产生的电动势称为温差电动势,上述回路称为热电偶。

二、温差电动势的应用

温差电技术研究始于 20 世纪 40 年代,现在已成功地在航天器上实现了长时间发电。近几年来,温差发电机不仅在军事和高科技方面,而且在民用方面也显示出良好的应用前景。

金属的塞贝克效应主要用于温度测量,而半导体则用于温差发电。

1. 温度传感器

用金属制成的温差电动势较小,常用于测量温度、辐射强度等。热电偶是一种应用十分广泛的温度传感器,它可以测量微小的温度变化,并广泛地应用于非电量的电测。热电偶直接用作测量介质温度的一端叫做工作端(也称为测量端),另一端叫做冷端(也称为补偿端)。冷端与显示仪表或配套仪表连接,显示仪表会指出热电偶所产生的热电势,从而测量出温度。由此原理制成的温度计称为热电偶温度计。

热电偶温度计的应用十分广泛,用于测量各种温度物体,测量范围极大,远远大于酒精、水银温度计。热电偶温度计适用于炼钢炉、炼焦炉等高温地区,也可测量液态氢、液态氮等低温物体;由热电偶制成的热电偶温湿度计已广泛应用于农业科学中植物水势的测定和渗透势的测定;温度传感器在自动控制过程中具有非常广泛的应用。

2. 温差发电

温差电池就是利用温度差异,使热能直接转化为电能的装置。温差电池的材料一般有金属和半导体两种。半导体的温差电动势较大,热能转化为电能的效率也较高,可用作温差发电器。负责研发这种电池的科学家温纳·韦伯介绍说:"只要在人体皮肤与衣服等之间有5℃的温差,就可以利用这种电池为一块普通的腕表提供足够的能量"。

温差电池的工作原理是,将两种不同类型的热电转换材料 N 型和 P 型半导体的一端结合并将其置于高温状态,另一端开路并给以低温时,由于高温端的热激发作用较强,空穴和电子浓度也比低温端高,在这种载流子浓度梯度的驱动下,空穴和电子向低温端扩散,从而在低温开路端形成电势差。如果将许多对 P 型和 N 型热电转换材料连接起来组成模块,就可得到足够高的电压,形成一个温差发电机。

随着人类空间探索活动的日渐展开,以及在地球上难于到达地区日益增加的资源考察与探查活动,需要开发一类能够自身供能且无需照看的电源系统。显然,温差发电对这些应用极为适合。温差发电是一种利用余热、太阳能、地热等低品位能源转换成为电能的有效方式,它具有结构简单、坚固耐用、无运动部件、无噪声等特点。此外,随着全球石油消耗的剧增而伴随的全球能源价格的不断攀升,越来越多的技术活动集中到新能源的开发及各类能源的综合利用方面。因此,如何实现有商业价值的大规模温差发电,开发利用自然界中存在的温差以及工业余热,成为人们关注的焦点。目前,中国已成为世界上最大的温差电元件生产出口国,这为我国未来温差电的广泛应用打下了坚实的基础。

三、测量温差的方法

测定温差的常用方法有:固体、液体、气体热胀冷缩法,热电效应法,电阻变化法,热辐射法等。

B. 本实验采用方法的详细介绍

一、实验方法

本实验采用热电效应法测量温差。

二、实验物品、仪器及设备

UJ31 型箱式电位差计、热电偶、光点式或数字式检流计、标准电池、直流稳压电源、温度计、电热杯、带温度显示的水浴锅、保温杯。

三、重要仪器简介

1. 标准电池

标准电池是一种作电动势标准的原电池,分为饱和式(电解液始终是饱和的)和不饱和式两类。不饱和式标准电池的电动势 E_t 随温度变化很小,但随电解液的浓度改变而变化。这种标准电池常安装在便携式的电位差计之中。

饱和式标准电池的电动势较稳定,但随温度变化比较显著。本实验所用的为饱和式标准电池,该电池在 20℃时的电动势为 $E_{20}=1.018\ 60$ V,在偏离 20℃时的电动势可按照下式估算:

$$E_{s(t)}=E_{20}-[39.94(t-20)+0.929(t-20)^2\times10^{-5}-0.009\ 0(t-20)^3]\times10^{-6}(\mathrm{V}) \quad (3\text{-}7\text{-}1)$$

电池的温度可由电池本身所附带的温度计读出。

使用标准电池时应注意:

(1)使用标准电池时需注意正负极不能接错,不能短路,不准用万用表测其端电压。

(2)在使用时不可摇晃、振荡和倒置标准电池。

(3)标准电池绝不能作为输出电功率的电源使用,不准使标准电池超过容许电流(电流一般不能超过 $1\mu A$),在使用时操作中不能长时间接通。

2. 直流复射式光点检流计(AC15 型)

直流复射式光点检流计是一种测量微弱电流($10^{-8}\sim10^{-11}$ A)的磁电式检流计,它无指针,靠光标读数,无固定的零点,一般常用来检测有无电流或作为零位测量法的“指零”仪表。直流复射式光点检流计的使用方法如下:

(1)待检测电流由左下角标示的“+”、“-”两个接线端接入,一般可不考虑正负。

(2)电流的大小由投射到刻度尺上的光标来指示。

(3)测量时,应先接通光标电源,见到光标后,将分流器开关由“短路”转到“×0.01”挡,观察光标是否指“0”,如果光标不在“0”点,应使用零点调节器和标盘微调器,把光标调在“0”

点。如果找不到光标，可以将检流计的分流器开关置于“直接”处，检查仪器内的小灯泡是否发光。

(4)仪器的偏转线圈并联不同的分流电阻，可以得到不同的灵敏度。使用时，应从检流计的最低灵敏度×0.01 挡开始测量，如果偏转不大，再逐步提高灵敏度。本实验中要求灵敏度达到“×1”或“×0.1”。

使用直流复射式光点检流计时应注意：

(1)产生光标的电源插口在仪器背面，由于光标电源有 AC 220V 和 AC 6.3V、DC 6.3V 两种，所以要注意光标电源的选择开关应和实际相符。

(2)测量中当光标摇动不停时，要转向短路挡，使线圈作阻尼振动，较快静止下来。检流计悬丝所能承受的拉力非常小，所以使用时注意不能振动、倾斜。当实验结束时，必须将分流器置于短路挡，以防止线圈和悬丝受到机械振动而损坏。

3. UJ31 型箱式电位差计

电位差计是通过与标准电动势进行比较来测定未知电动势或电压的仪器。UJ31 型电位差计的面板如图 3-7-1 所示。其面板上各旋钮、按钮介绍如下：

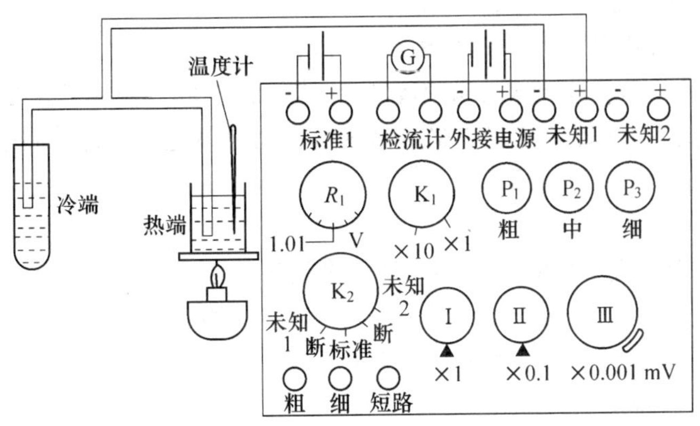

图 3-7-1　UJ31 型电位差计的面板示意图

(1)K_1 为量程开关，拨在×10 挡时，测量范围为 0～171 mV；在×1 挡时，测量范围为0～17.1 mV。

(2)K_2 为工作状态转换开关，可在“标准”、“测量”和“断开”三种状态中切换。

(3)接通检流计的按钮式开关，有“粗”和“细”两个。

(4)R_1 为标准电池的温度补偿旋钮，它是一个可调电阻，示值已换算成电压，使用时根据标准电池电动势的大小取值。因标准电池的电动势与温度有关，故此旋钮有温度补偿之称。

(5)P_1、P_2、P_3是可变电阻量程转换按钮，它可以把图 3-7-3 中的制流电阻 R_P 分成“粗”、“中”、“细”三个挡次，便于迅速达到补偿。

(6)Ⅰ、Ⅱ、Ⅲ是测量旋钮及转盘，它是把图 3-7-3 中的 R_{AB} 也分成三挡。在转盘Ⅲ上还有游标，以提高读数的精确度。

电位差计的使用方法如下：

(1)检流计调零。先接好整个实验线路。状态转换开关 K_2 置于“断”的位置，并将“粗”、

“细”、“短路”按钮松开。将检流计接上电源，调节“零点调节”旋钮，使检流计指零。

(2)调节电位差计工作电流。①使 K_2 置于“标准”位置；②粗调。按下“粗”钮，依次调节 R_{P_1}、R_{P_2}，直到检流计粗略指零；③细调。松开“粗”钮，按下“细”钮，调节 R_{P_2}、R_{P_3}，使检流计准确指零，校准完成。校准后，在测量时 R_{P_1}、R_{P_2}、R_{P_3} 不要再动。

(3)测量。①在本实验中，测量范围在 0～17.1 mV 之间，故将量程选择开关 K_1 转至“×1”挡。②将状态转换开关“K_2”拨向未知 1(或未知 2)位置。③粗调。按下“粗”钮，依次调节读数盘Ⅰ、Ⅱ，使检流计粗略指零。④细调。松开“粗”钮，按下“细”钮，调节读数盘Ⅱ、Ⅲ，使检流计准确指零，即可读数。待测电动势之值为

$$\varepsilon_x=(\text{Ⅰ盘读数}\times1+\text{Ⅱ盘读数}\times0.1+\text{Ⅲ盘读数}\times0.001)\times(K_1\text{ 所示量程})(\text{mV}) \quad (3\text{-}7\text{-}2)$$

使用电位差计时应注意：

(1)电源的正负极不要接错，未知 1 或 2 的正端接热电偶的热端，不能接错。使用电位差计必须先接通工作电流调节回路，然后再接通校正工作电流回路、待测回路。测量结束时，应先断开待测回路、再断开工作电流调节回路。

(2)Ⅲ刻度盘的 0～100 之间有一小段没有刻度线，这是断开的位置。调整到这一位置时，检流计指零，切不可认为达到了“平衡”。

(3)注意温度计和电偶热端必须与热水接触，且不能碰到杯壁或杯底。

(4)电热杯禁止空烧。电热杯水量不要超过杯子的 2/3，以免沸水溢出烫伤。

(5)每次测量时，一定要等温度稳定后再读数。如时间允许，最好每次测量前，都重新校准工作电流 I_0。

4. 水浴锅

常见的温度控制仪器，可在 0～100℃区间内精确控温。水浴锅通过电热丝通电发热为热源。因为水的比热容较大，且方便易得，所以以水作为控温介质。大型的水浴锅控温效果较好。本实验中使用的水浴锅可测量当前水的温度，并可对目标温度进行设定，水浴锅自动加热至目标温度并保持恒温。

四、实验的基本构思与原理

1. 热电偶

两种不同金属组成一闭合回路时，若两个接点 A、B 处于不同温度 t_0 和 t，则在两接点 A、B 间产生电动势，称为温差电动势，这种现象称为温差现象。温差电动势 ε 的大小除和热电偶材料的性质有关外，另一决定的因素就是两个接触点的温度差$(t-t_0)$。电动势与温差的关系比较复杂，当温差不大时，取其一级近似可表示为

$$\varepsilon=C(t-t_0) \quad (3\text{-}7\text{-}3)$$

式中 C 为热电偶常数(或称温差系数)，等于温差 1℃时的电动势，其大小决定于组成热电偶的材料。例如，常用的铜-康铜电偶的 C 值为 4.26×10^{-2} mV/K，而铂铑-铂电偶的 C 值为 6.43×10^{-3} mV/K。

热电偶可制成温度计。为此，先将 t_0 固定(例如放在冰水混合物中)，用实验方法确定热电偶的 ε-t 关系，称为定标。定标后的热电偶与电位差计配合可用于测量温度。与水银温度计相比，温差电偶温度计具有测量温度范围大(－200～2 000℃)，灵敏度和准确度高，便于实验遥测和 A/D 变换等一系列优点。

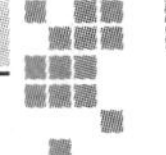

2. 电位差计

电位差计是准确测量电势差的仪器，其精度很高。用伏特表测量电动势 E_x 时，伏特表读数为 $U=E_x-IR$，其中 R 为伏特表内阻。由于 $U<E_x$，故用伏特表不能准确测量电动势。只有当 $I=0$ 时，端电压 U 才等于电动势 E_x。

如图 3-7-2，如果两个电动势相等，则电路中没有电流通过，$I=0$，$E_N=E_x$。如果 E_N 是标准电池，则利用这种互相抵消的方法就能准确地测量被测的电动势 E_x，这种方法称为补偿法，电位差计就是基于这种补偿原理而设计的。

在实际的电位差计中，E_N 必须大小可调，且电压很稳定。电位差计的工作原理如图3-7-3所示，其中，外接电源 E、制流电阻 R_P 和精密电阻 R_{AB} 串联成一闭合回路，称为辅助回路。当有一恒定的标准电流 I_0 流过电阻 R_{AB} 时，改变 R_{AB} 上两滑动头 C、D 的位置就能改变 C、D 间的电位差 V_{CD} 的大小。由于测量时应保证 I_0 恒定不变，所以在实际的电位差计中都根据 I_0 的大小把电阻的数值转换成电压值，并标在仪器上。V_{CD} 相当于上面的"E_N"，测量时把滑动头 C、D 两端的电压 V_{CD} 引出与未知电动势 E_x 进行比较。

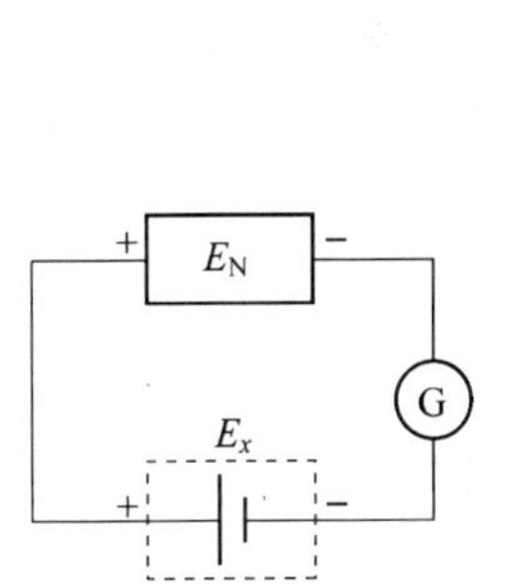

图 3-7-2 补偿法原理图

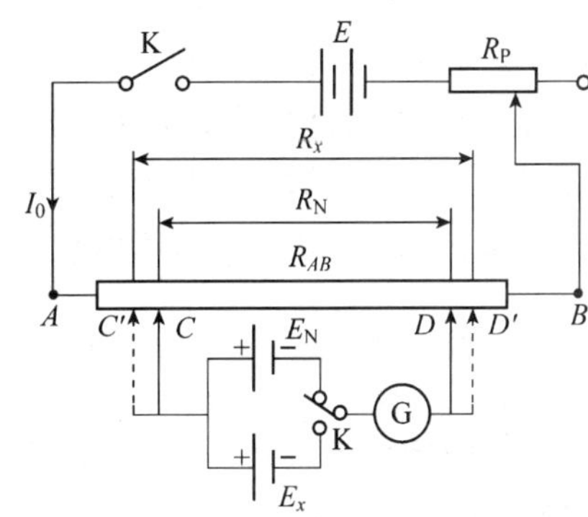

图 3-7-3 电位差计原理图

(1)校准 为了使 R_{AB} 中流过的电流是标准电流 I_0，根据标准电池电动势 E_N 的大小，选定 C、D 间的电阻为 R_N，使 $E_N=I_0R_N$，调节 R_P 改变辅助回路中的电流，当检流计指零时，R_{AB} 上的电压恰与补偿回路中标准电池的电动势 E_N 相等。由于 E_N 和 R_N 都准确地已知，这时辅助回路中的电流就被精确地校准到所需要的 I_0 值。

(2)测量 把开关倒向 E_x 一边，只要 $E_x\leqslant I_0R_N$，总可以滑动 C、D 到 C'、D' 使检流计再度指零。这时 C'、D' 间的电压恰和待测的电动势 E_x 相等。设 C'、D' 之间的电阻为 R_x，可得 $E_x=I_0R_x$。因 I_0 已被校准，E_x 也就知道了。

由于电位差计的实质是通过电阻的比较把待测电压与标准电池的电动势作比较，此时有

$$E_x=\frac{R_x}{R_N}E_N \tag{3-7-4}$$

因而只要精密电阻 R_{AB} 做得很均匀准确、标准电池的电动势 E_N 准确稳定、检流计足够灵敏、电源很稳定，其测量准确度就很高，且测量范围可做得很广。但是，在电位差计的测量过程

中，工作条件常易发生变化（如辅助回路电源 E 不稳定，制流电阻 R_P 不稳定等），为保证工作电流标准化，每次测量都必须经过校准和测量两个基本步骤，且每次要达到补偿都要进行细致的调节，所以操作较为繁琐、费时。

由于数字式电压表的精度和准确度都很好，温差电动势的测量也可以采用数字电压表。测量前，需要把数字电压表的两个接线端连接起来，对数字电压表进行调零。把数字电压表的两个接线端接在温差电偶的两个信号输出端，选择合适的电压量程，就可以开始测量。

C. 本实验对学生的基本要求

一、实验任务

测量热电偶的温差电动势。

二、实验中要采集的数据及其处理

1. 实验数据记录

标准电池温度 $t=$______（℃），标准电池电动势 $E_{s(t)}=$______（V）

热电偶冷端温度 $t_0=$______（℃）

2. 用两种方法求出温差系数 C

（1）以热电偶两端点的温差 Δt 为横坐标，热电动势 ε 为纵坐标，在直角坐标纸上作ε-Δt曲线，并用作图法定出温差系数 C。其方法是在直线上两端的数据区取二点（$\Delta t_1,\varepsilon_1$）、（$\Delta t_2,\varepsilon_2$）（此二点一般不是数据点），代入下式求出 C：

$$C=\frac{\varepsilon_2-\varepsilon_1}{\Delta t_2-\Delta t_1}$$

（2）利用所测数据，用最小二乘法求出 C 值。利用 ε-Δt 图，根据 ε_x 求出热水温度 t_x，以温度计所测值 $t_{x真}$ 为其真值，计算误差。

三、实验步骤提示

（1）参照图 3-7-1，连接好线路。

（2）把检流计调零（详见检流计使用方法）。

（3）调节电位差计工作电流标准化（详见电位差计使用方法）。

（4）测量升温过程中不同温度差下的电动势。从 67℃开始，每隔 4℃测量一次，至 95℃为止，将数据记录至表 3-7-1 内。

表 3-7-1 测量数据

热端温度 t/℃	67	71	75	79	83	87	91	95
升温电动势 ε_t/mV								
降温电动势 ε_t/mV								
电动势平均值/mV								

将水浴锅掷于"设定"，旋转温度旋钮至所需温度（高于 95℃），水浴锅开始加热。然后将水浴锅掷于"测温"，显示温度为当前水温。水温到达设定温度时，水浴锅状态转为"保温"。

（5）测量降温过程中不同温度差下的电动势。从 95℃开始，每隔 4℃测量一次，至 67℃

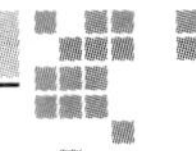

为止，将数据记录至表 3-7-1 内。

将水浴锅掷于“设定”，旋转温度旋钮至所需温度（低于 67℃），此时可将水浴锅盖子打开，使水自然降温。然后将水浴锅掷于“测温”，显示温度为当前水温。

（6）使热端处于任意一个温度，测出当前的温度 $t_{x真}$ 以及此温度下相应的电动势 ε_x，将数据记录至表 3-7-1 最后一列。

四、预习思考题

1. 电位差计是利用什么原理进行测量的？

2. 为什么当两种金属的两个接触点温度不同时会产生温差电动势？它与哪些因素有关？

五、操作后思考题

1. 使用电位差计测量位置电压前要进行哪些操作？

2. 如何确定热电偶的正、负极性？

3. 为什么电势差计必须经过工作电流标准化后方可进行正确测量？

六、作业

请完成初级设计性实验 3-7。

D. 参考文献及阅读材料推荐

[1] 何希才. 传感器及其应用. 北京：国防工业出版社，2001.

[2] 赵继文，何玉彬. 传感器及应用电路设计. 北京：科学出版社，2002.

[3] 汤广发，李涛，卢继龙. 温差发电技术的应用和展望. 制冷空调与电力机械，2006，27(6)：86-87.

实验 3-8　电子示波器的使用

A. 电子示波器简介

一、电子示波器的产生

电子射线示波器是利用电子射线的偏转，把随时间变化的电信号用图像显示出来的电子仪器。

第一台原始示波器 1897 年诞生于德国，由 K·F·布劳恩研制成功。而后经历了四个发展阶段，由电子管、晶体管、集成化进入到数字化、智能化的发展阶段，带宽也由最初的 100 MHz，已经提高到了几十个 GHz 的水平。

二、电子示波器的用途

现在示波器已成为一种综合性的电信号测试仪，主要应用于：

（1）测试信号的幅度、周期、频率、相位、调制信号的参数；估计信号的非线性失真等。

（2）测试脉冲信号的上升时间、下降时间、平顶下垂、阻尼振荡等。

（3）与各种传感器结合应用，示波器还可用于测试温度、压力、声、光等。

（4）随着示波器功能的不断开发，以示波器为基础还可组成新型测试仪器和测试系统。

三、电子示波器的种类

目前对示波器分类的说法不一,但大致可以分为以下几类:

(1)测量示波器　是一种测量用的示波器,通过刻度或校准的开关位置以一定的精度进行测量。

(2)观察示波器　是一种仅仅适用于对变量定性观察的示波器。

(3)多踪示波器　是一种能同时观察或测量若干电现象的示波器。

B. 本实验采用方法的详细介绍

一、实验方法

本实验应用 OS-5020 型双踪示波器来观察电信号的波形和李萨如图形,测量电压、周期和频率。

二、实验仪器及设备

OS-5020 型示波器、EE1641B 型函数信号发生器/计数器、GFG-8015G 型函数信号发生器。

三、重要仪器简介

(一)电子示波器

1. 电子示波器基本构造

示波器由诸多电路元件组成,大致可分为:①电子射线示波管;②扫描发生器;③同步电路;④放大部分;⑤电源部分。下面分述各部分的原理。

(1)电子射线示波管　示波管是示波器的核心,它由电子枪、偏转系统和荧光屏三部分组成,密封在一个真空玻璃壳内。

电子枪的作用是发射一束强度可以调节的、经过聚焦的高速电子流;偏转系统由两对互相垂直的金属板组成,我们在两对金属板上加上不同的直流电压,它的作用是控制电子束的偏转方向,从而使荧光屏上的亮点随外加信号的变化描绘出被测信号的波;荧光屏位于示波管的终端,它的作用是将偏转后的电子束显示出来。

(2)扫描发生器　如果我们在放大器的 Y 轴偏转板之间加上正弦电压,而 X 轴偏转板上不加任何电压,则荧光屏上的亮点只是在垂直方向随时间作正弦振荡,在横向上不动。如果屏上的亮点能够同时沿 X 轴做匀速运动,我们就能看到亮点描出了时间函数的一段正弦曲线。我们通常是在 X 轴偏转板加上锯齿形电压,如图 3-8-1 所示。荧光屏上的亮点将同时进行方向互相垂直的两种位移,我们看到的将是亮点的合成位移,即正弦图形。

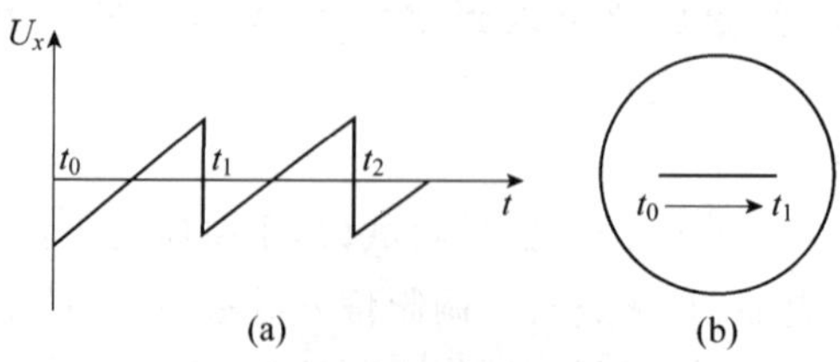

图 3-8-1　锯齿波电压波形

(3)同步电路　为了观察到稳定的波形,要求 Y 轴电压信号的周期是 X 轴上锯齿波周

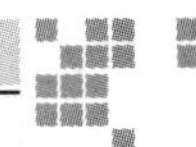

期的整数倍。为了保证 X 轴、Y 轴信号严格同步，同步电路中采用同步触发，即只有当 Y 轴信号极性和幅度达到某一确定的状态时才触发 X 轴开始扫描。这样扫描信号就可以和 Y 轴周期信号严格同步了。

(4) X 轴与 Y 轴放大电路　为了观察电压幅度不同的电信号波形，示波器内设有衰减器和放大器。对观察的小信号进行放大，大信号进行衰减，就能在荧光屏上显示出适中的波形。

(5)电源　电源供给保障示波器各部件正常工作所需的电压。

2. 示波器面板介绍

示波器的型号很多，各种不同型号示波器的外形、结构及其用法也有所不同，但功能一般都差不多。下面以 OS-5020 型双踪示波器为例说明各旋钮及接线柱的功能和用法。OS-5020型示波器面板图如图 3-8-2 所示，可以分为左、中、右三个部分。

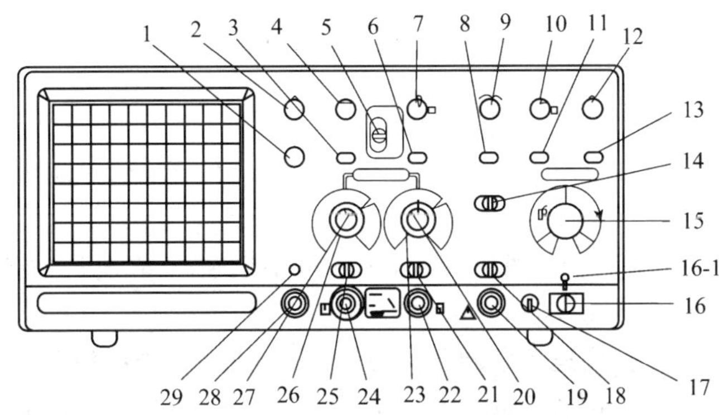

图 3-8-2　OS-5020 型示波器面板图

(1)左部为显示屏，其上有横竖刻线。横线与每个通道的灵敏度旋钮配合可测量波形的电压峰值，竖线与扫描速度调节旋钮配合可测量波形的周期。

(2)中部主要为垂直偏转调节区，标注如下：

1. FOCUS——聚焦旋钮，用于电子束的聚焦调整，使图像清晰。

2. INTEN——辉度旋钮，调节荧光屏上光点和扫描线的亮度。

24. CH_1——Y_1 输入孔，输入外接电信号到 Y_1 垂直放大器，或在 X-Y 方式时输入信号到水平放大器，为 X 轴输入端。

22. CH_2——Y_2 输入孔，输入外接电信号到 Y_2 垂直放大器，或在 X-Y 方式时输入信号到垂直放大器，为 Y 轴输入端。

5. MODE——工作通道选择开关。当取 Y_1 时屏幕上仅显示由 CH_1 通道输入的信号；当取 Y_2 时屏幕上仅显示 CH_2 通道输入的信号；当取 DUAL 时同时显示两个通道上的信号；当取 ADD 时显示 CH_1 和 CH_2 输入信号的代数和(结合 CH_2 通道的极性开关“INV/NORM”(6)可显示为 U_1+U_2 或 U_1-U_2)。

23、26. VOLTS/DIV——Y_1 通道和 Y_2 通道的灵敏度开关，指示 Y 方向标尺每一大格代表的电压大小，单位为 V/div 或 mV/div(注：对于本仪器，1 div=1 cm)。

20、27. VARIABLE——Y_1 通道和 Y_2 通道的灵敏度微调开关，旋转可使 Y 方向灵敏度在相应挡位选择的步距内作连续调节，此时“VOLTS/div”标示的电压值便不准确了。顺时针旋到底时，微调开关关闭，此时“VOLTS/div”的示值才准确。

3. ×1/×5——当按钮按入时 Y 轴灵敏度增强 5 倍，即此时的 Y 轴灵敏度值为“VOLTS/div”开关上标示的 1/5，在此状态下的 Y 轴最大灵敏度为 1mV/div。

21、25. AC/GND/DC——Y_1 通道和 Y_2 通道的输入信号与放大器连接方式选择开关。AC 表示直流成分被阻隔，仅取信号的交流分量输入；DC 表示全信号输入；GND 表示接地。一般情况下选 AC。

4、7. POSITION——分别调节 Y_1 通道和 Y_2 通道的信号波形在荧光屏中的垂直位置。

6. NORM/INV——Y_2 通道极性开关，当按钮按入时使 Y_2 通道输入的信号极性反转，即显示 CH_2 反相信号。

28. 接地端子。

29. TRACE ROTATION——光迹旋钮，调节该旋钮使光迹与水平刻度线平行。

(3)右部主要为水平偏转调节区。

16. POWER——电源开关。

16-1. 电源指示灯，电源接通时，指示灯亮。

17. 标准信号输出端子，提供幅度为 0.5 V，频率为 1 kHz 的对称方波信号，用于仪器校正。

15. TIME/DIV——扫描速度选择开关，表示电子束在 X 方向扫描每一大格所需的时间，单位为 s/div 或 ms/div 或 μs/div。

12. VARIABLE——扫描速度微调开关，其作用和使用方法可仿 20、27 两旋钮来理解。此开关由按钮 13“CAL/VAR”来激活，当 13 处于 VAR 状态时 12 才起作用。

13. CAL/VAR——当按钮按入时，激活“VARIABLE”(12)。

11. ×1/×10——扩展控制键，当按钮按入，水平扫描速度扩大 10 倍，为 TIME/DIV (15)所示值的 1/10。

10. POSITION——调节波形的左右位置。

14. TRIG MODE——触发方式选择，AUTO 为自动，NORM 为常规。这两种情况下的扫描均由触发信号启动，但当触发信号不能正常生成时，后者将停止扫描。一般选择AUTO 挡。TV-V，TV-H 用于全电视信号测试。

18. TRIGGER SOURCE——触发源选择开关，确定触发信号由何处供给，通常有三种触发源：VERT 为内触发，即由来自 CH_1、CH_2 通道的信号来产生触发信号，CH_1 表示选取 CH_1 通道信号来产生触发信号；LINE 表示选择电源频率信号为触发信号；EXT 表示外触发，选择由“EXT TRIG IN”(19)输入的外接信号来产生触发信号。其中内触发是经常使用的一种触发方式。

19. EXT TRIG IN——外触发信号输入孔。

9. TRIG LEVEL——调节产生触发信号的电平，适当调节此旋钮可得到稳定的波形。

8. SLOPE——触发极性选择开关，用于选择信号的上升沿和下降沿触发。按钮推出时为“+”，取触发信号的上升部分触发；按钮按入时为“−”，取触发信号的下降部分触发。

3. 使用该仪器时应注意

荧光屏上的光点亮度不可太强，且不可固定在荧光屏上的一点过久，以免损坏荧光屏。

(二)信号发生器

信号发生器可以产生各种类型的电信号,一般与示波器配套使用。信号发生器有各种型号,本书介绍 EE1641B～EE1643B 型函数信号发生器/计数器。下面根据其面板示意图(图 3-8-3)说明其各部分功能。

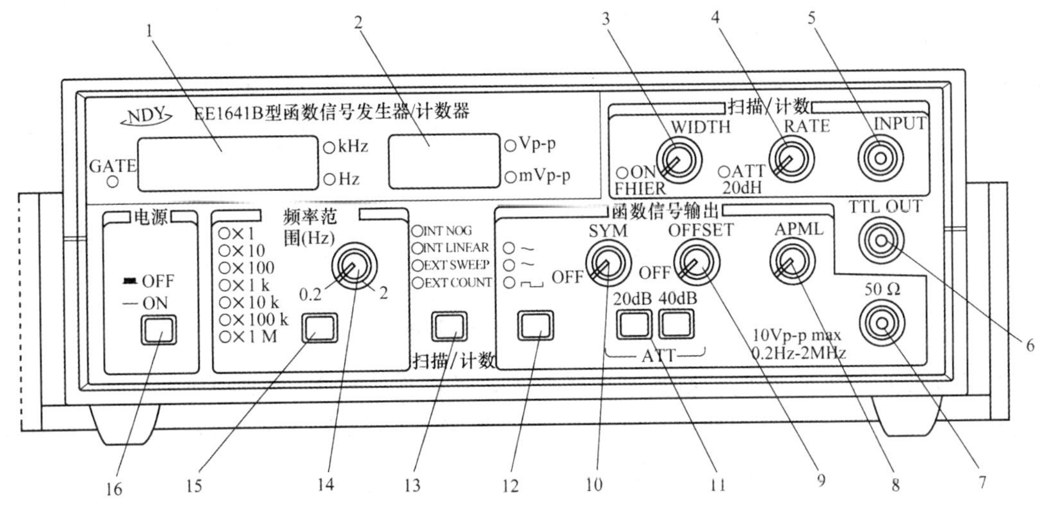

图 3-8-3 EE1641B～EE1643B 型函数信号发生器/计数器面板图

1. 频率显示窗口:显示输出信号的频率或外部信号的测量频率。

2. 幅度显示窗口:显示输出信号的电压幅值(波峰值)。

3. 扫描宽度调节旋钮:调节此电位器可以改变内扫描的时间长短。

4. 速率调节旋钮:调节此电位器可调节扫频输出的扫频范围。

5. 外部输入插座:当"扫描/计数键"(13)功能选择在外扫描状态或外测频功能时,外扫描控制信号或外测频信号由此输入。

6. TTL 信号输出端:输出标准的 TTL 幅度的脉冲信号,输出阻抗为 600 Ω。

7. 函数信号输出端:输出多种函数信号。

8. 函数信号输出幅度调节旋钮。

9. 函数信号输出信号直流电平预置调节旋钮:调节范围为－5～＋5 V(50 Ω 负载),当左旋至"OFF"位置时,则为 0 电平。

10. 输出波形对称性调节旋钮:调节此旋钮可改变输出信号的对称性,当左旋至"OFF"位置时,则输出对称信号。

11. 函数信号输出幅度衰减开关:"20 db"、"40 db"键均不按下,信号不经衰减直接由信号输出端(7)输出;按下"20 db",信号幅度衰减 10 倍输出;按下"40 db"则衰减 100 倍输出;两键同时按下,衰减 1 000 倍输出。

12. 函数输出波形选择按钮:可选择正弦波、三角波、脉冲波输出。

13. "扫描/计数"按钮:可选择多种扫描方式和外测频方式。

14. 频段选择按钮:每按一次此按钮可改变输出频率的 1 个频段。

15. 频率调节旋钮:调节此旋钮可改变输出频率的一个频程。

16. 电源开关。

四、实验的基本构思与原理

利用示波器所做的任何测量,都是归结为对电压的测量。测试电压时,一般测量其峰-峰值 U_{PP},即从波峰到波谷之间的电压值。将被测波形移至示波管屏幕的中心位置,用灵敏度开关将被测波形控制在屏幕有效工作面积的范围内,一般把 Y 轴灵敏度开关的微调旋钮顺时针旋转到底。用刻度标尺分别读出与电压峰-峰值对应的垂直距离 y,如图 3-8-4 所示,这样被测电压的峰-峰值 U_{PP} 等于灵敏度开关指示值和被测信号占取的纵轴坐标值 y 的乘积:

$$U_{PP}=y(\text{cm})\cdot Y\text{ 轴灵敏度选择}(\text{V/div 或 mV/div}) \tag{3-8-1}$$

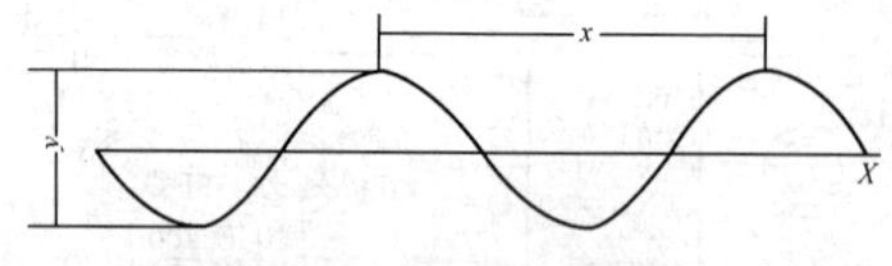

图 3-8-4　正弦信号波形图

测量波形的周期时,先将扫描速度微调开关顺时针旋转到底,调节扫描速度选择开关,使荧光屏上显示出 2～3 个周期的波形,那么一个周期波形所对应的水平距离 x 与扫描速度选择开关指示值的乘积为该波的周期:

$$T=x(\text{cm})\cdot \text{扫描速度选择}(\text{s/div、ms/div 或 }\mu\text{s/div}) \tag{3-8-2}$$

如果两个相互垂直的简谐振动的频率不相同,但它们之间有简单的整数比关系,则合振动的轨迹为有一定规则的稳定的闭合曲线,这样的图形称为李萨如图形。当 $n=1,2,3,3/2$ 时,各图形如图 3-8-5 所示。

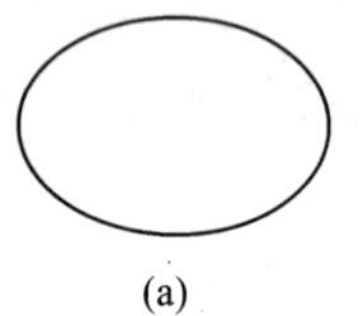
(a)

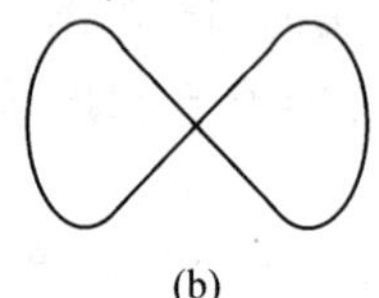
(b)

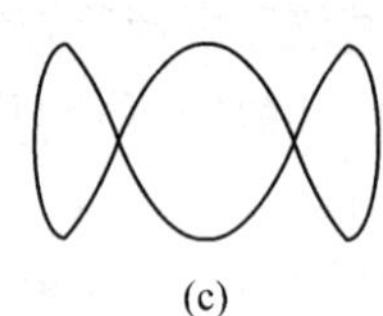
(c)

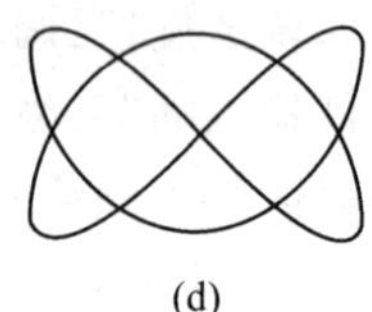
(d)

图 3-8-5　李萨如图形

李萨如图形可用来测量未知频率。将 TIME/DIV(15)顺时针旋到底至"X-Y"位置,此时示波器内部锯齿形扫描电压的输出停止,此时加在 X 偏转板上的电压由 Y_1 通道输入的外接信号提供,而 Y 偏转板上的电压由加在 Y_2 通道的信号提供。分别调节 Y_1 通道和 Y_2 通道的灵敏度旋钮,使荧光屏上显示的两个波形幅度相近。调节信号发生器的频率,使两正弦波的频率比 n 为有理数,形成稳定的李萨如图形。

令 f_x,f_y 分别代表 X 轴偏转板上和 Y 轴偏转板上的电压频率,N_x 代表 X 方向的切线和图形相切的切点数,N_y 代表 Y 方向的切线和图形相切的切点数,则有

$$\frac{f_y}{f_x}=\frac{N_x}{N_y} \tag{3-8-3}$$

如果已知 f_x,则由李萨如图形和式(3-8-3)可求出 f_y。

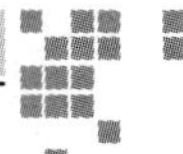

C. 本实验对学生的基本要求

一、实验任务

1. 学会用示波器测量各种波形的电压幅度和周期。

2. 能够调节出稳定的李萨如图形，并测定被测信号的频率。

二、实验中要采集的数据及其处理

1. 测量信号的电压和周期

如前所示，将 EE1641B 型函数信号发生器输出的正弦信号输入示波器，调整示波器有关控制键使荧光屏上显示稳定、易观察的波形。利用荧光屏的刻度标尺分别读出与电压峰—峰值对应的垂直距离 y 及一个周期波形所对应的水平距离 x，根据式(3-8-1)和式(3-8-2)分别计算出此波形的电压和周期。

按表 3-8-1 要求测量 EE1641B 型函数信号发生器输出的正弦信号的电压峰—峰值 U_{PP} 与周期 T。

表 3-8-1　频率测量结果记录

信号发生器			示波器				测量结果	
频率/Hz	电表电压/V	输出衰减/dB	Y 轴灵敏度	y	扫描速度	x	U_{PP}	T
1 000	2							
500	2							

2. 观察李萨如图形并测频率

如前所述，调整已知信号的频率 f_x，使荧光屏上显示稳定的李萨如图形。确定 X 方向的切线和图形相切的切点数 N_x，Y 方向的切线和图形相切的切点数 N_y，利用李萨如图形与频率的关系式，可进行准确的频率比较来测定被测信号的频率 f_y。完成表 3-8-2 内容。

表 3-8-2　李萨如图形测量记录

N_x				
N_y				
$\frac{N_y}{N_x}$				
f_x				
f_y				
$\frac{f_x}{f_y}$				

注意：由于 Y_1、Y_2 两通道的信号频率不会很稳定，因此得到的李萨如图形也不是很稳定，经常会出现上下左右滚动的现象，实验中大家应仔细调节，尽量使图形稳定下来。

三、实验步骤提示

(1)熟悉示波器和信号发生器面板各旋钮的作用,并将各开关置于指定位置。

旋钮/按键	挡位	旋钮/按键	挡位	旋钮/按键	挡位
POWER	ON	AC/GND/DC	AC	POSITION	中间
VARIABLE	顺时针旋到底	MODE	CH_1 或 CH_2	TRIG MODE	AUTO
TRIGGER SOURCE	VERT	TRIG LEVEL	中间	×1/×5	弹出
NORM/INV	弹出	SLOPE	弹出	×1/×10	弹出
CAL/VAR	弹出				

(2)接通电源,稍预热后,输入幅度为 2 V,频率为 1 kHz 的标准信号,分别调节辉度、聚焦、位移旋钮、光迹旋钮等控制件,使光迹清晰并与水平刻度平行。

(3)将信号发生器输出的频率为 500 Hz 和 1 000 Hz 的正弦信号接入示波器,通过调整相应的灵敏度开关和扫描速度选择开关,使波形不超出屏幕范围,显示 2～3 个周期的波形。测量电压峰—峰值之间的垂直距离 y 及一个周期波形所对应的水平距离 x,得出波形的电压幅度和周期。

(4)将 TIME/DIV 顺时针旋到底至"X-Y"位置,分别调节 Y_1 通道和 Y_2 通道的灵敏度旋钮,使荧光屏上显示的两个波形幅度相近,慢慢改变标准频率,当荧光屏上形成稳定的李萨如图形时,观察李萨如图形,并测未知信号的频率。

四、预习思考题

1. 示波器上观察到的正弦波形和李萨如图形实际上分别是哪两个波形的合成?

2. 用示波器观察待测信号的波形和用示波器观察李萨如图形时,示波器的工作方式有什么不同?

3. 当开启示波器的电源开关后,在屏上长时间不出现扫描线或点时,应如何调节各旋钮?

五、操作后思考题

1. 如果 Y 轴信号的频率 f_x 比 X 轴信号的频率 f_y 大很多,示波器上看到什么情形?相反又会看到什么情形?

2. 在实验中学习了李萨如图形,你觉得这样的方法在日常生活中可以拿来测量什么东西?举出实例。

3. 用示波器测信号频率有什么优点?

D. 参考文献及阅读材料推荐

[1] 胡永胜. 电子示波器的原理与使用. 家电检修技术,2006(4).
[2] 吴怀选. 实验中如何熟练使用示波器. 玉林师范学院学报,2006,27(增刊).
[3] 吴怀选. 示波器使用初探. 大学物理实验,2006,19(3).
[4] 吕冬梅. 示波器的基本结构和发展历史. 贵州农机化,2001(3).

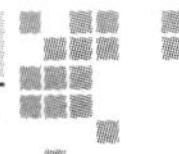

实验 3-9　集成霍耳传感器测量圆线圈和亥姆霍兹线圈的磁场

A. 亥姆霍兹线圈简介

一、什么是亥姆霍兹线圈

两个半径和匝数完全相同的线圈，使其轴向距离等于线圈的半径就构成了亥姆霍兹线圈。这种线圈的特点是当线圈串联连接并通以稳定的直流电后，就可在线圈中心区域内产生较为均匀的轴向磁场。由于它结构简单又能产生均匀性较好的磁场，因而成为磁测量等物理实验的重要组成部件。与永久磁铁相比，亥姆霍兹线圈所产生的磁场在一定范围内具有一定均匀性，且产生的磁场具有一定的可调性，可以产生极微弱的磁场直至数百高斯的磁场，同时在不通电的情况下不会产生环境磁场。

二、亥姆霍兹线圈的磁场

1. 圆线圈的磁场

根据毕奥-萨伐尔定律，载流线圈在轴线（通过圆心并与线圈平面垂直的直线）上某点的磁感应强度为：

$$B=\frac{\mu_0 \bar{R}^2}{2(\bar{R}^2+x^2)^{3/2}}NI \tag{3-9-1}$$

式中 I 为通过线圈的电流强度，$\bar{R}$ 为线圈平均半径，x 为圆心到该点的距离，N 为线圈的匝数，$\mu_0=4\pi\times10^{-7}\,\mathrm{T\cdot m/A}$，为真空磁导率。因此，圆心处的磁感应强度为

$$B=\frac{\mu_0}{2\bar{R}}NI \tag{3-9-2}$$

轴线外的磁场分布计算公式较复杂，这里简略。

2. 亥姆霍兹线圈的磁场

亥姆霍兹线圈如图 3-9-1 所示，是一对彼此平行且连通的共轴圆形线圈，两线圈内的电流方向一致，大小相同，线圈之间的距离 d 正好等于圆形线圈的半径 R。

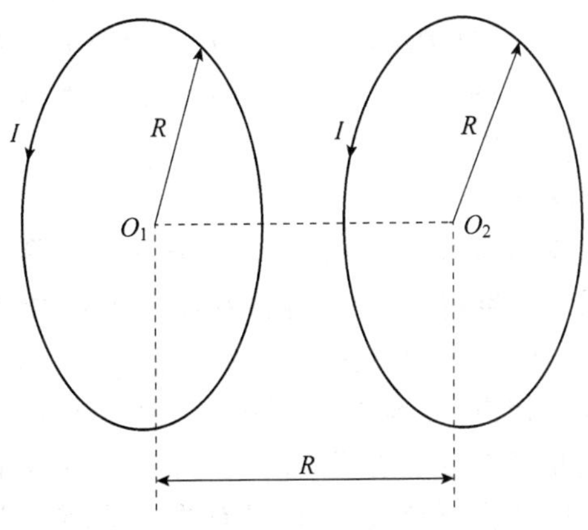

图 3-9-1　亥姆霍兹线圈

设 z 为亥姆霍兹线圈中轴线上某点离中心点 O 处的距离，根据毕奥-萨伐尔定律及磁场叠加原理可以从理论上计算出亥姆霍兹线圈轴线上任意一点的磁感应强度为

$$B'=\frac{1}{2}\mu_0\cdot N\cdot I\cdot R^2\left\{\left[R^2+\left(\frac{R}{2}+z\right)^2\right]^{-3/2}+\left[R^2+\left(\frac{R}{2}-z\right)^2\right]^{-3/2}\right\} \tag{3-9-3}$$

而在亥姆霍兹线圈上中心 O 处的磁感应强度 B_0' 为

$$B_0'=\frac{8}{5^{3/2}}\frac{\mu_0\cdot N\cdot I}{R} \tag{3-9-4}$$

当线圈通有某一电流时，两线圈磁场合成如图 3-9-2 所示。

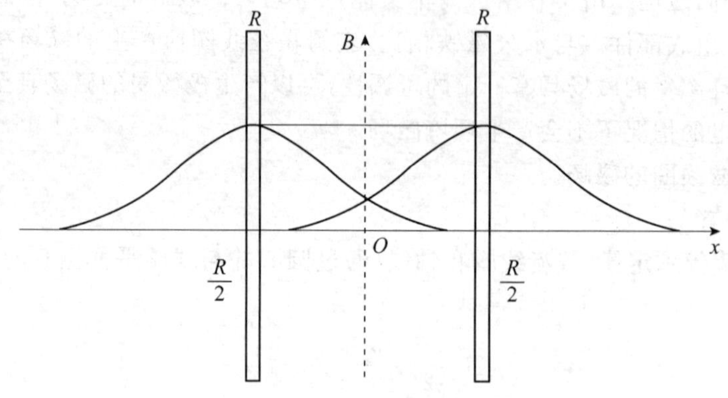

图 3-9-2　两线圈磁场叠加

从图 3-9-2 可以看出，两线圈之间轴线上磁感应强度在相当大的范围内是均匀的 。

三、亥姆霍兹线圈的应用

亥姆霍兹线圈一般用来产生相应体积和均匀度的静态或动态磁场，典型的单轴亥姆霍兹线圈是由具有相同线圈匝数，相同线圈绕制方式，线圈半径等于线圈间距的两个线圈组成的。无论通入 AC 或 DC 电流，线圈中间都会产生一定体积的均匀磁场。所产生磁场强度的大小与线圈绕制的匝数、通入的电流、线圈的物理尺寸及两线圈之间的距离是成比例的。为满足一些特殊的应用，可以设计一些结构比较复杂的线圈，如两轴和三轴亥姆霍兹线圈。一对线圈产生的矢量磁场作为另一对线圈的补充，从而在指定的样品空间上产生均匀的磁场。

亥姆霍兹线圈的主要应用包括地球磁场的抵消补偿、判定磁屏蔽效应、电子设备的磁化系数测定、磁通门计和航海设备的校准、生物磁场的研究、巨磁电阻的测量、霍耳探头的校准及与磁通计配合使用检测永磁体特性等。

四、测量亥姆霍兹线圈磁场的方法

测量圆线圈和亥姆霍兹线圈磁场的传统实验一般使用探测线圈配以指针式交流电压表测量其产生磁场的磁感应强度，但是由于探测线圈体积较大，指针式交流电压表等级低等原因，它的测量准确度不高。近年来，由于集成霍耳传感器具有测量准确度高、体积小、易于在磁场中移动和定位等特点，因而在科研和工业中被广泛应用于磁场测量。霍耳效应法采用集成霍耳传感器配直流数字电压表制成的高灵敏度毫特计可以准确测量磁感应强度。因此，用它探测载流圆线圈和亥姆霍兹线圈的磁场，准确度比用探测线圈高得多。

霍耳效应法测量磁场属于直接测量法，是目前应用最为广泛的方法，设备简单，操作

容易，适用于弱磁场和非均匀磁场的测量，霍耳探头经定标后可直接显示磁感应强度值。带电线圈沿其轴线的磁场可以由毕奥-萨伐尔定律计算，可以将两种方法得出的磁场值比较。

B. 本实验测量方法的详细介绍

一、实验方法

本实验用霍耳传感器测量圆线圈和亥姆霍兹线圈的磁场。

二、实验物品、仪器及设备

亥姆霍兹线圈磁场测定仪，包括圆线圈和亥姆霍兹线圈平台（包括两个圆线圈、固定夹、不锈钢直尺等）、高灵敏度毫特计和数字式直流稳压电源。

三、重要仪器简介

亥姆霍兹线圈磁场测定仪

利用亥姆霍兹线圈磁场测定仪测量磁场可以学习和掌握弱磁场测量方法，证明磁场叠加原理，根据教学要求描绘磁场分布等。亥姆霍兹线圈磁场测定仪结构如图 3-9-3 所示。

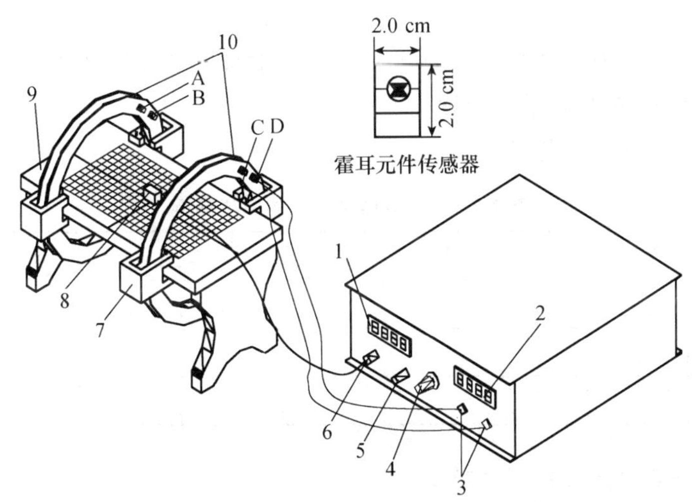

图 3-9-3 亥姆霍兹线圈磁场测定仪器示意图

1. 毫特斯拉计 2. 电流表 3. 直流电流源 4. 电流调节旋钮 5. 调零旋钮 6. 传感器插头 7. 固定架 8. 霍耳传感器 9. 大理石 10. 线圈 A、B、C、D 为接线柱

亥姆霍兹线圈磁场测定仪采用先进的 SS95A 型集成霍耳传感器作探测器，用直流数字电压表测量传感器输出电压，探测亥姆霍兹线圈产生的磁场，测量准确度比探测线圈优越得多。SS95A 型集成霍耳传感器是一种高灵敏度的优质磁场传感器，它的体积小（面积 4 mm×3 mm，厚 2 mm），其内部具有放大器和剩余电压补偿电路，采用此集成霍耳传感器（配直流数字电压表）制成的高灵敏度毫特计，可以准确测量 0～2.000 mT 的磁感应强度，其分辨率可达 1×10^{-6} T。用高灵敏度集成霍耳传感器测量 $1\times10^{-5}\sim2\times10^{-3}$ T 弱交、直流磁场的方法已在科研与工业中广泛应用。

1. 实验平台

两个圆线圈各 500 匝,圆线圈的平均半径 $R=10.00$ cm。实验平台的台面上有等距离 1.0 cm 间隔的网格线。测量过程分别以实验平台的水平和垂直方向的对称轴为 X 轴和 Y 轴,建立坐标系,原点为它们的交点。

2. 高灵敏度毫特计

它采用两个参数相同的 SS95A 型集成霍耳传感器,配合组成探测器,经信号放大后,用三位半数字电压表测量探测器输出信号。该仪器量程 0～1.999 mT,分辨率为 1×10^{-6} T。

3. 数字式直流稳流电源

它由直流稳流电源、三位半数字式电流表组成。当两线圈串接时,电流输出为 50～200 mA 连续可调。当两线圈并接时,电流输出为 50～400 mA 连续可调。数字式电流表显示输出电流的数值。

C. 本实验对学生的基本要求

一、实验任务

掌握用集成霍耳传感器测量磁场的方法,用实验验证磁场叠加原理。

二、实验中要采集的数据及其处理

1. 单线圈轴线上磁感应强度

表 3-9-1 单线圈轴线上磁感应强度

位置/cm	−9	−8	−7	−6	−5	−4	−3	−2	−1	0	+1	+2	+3	+4	+5	+6	+7	+8	+9
测量值																			
理论值																			
百分误差																			

2. 亥姆霍兹线圈轴线上磁感应强度

表 3-9-2 亥姆霍兹线圈轴线上磁感应强度

位置/cm	−9	−8	−7	−6	−5	−4	−3	−2	−1	0	+1	+2	+3	+4	+5	+6	+7	+8	+9
单线圈磁场 B_a																			
单线圈磁场 B_b																			
B_a+B_b																			
亥姆霍兹线圈的磁场 B																			

两线圈间隔 $d=10$ cm。

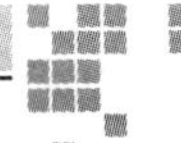

表 3-9-3 两线圈轴向间距 $d=5$ cm 时的磁感应强度

位置/cm	−9	−8	−7	−6	−5	−4	−3	−2	−1	0	+1	+2	+3	+4	+5	+6	+7	+8	+9
单线圈磁场 B_a																			
单线圈磁场 B_b																			
B_a+B_b																			
两线圈产生的磁场 B																			

表 3-9-4 两线圈轴向间距 $d=20$ cm 时的磁感应强度

位置/cm	−9	−8	−7	−6	−5	−4	−3	−2	−1	0	+1	+2	+3	+4	+5	+6	+7	+8	+9
单线圈磁场 B_a																			
单线圈磁场 B_b																			
B_a+B_b																			
两线圈产生的磁场 B																			

3. 所测磁感应强度 B 与 z 之间的关系图即 B-z 图

三、实验步骤提示

1. 载流圆线圈和亥姆霍兹线圈轴线上各点磁感应强度的测量

(1)按图 3-9-3 接线，直流稳流电源中数字电流表已串接在电源的一个输出端，测量电流 $I=100$ mA 时，单线圈 a 轴线上各点磁感应强度 B_a，每隔 1.00 cm 测一个数据。实验中，随时观察毫特斯拉计探头是否沿线圈轴线移动。每测量一个数据，必须先在直流电源输出电路断开($I=0$)调零后，才测量和记录数据。将测得的数据填入表 3-9-1 中。

(2)用理论公式计算圆线圈中轴线上各点的磁感应强度，将计算所得数据填入表 3-9-1 中并与实验测量结果进行比较。

(3)在轴线上某点转动毫特斯拉计探头，观察一下该点磁感应强度测量值的变化规律，并判断该点磁感应强度的方向。

(4)将线圈 a 和线圈 b 之间的距离 d 调整至 $d=10.00$ cm，这时，组成一个亥姆霍兹线圈。取电流值 $I=100$ mA，分别测量两线圈单独通电时，轴线上各点的磁感应强度值 B_a 和 B_b，然后测亥姆霍兹线圈在通同样电流 $I=100$ mA，在轴线上的磁感应强度值 B_{a+b}，将测量结果填入表 4-9-2 中。证明在轴线上的点 $B_{a+b}=B_a+B_b$，即载流亥姆霍兹线圈轴线上任一点磁感应强度是两个载流单线圈在该点上产生磁感应强度之和。

(5)分别把亥姆霍兹线圈间距调整为 $d=R/2$ 和 $d=2R$，与步骤(4)类似，测量在电流为

$I=100$ mA 时轴线上各点的磁感应强度值,将测量结果分别填入表 3-9-3 和表 3-9-4 中。

(6)作间距 $d=R/2$,$d=R$,$d=2R$ 时,两个线圈轴线上磁感应强度 B 与位置 z 之间关系图,即 B-z 图,验证磁场叠加原理。

2. 载流圆线圈通过轴线平面上的磁感应线分布的描绘

把一张坐标纸黏贴在包含线圈轴线的水平面上,可自行选择恰当的点,把探测器底部传感器对准此点,然后亥姆霍兹线圈通过 $I=100$ mA 电流。转动探测器,观测毫特斯拉计的读数值,读数值为最大时传感器的法线方向,即为该点的磁感应强度方向。比较轴线上的点与远离轴线点磁感应强度方向变化情况。近似画出载流亥姆霍兹线圈磁感应线分布图。

3. 实验注意事项

(1)接好电路后,打开电源预热 10 min 后才能进行实验。

(2)每测量一点磁感应强度值时应断开线圈电流(路),在电流为零时调探测器为零,然后接通线圈电流(路)进行测量和读数。调零的作用是抵消地磁场的影响及其他不稳定因素的补偿。

(3)注意平台上的标度尺不要压在载流线圈的轴线上,标度尺应平行于平台的中轴线并与平台中轴线距离为 1.00 cm。

(4)测量时,探测器的探测孔朝下并与待测点对应,并注意探测器本身的尺寸。

(5)在测量亥姆霍兹线圈磁场 B 时,必须串联两线圈里的电流。

四、预习思考题

1. 为什么在实验中每测量一点的磁感应强度之前必须调零?

2. 在测量磁感应强度时,如何放置探测器探头以确保测量值是该处的磁感应强度的大小?

五、操作后思考题

1. 本实验采用什么原理测量磁场?

2. 亥姆霍兹线圈的磁场分布有什么特点?

3. 若将两线圈通以相反方向的电流,则在两线圈内部和外部的轴线上的磁场将会怎样分布?

4. MATLAB 是一种用于算法开发、数据可视化、数据分析以及数值计算的高级技术计算语言和交互式环境。使用 MATLAB,您可以较使用传统的编程语言(如 C、C++和 Fortran)更快地解决技术计算问题。您能用 MATLAB 快速绘制出亥姆霍兹线圈磁场的空间分布吗?

六、作业

请完成初级设计性实验 4-9。

D. 参考文献及阅读材料推荐

[1] 李君良,吕玉祥,魏循,等. 亥姆霍兹线圈的磁场及其测量. 太原理工大学学报, 2005,36(5).

[2] 郭杰荣,蔡新华,胡惟文. 基于 MATLAB 的空间电磁分布可视化研究. 实验技术与管理,2004,22(8).

[3] http://www.mathworks.cn/

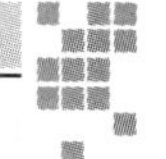

实验 3-10 用分光计测三棱镜顶角

A. 分光计简介

一、分光计的发明

1859 年，光谱分析法的两位发明者，罗伯特·威廉·本生及古斯塔夫·基尔霍夫开始共同探索通过辨别焰色进行化学分析的方法。他们决定制造一架能辨别光谱的仪器。于是，他们把一架直筒望远镜和三棱镜连在一起，设法让光线通过狭缝进入三棱镜分光，这就是第一台分光计。

本生和基尔霍夫发明的分光计是那个时代最灵敏的光谱分析工具，为光谱学的研究打下了坚实的基础，并引起了分光学这一领域的变革。他们利用分光计不仅证实了夫琅禾费 D 线是钠元素引起的，而且运用光谱分析法，分别于 1860 年和 1861 年发现了铯和铷，并最先解释了发射线和吸收线的产生机理。

二、分光计的分类和应用

目前各生产与科研部门广泛使用的分光计与普通光学分光计相比，其精密程度、制造技术、特殊功能以及智能水平都有了飞速的发展。现在已经有了许多种类的分光计，常见的比如原子吸收分光光度计、荧光分光光度计、可见分光光度计、红外分光光度计、紫外可见分光光度计等。不同种类的分光计常应用在不同的领域。

1. 原子吸收分光光度计

广泛应用于冶金、地质、环保、食品、医疗、化工、农林等行业的材料分析及质量控制部门，是进行常量、微量金属（半金属）元素分析的有力工具，是生产、教育、科研单位分析实验室的必备常规仪器之一。

2. 荧光分光光度计

该设备是用于扫描液相荧光标记物所发出的荧光光谱的一种仪器。应用于科研、化工、医药、生化、环保以及临床检验、食品检验、教学实验等领域。

3. 可见分光光度计

该设备具有透射比、吸光度、浓度直接测定，有自动调整峰值透射率等功能。能选配光径比色架及矩形比色皿扩大测定范围，同时可选配 PC 软件包，经 RS232C 联接 PC 机、打印机实施功能扩大，被广泛应用于冶金、治药、食品、医药、卫生、化工、学校、生物化学、石油化工、质量控制、环境保护及科研实验室等。

4. 红外分光光度计

一般的红外光谱是指 2 500～50 000 nm 之间的中红外光谱，这是研究有机化合物最常用的光谱区域。红外光谱法的特点是：快速、样品量少（几微克至几毫克），特征性强（各种物质有其特定的红外光谱图）、能分析各种状态（气、液、固）的试样以及不破坏样品。红外光谱是化学、物理、地质、生物、医学、纺织、环保及材料科学等的重要研究对象，而远红外光谱更是研究金属配位化合物的重要手段。因此红外分光光度计是研究红外光谱必不可少的工具之一。

5. 紫外可见分光光度计

紫外可见光分光光度法是一种灵敏、快速、准确、简单的分析方法，它在分析领域中的应用已有 30 多年的历史，今日仍然是分析领域中应用最广泛的分析方法之一。紫外可见分光光度计操作简单、功能完善、可靠性高，广泛用于药品检验、药物分析、环境检测、食品、化工、科研等领域对物质进行定性、定量分析，是生产、科研、教学不可或缺的仪器。

三、分光计的发展趋势及最新进展

1. 发展趋势

分光计的发展趋势可以从下列几个方面来看：首先是分光计主结构的改善与发展，比如全息光栅取代机刻光栅，采用阵列型检测器，使用激光光源，具有双波长快速扫描功能等；其次是自动化程度大大提高，比如从自检、排障到数据处理等都实现计算机控制；再次是重视适用附件的开发，方便用户；最后是向小型化、数字化、便携式的方向发展。

2. 最新进展

美国的海洋公司(OceanOptics)是分光计小型化方面的典型代表，2001 年推出了 USB 接口的 USB 2000 微型光度计，只有 200 g，采用 2 048 位元的 CCD 检测器，最快积分时间只有 0.003 s。

伊利诺伊州 Argonne 国家实验室的四位科学家研发的被动式远程化学物品探测毫米波分光计，是一项探测化学战争武器的技术发明。该设备能够探测出数公里之外的有害核废料。在调焦正确的情况下，只要来自炼油厂的一缕轻烟，该分光计就能探测出其中危险颗粒的含量水平。如果在美国使用，该系统将能大幅度提升美国国土安全，未来更有望应用于其他领域。

俄罗斯特种仪表制造科技中心最近开发出一种体积小、不怕振动的新式分光计，它能进行瞬间调整，只需很短的时间间隔即可从测量一种波长的光转换成测量另外一种波长的光。在发生环境污染时，新式分光计可以帮助环保人员很快找到污染源。使用这种新式分光计时，操作人员通过电子信号来控制压电晶片产生时所需频率的振动，使晶体内部产生所需振幅的声波。通过改变电子信号可以瞬间改变晶体内部声波的振幅，从而达到瞬间改变晶体光学属性的目的，使这种晶体成为可以瞬间进行调节的声光过滤器。这种声光过滤器只需很短的时间间隔，即可从测量一种波长的光转换到测量另外一种波长的光。而目前普通的分光计从测量一种波长的光转换到测量另外一种波长的光时，一般都要通过一套复杂的机械装置进行调节，往往需要白白消耗几十秒的时间。新式分光计还具有很高的测量灵敏度，能够记录强度非常微弱的光波。

四、用分光计测量三棱镜顶角的意义

分光计是一种具有代表性的基本光学仪器，由于对角度的测量精度较高，它有时也作为一种用光学方法测量角度的精密仪器。在光学实验中通过测定光线的各种角度(如最小偏向角、衍射角、布儒斯特角等)往往可以确定某些物理量，比如折射率、光栅常数、色散率等。

用分光计测量三棱镜顶角，不仅可以掌握分光计的调整和使用，同时还可以学习光学方法精确测量角度的方法。学好分光计的调整和使用，可以为今后使用其他精密光学仪器(如单色仪、摄谱仪等)打下良好基础。

五、用分光计测量三棱镜顶角的方法

用分光计测量三棱镜顶角的常用方法有自准法和反射法。

B. 本实验采用方法的详细介绍

一、实验方法

本实验采用自准法测量三棱镜的顶角。

二、实验物品、仪器及设备

分光计、双面反射镜、三棱镜。

三、重要仪器简介

(一)分光计(JJY1′型)

物理实验室常用的分光计是JJY1′型,由望远镜、载物台、平行光管、读数装置和底座五部分组成,其具体结构如图3-10-1所示。

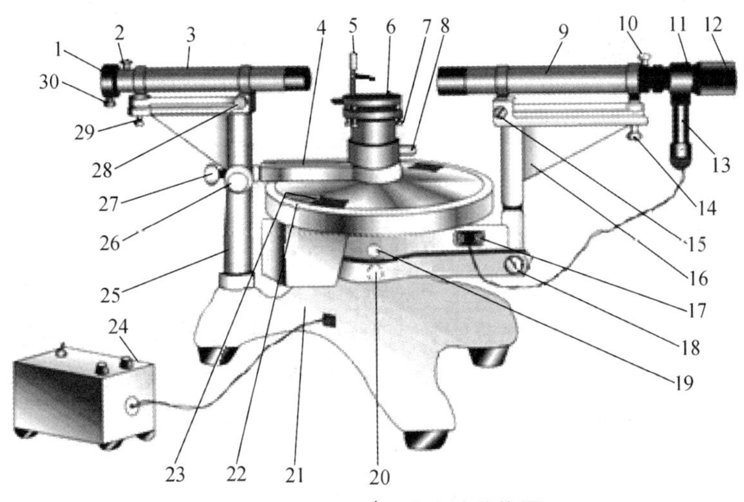

图3-10-1 JJY1′型分光计结构图

1.狭缝装置 2.狭缝装置锁紧螺钉 3.平行光管 4.制动架 5.夹持待测物簧片 6.载物台 7.载物台调平螺钉(3只) 8.载物台锁紧螺钉 9.望远镜 10.目镜锁紧螺钉 11.阿贝式自准直目镜 12.目镜视度调节手轮 13.光源筒 14.望远镜光轴高低调节螺钉 15.望远镜光轴水平调节螺钉 16.支臂 17.电源插孔 18.望远镜微调螺钉 19.望远镜止动螺钉 20.刻度盘与望远镜固联螺钉(背面) 21.底座 22.刻度盘 23.游标盘 24.电源 25.立柱 26.游标盘微调螺钉 27.游标盘止动螺钉 28.平行光管光轴水平调节螺钉 29.平行光管光轴高低调节螺钉 30.狭缝宽度调节手轮

1. 望远镜

分光计中采用的是阿贝式自准直望远镜,它由物镜、叉丝分划板和目镜组成,分别装在三个套筒中,彼此可以相对滑动以便调节,如图3-10-2(a)所示。中间的套筒里装有分划板,其上刻有双十字叉丝,分划板下方与小棱镜的一个直角面紧贴着。在这个直角面上刻有一个"十"形透光的叉丝,套筒上正对棱镜的另一直角面处开有小孔并装有LED发光系统。LED的光进入小孔后经小棱镜照亮"十"形叉丝。如果叉丝平面正好处在物镜的焦面上,从叉丝发出的光经物镜后成一平行光束。如果前方有一平面镜将这束平行光反射回来,再经物镜成像于其焦平面上,那么从目镜中可以同时看到双十字叉丝与"十"形叉丝的反射像,并且不应有视差。这就是用自准法调节望远镜适合于观察平行光的原理。如果望远镜光轴与平面镜的法线平行,在目镜里看到的"十"形叉丝像应与双十字叉丝的上交点相重合,光路图

如图 3-10-2(b)所示。

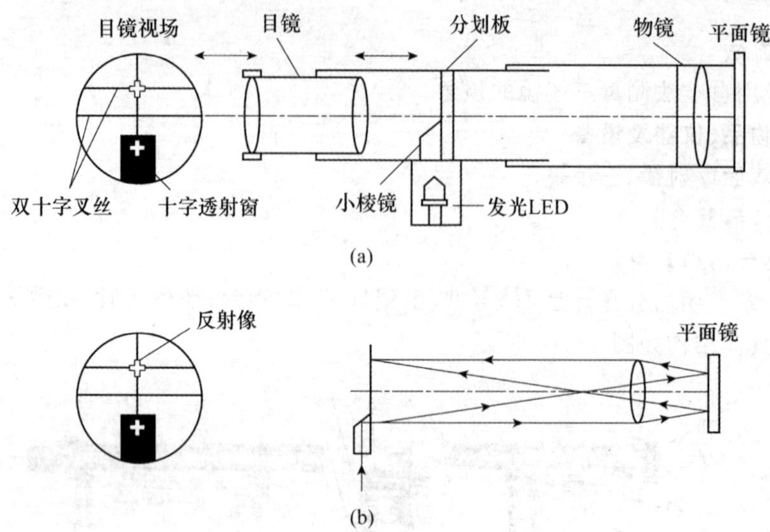

图 3-10-2　自准直望远镜

如图 3-10-1 所示，望远镜 9 安装在支臂 16 上，支臂与转座固定在一起，并套在刻度盘上。当松开止动螺钉 20 时，转座与度盘一起转动；当旋紧止动螺钉时，转座与度盘可以相对转动。旋转止动螺钉 19 时，借助调节螺钉 18 可以对望远镜进行微调。望远镜系统的光轴位置，也可以通过调节螺钉 14、15 进行微调。目镜 11 的焦距可以用手轮 12 调节，松开螺钉 10，目镜镜筒可以沿光轴移动和转动。

2. 载物台

载物台是用来放置待测器件的，载物台 6 套在游标盘上，可以绕中心轴旋转。旋紧载物台锁紧螺钉 8 和制动架 4 与游标盘的止动螺钉 27 时，借助立柱上的调节螺钉 26 可以对载物台进行微调(旋转)。放松载物台锁紧螺钉时，载物台可根据需要升高或降低。调到所需位置后，再把锁紧螺钉旋紧。载物台有三个调平螺钉 7 用来调节，使载物台面与旋转中心线垂直，三个螺钉的连线呈正三角形。

3. 平行光管

平行光管由狭缝和透镜组成，结构如图 3-10-3(a)所示。狭缝与透镜之间的距离可以通过伸缩狭缝套筒来调节，只要将狭缝调到透镜的焦平面上，则从狭缝发出的光经透镜后就成为平行光。光路图如图 3-10-3(b)所示，狭缝的刃是经过精密研磨制成的，为避免损伤狭缝，只有在望远镜中看到狭缝像的情况下才能调节狭缝的宽度。

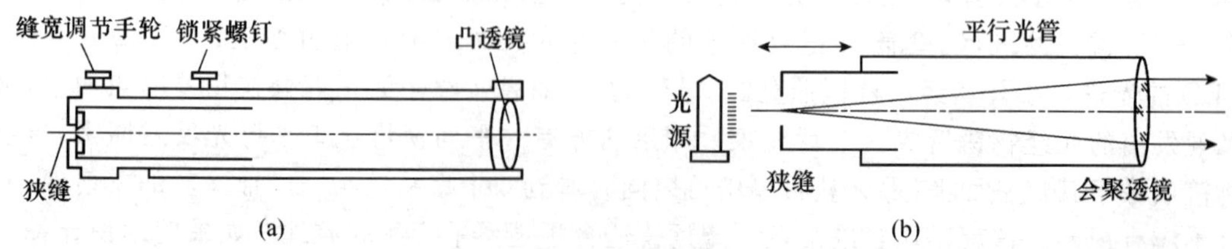

图 3-10-3　平行光管

4. 读数装置

读数装置是用来读角度用的，主要由刻度盘22和游标盘23组成。刻度盘和游标盘均套在中心轴上，可以绕中心轴旋转，刻度盘下端有一推力轴承支撑，使旋转轻便灵活。度盘上刻有720等分的刻线，每一格的格值为0.5°，即30′。在游标盘直径两端设有两个游标读数装置，两个游标相隔180°，每个游标为30格，每格1′。测量时读出2个读数值，读数方法同游标卡尺。例如图3-10-4所示情形为116°稍多一点，而游标上的第12格恰好与刻度盘上的某一刻度对齐，因此该读数为116°12′。

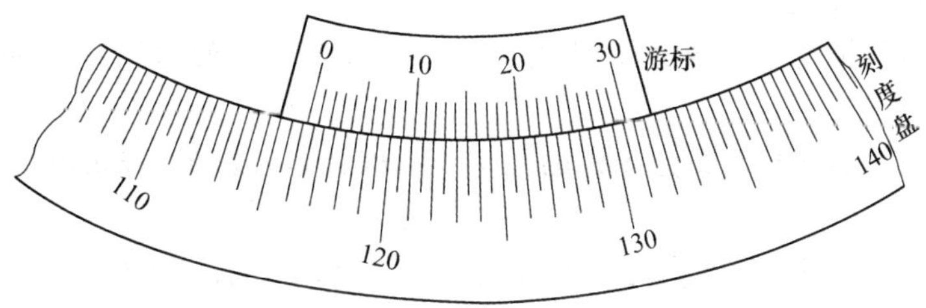

图 3-10-4　分光计的游标盘

在分光计中，刻度盘与分光计中心轴线之间容易存在偏心差，这是仪器在制造上总存在一定的误差造成的，因此设置两个对称游标来消除偏心差。如图3 10-5所示分光计存在偏心差的情形。

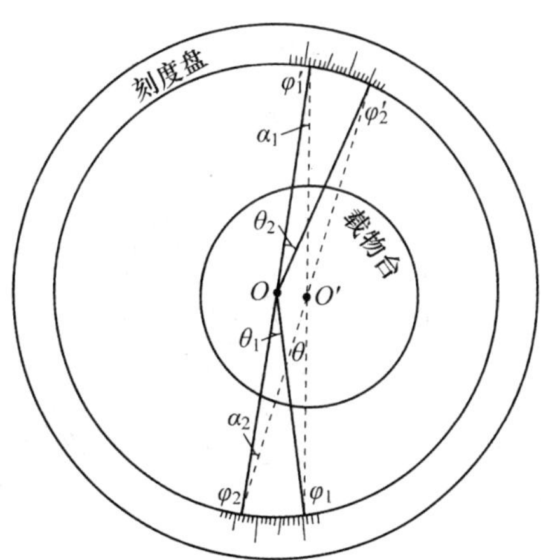

图 3-10-5　双游标消除偏心差示意图

图3-10-5中的外圆表示刻度盘，其中心在O；内圆表示载物台，其中心在O'。两个游标与载物台固定联在一起，并在其直径两端，它们与刻度盘圆弧相接触。通过O'的虚线表示两个游标零刻线的连线。假定载物台从φ_1转到φ_2，实际转过的角度为θ，而刻度盘上的读数为φ_1、φ_1'；φ_2、φ_2'，计算得到的转角$\theta_1=\varphi_2-\varphi_1$，$\theta_2=\varphi_2'-\varphi_1'$。根据几何定理$\alpha_1=\frac{1}{2}\theta_1$，$\alpha_2=\frac{1}{2}\theta_2$，而$\theta=\alpha_1+\alpha_2$，故载物台实际转过的角度

$$\theta=\frac{1}{2}(\theta_1+\theta_2)=\frac{1}{2}[(\varphi_2-\varphi_1)+(\varphi_2'-\varphi_1')] \tag{3-10-1}$$

由上式可见，两个游标读数的平均值即为载物台实际转过的角度，因而使用两个游标的读数装置，可以消除偏心差。

5. 底座

分光计的底座呈三角形。底座中心有沿铅直方向的转轴套，望远镜系统整体、刻度盘和游标盘可分别的独立绕该中心轴转动，平行光管固定在三角底座的一只脚上。此外，外接电源的插头接到底座的插座上，再通过导线环通到望远镜支臂下的电源插孔 17，望远镜的光源筒 13 的插头插在该插孔内，这样可以避免望远镜系统旋转时的电线拖动。

使用该仪器时应注意：

(1)分光计是较精密的光学仪器，要倍加爱护，不应在止动螺钉锁紧时强行转动望远镜，也不要随意拧动狭缝。

(2)在测量数据前务必检查分光计的几个止动螺钉是否锁紧，若未锁紧，取得的数据不可靠。

(3)测量中应正确使用可使望远镜转动的微调螺钉，以便提高工作效率和测量准确度。

(4)测量前应调好游标盘的位置，使游标在测量过程中不被平行光管或望远镜挡住。

四、实验的基本构思与原理

图 3-10-6 是自准法测量三棱镜顶角的示意图，图中所示三棱镜是横截面为等边三角形的柱体。AB 和 AC 是透光的光学表面，又称折射面，其夹角 A 称为三棱角的顶角；BC 为毛玻璃面，称为三棱角的底面。

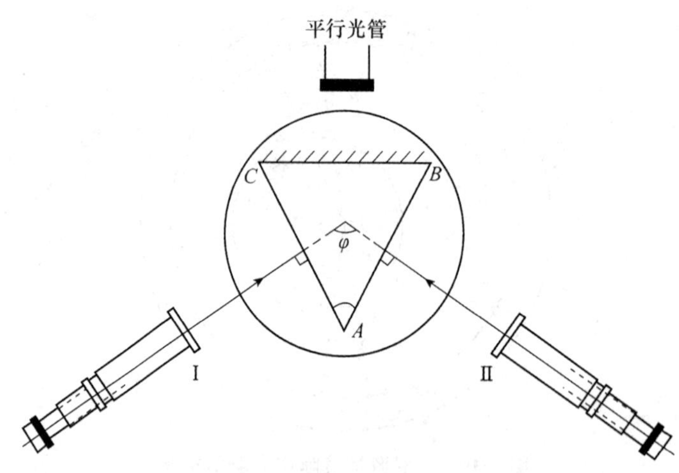

图 3-10-6　自准法测量三棱镜顶角

实验中利用望远镜自身产生平行光，固定载物台(或固定望远镜)，转动望远镜光轴(或转动载物台)，先使棱镜 AB 面反射的十字像落在分划板上双十字叉丝上部的交点上(即望远镜光轴与三棱镜 AB 垂直)，记下刻度盘对称游标的方位角读数 φ_{I} 和 φ'_{I}。然后再转动望远镜(或载物台)使 AC 面反射的十字像与双十字叉丝的上交点重合(即望远镜光轴与 AC 面垂直)，记下读数 φ_{II} 和 φ'_{II}(注意 φ_{I} 与 φ_{II} 分别为同一游标窗口上读得的望远镜在位置 Ⅰ 和位置 Ⅱ 的方位角，而 φ'_{I} 与 φ'_{II} 则为另一游标窗口上读得的方位角)，两次读数相减即得顶角 A 的补角 φ。

$$\varphi=\frac{1}{2}(\varphi_1+\varphi_2)=\frac{1}{2}[(\varphi_{\text{II}}-\varphi_{\text{I}})+(\varphi'_{\text{II}}-\varphi'_{\text{I}})] \tag{3-10-2}$$

则三棱镜的顶角

$$A=180^\circ-\varphi=180^\circ-\frac{1}{2}[(\varphi_{\text{II}}-\varphi_{\text{I}})+(\varphi'_{\text{II}}-\varphi'_{\text{I}})] \tag{3-10-3}$$

C. 本实验对学生的基本要求

一、实验任务

采用自准法测量三棱镜的顶角。

二、实验中要采集的数据及其处理

(1)重复测量 6 次,并将测得的游标读数填入表 3-10-1。

表 3-10-1　望远镜位置的方位角读数

序号	望远镜位置Ⅰ		望远镜位置Ⅱ	
	左游标窗口 φ_{I}	右游标窗口 φ'_{I}	左游标窗口 φ_{II}	右游标窗口 φ'_{II}
1				
2				
3				
4				
5				
6				

(2)根据公式(3-10-3),计算三棱镜的顶角 A,并求出 $\bar{A}$。

(3)估算出的测量不确定度 Δ_A,写出结果表示。

三、实验步骤提示

(一)分光计的调节

为了精确测量角度,必须使待测角平面平行于读数盘平面,所以测量前须对分光计进行调节。调好分光计的要求是:

(1)平行光管出射平行光;

(2)望远镜接收平行光(即望远镜聚焦于无穷远处);

(3)经过光学元件的光线构成的平面应与仪器的中心转轴垂直,即平行光管和望远镜的光轴与分光计的中心转轴垂直,载物台中轴线与中心转轴重合。

调节前,应对照实物和图 3-10-1 的结构熟悉仪器,了解各个调节螺钉的作用。调节时要先粗调再细调。

1. 目测粗调

根据眼睛的粗略估计,调节望远镜和平行光管上的高低调节螺钉 14 和 29,使它们的光轴大致与中心转轴垂直;调节载物台下的三个水平调节螺钉,使其大致处于水平状态。粗调是细调的前提,也是细调成功的保证。

2. 细调

采用自准调整法进行细调,这是以在物面上成一个与物对称的像为依据来调整光路的方法，也是光学实验中常用的一个方法。具体调整方法是：

(1)接上电源，打开开关，调节目镜，直到能够清楚地看到分划板上的双十字叉丝为止。旋转目镜装置 11，使分划板刻线水平或垂直。

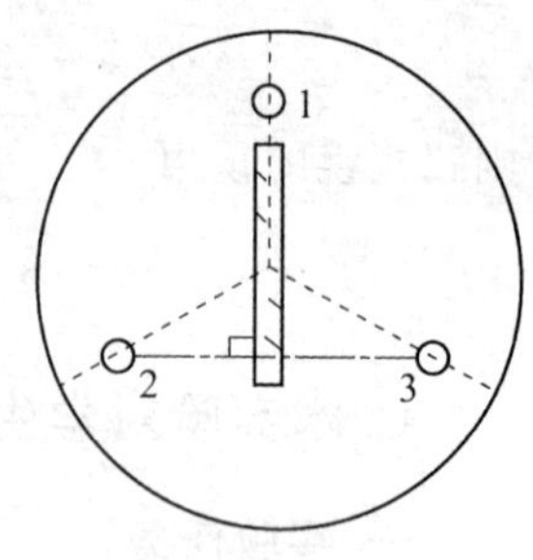

图 3-10-7 双面反射镜在载物台上的位置

(2)将双面反射镜放置在载物台上(图 3-10-7)。这样放置的优点是：若要调节反射镜的俯仰，只需要调节载物台下的螺钉 2 或 3 即可，而螺钉 1 的调节与反射镜的俯仰无关。转动载物台，使反射镜的一个反射面正对望远镜，再轻缓地左右转动载物台，通过望远镜观察，找到由反射镜面反射回来的光斑(模糊的绿色亮十字)。如果看不到，这说明从望远镜出射的光没有被平面镜反射回到望远镜中，粗调未达到要求，应重新粗调。

(3)放松目镜锁紧螺钉 10，前后拉动目镜套筒，调节分划板与物镜之间距离(调节物镜的焦距)，使模糊的绿色亮十字清晰。注意使叉丝与亮十字的反射像之间无视差，如有视差，则需反复调节，予以消除。如果没有视差，说明望远镜已聚焦于无穷远。

(4)调节望远镜光轴和分光计中心转轴垂直。如果望远镜的光轴与反射镜的镜面垂直，则反射的绿十字像应与分划板上的双十字叉丝的上十字叉丝重合，如图 3-10-8(c)的目镜视场所示。当反射镜两面反射的绿十字像都能与上十字叉丝重合，则说明望远镜的光轴和分光计的中心转轴垂直。但是在一般情况下，开始时二者并不重合，需要仔细调节。

①经过细调步骤(3)的操作，在望远镜中已经找到了一个反射面反射的绿十字像如图 3-10-8(a)所示，然后使反射镜跟随载物台和游标盘绕转轴转过 180°，从望远镜中找到另一面反射的绿十字像。若找不到，说明该反射面反射的绿十字像光线没有进入望远镜内，此时，可以在望远镜外用眼睛直接向平面镜观察，找到绿十字像，适当地调节望远镜光轴高低调节螺钉 14 和载物台调平螺钉 7(3 个中的 2 或 3)，直至双面反射镜的两个面都能从望远镜中看到绿十字像。

②采用 1/2 渐近调节法调节绿十字像与分划板上部十字叉丝重合，先调节望远镜光轴高低调节螺钉使绿十字像与上部十字叉丝的间距减小 1/2，如图 3-10-8(b)所示，再调节载物台调平螺钉使像与上部十字叉丝重合。然后将载物台旋转 180°，用同样的方法调节另一面。这样反复调节几次即可调节成功，此时，无需任何调节，反射镜两面的像均与上部十字叉丝重合，即望远镜光轴与分光计中心转轴垂直。调好之后望远镜光轴高低调节螺钉 14 不能再动。

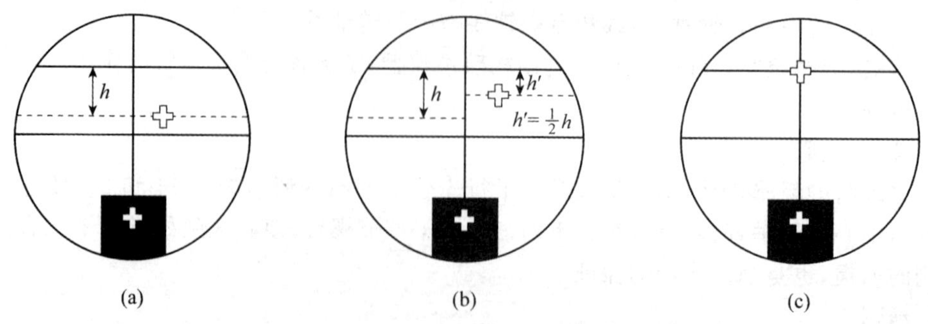

图 3-10-8 用双面反射镜调节分光计时目镜视场情形

(5)调节平行光管光轴和分光计中心转轴垂直。采用自准法测量三棱镜的顶角,是不需要调节平行光管的,但该项内容属于分光计基本调节中的一项重要内容,为使初学者对分光计的调节能全面了解,因此在这里仍旧进行介绍。要调节平行光管和分光计中心转轴垂直,需要增加一套光源设备(低压汞灯或低压钠灯等)。

①调节平行光管使其产生平行光。首先用光源照明狭缝,然后目测调节平行光管光轴大致与望远镜相一致。接着松开狭缝装置锁紧螺钉 2,在调节狭缝套筒和透镜间的距离的同时,从望远镜中观察,当狭缝成像于望远镜的焦平面上时,便可以看到清晰的狭缝像(注意:是轮廓清楚窄长条形的狭缝像,而不是边缘模糊的亮条)。如果狭缝像与双十字叉丝有视差,应予以消除。此时,平行光管发出的光即是平行光。最后可调节狭缝宽度,使实验中狭缝像宽约 1 mm 即可。

②调节平行光管光轴使其垂直于分光计中心转轴。看到清晰的狭缝像后,转动狭缝成水平状态,调节平行光管光轴高低调节螺钉 29,使狭缝像与分划板上中央水平线重合,如图 3-10-9(a)所示,这时平行光管已经垂直于分光计主轴了。然后将狭缝转 90°,使狭缝竖直像被中央十字线的水平线平分,如图 3-10-9(b)所示。旋紧狭缝装置锁紧螺钉 2。

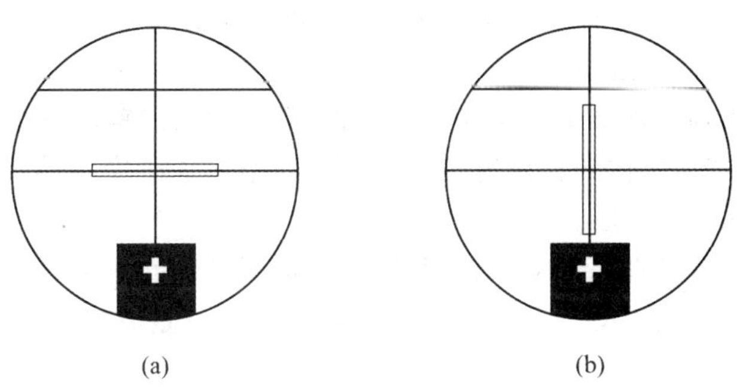

图 3-10-9　调节平行光管时目镜视场情形

(二)采用自准法测量三棱镜的顶角

1. 调节三棱镜的主截面与分光计中心转轴垂直

三棱镜的两个底面一般不是主截面,即使是主截面,而载物台面也不一定与分光计中心转轴垂直,因此在测量之前,必须调节三棱镜的主截面与分光计中心转轴垂直,可以证明,此时三棱镜的两个光学面的法线与中心转轴垂直。由于望远镜光轴和中心转轴已经垂直,因此只需调节三棱镜光学面与望远镜光轴垂直即可。

取下双面反射镜,将三棱镜按图 3-10-10 放在载物台上,使三个面分别与载物台调平螺钉的连线垂直。此时,当调节螺钉 2 时,只改变 AB 光学面法线的方向而不影响 AC 光学面,同理,当调节螺钉 3 时,只改变 AC 面法线的方向而不影响 AB 面。

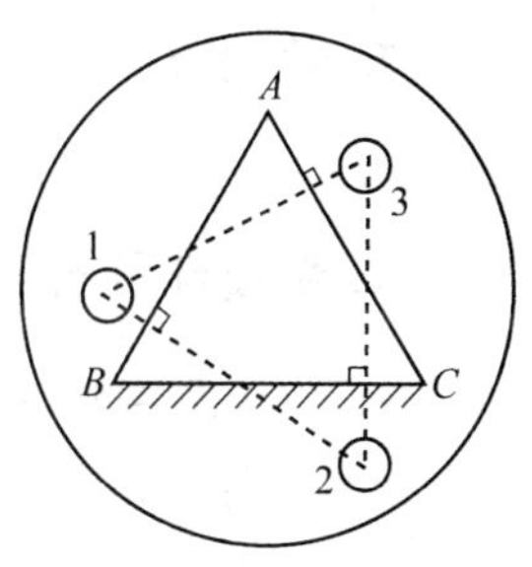

图 3-10-10　三棱镜放法

转动载物台,在望远镜中找到 AB 面反射回来的绿十字像,调节螺钉 2,使绿十字像与上部十字叉丝重合。然后找到 AC 面反射回来的绿十字像,调节螺钉 3,使绿十字像与上部十字叉丝重合。重复上述步骤几次,直到两个光学面反射的绿十字像均与上部十字叉丝重合,说明此时三棱镜的主截面与分光计的中心转轴已经垂直

(注意:整个调节过程中禁止调节望远镜和载物台调平螺钉1!)。

2. 测量三棱镜顶角 A

如图 3-10-6 所示,转动载物台使棱镜 BC 面对着平行光管后锁紧载物台。转动望远镜对准 AC 面,使反射回来的绿十字像与上部十字叉丝重合,固定望远镜(位置Ⅰ),从左、右游标窗口读数 φ_{I}、φ'_{I},填入表格。再转动望远镜对准 AB 面,使绿十字像与上部十字叉丝重合,固定望远镜(位置Ⅱ),从左、右窗口读数 φ_{II}、φ'_{II},填入表格。

四、预习思考题

1. 分光计调整的基本要求是什么?
2. 望远镜光轴与分光计中心转轴不垂直时,应如何调节?
3. 在分光计的调整中,双面反射镜按图 3-10-7 所示的方式放置有什么优点?
4. 分光计上设置了两个游标的读数装置,其目的是什么?

五、操作后思考题

1. 调节分光计时所使用的双面反射镜起了什么作用?能否用三棱镜代替双面反射镜来调整望远镜?

2. 转动望远镜时,如果游标窗口零刻线越过了刻度盘的刻度零点,此时从两游标窗口读得的数值中,应如何计算望远镜转过的角度?

3. 假设望远镜光轴已垂直于分光计中心转轴,而双面反射镜的反射面和中心转轴成一角度,则反射回来的绿十字像和反射镜转过 180°后反射的绿十字像的位置应是怎样的?此时应如何调节?试画出光路图。

4. 使用汞灯和平行光管产生平行光,利用三棱镜两光学面对平行光束的反射来测量顶角的方法称为反射法。试用反射法测三棱镜顶角,并说明测量原理和方法。

六、作业

请完成初级设计性实验 4-10。

D. 参考文献及阅读材料推荐

[1] 杨桂娟,梅妍. 大学物理实验. 大连:大连理工大学出版社,2006.
[2] 余虹. 大学物理实验. 北京:科学出版社,2007.
[3] 李学慧. 大学物理实验. 北京:高等教育出版社,2005.
[4] 刘伟,邱晓明. 物理实验技术. 大连:大连理工大学出版社,2002.

实验 3-11 用牛顿环测量透镜的曲率半径

A. 牛顿环简介

一、什么是牛顿环

1675 年,牛顿在制作天文望远镜时,偶然将望远镜放在平板玻璃上,发现了许多同心圆花样,后人称此为“牛顿环”,“牛顿环”是牛顿在光学中的一项重要发现。但是,由于牛顿主张光的微粒说(光的干涉是光的波动性的一种表现)而未能对该现象作出正确的解释。直到

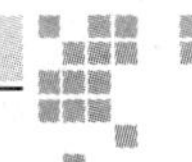

19 世纪初,英国科学家托马斯·杨才用光的波动说解释了牛顿环现象,并参考牛顿的测量结果计算了不同颜色的光波对应的波长和频率。

"牛顿环"是一种用分振幅方法实现的等厚干涉现象,将一块曲率半径较大的平凸透镜放在一块玻璃平板上,用单色光照射透镜与玻璃板,就可以观察到一些明暗相间的同心圆环。圆环分布是中间疏、边缘密,圆心在接触点。从反射光的方向看到的牛顿环中心是暗的,从透射光的方向看到的牛顿环中心是明的。若用白光入射,将观察到彩色圆环。

二、牛顿环的应用

牛顿环干涉现象在测量和光学加工技术上有着重要的应用,如可以用来判断透镜表面凸凹,精确检验光学元件表面质量,以及测量透镜的曲率半径等。

1. 透镜表面凸凹的判断

利用牛顿环干涉现象可以方便地判断透镜表面的凸凹情况。将待测表面置于一个平面标准件上,然后对上面的待测透镜轻轻施压,观察牛顿环图样的变化。若图样中心有环涌出,各环半径向边缘扩散,则透镜待测表面为凸面。这是因为在施压时空气膜厚度减小,牛顿环的半径相应增加;同理,若观察到中心有环陷入,则透镜待测表面为凹面。

2. 光学元件表面质量的精确检验

利用牛顿环干涉现象可以检测透镜表面的质量。将标准件覆盖在待测件上,如果不出现牛顿环,则表明两者完全密合,达到标准要求。如果出现牛顿环,则表明被测曲率半径小于或大于标准值,根据表面凸凹的判断方法,可知被测件曲率大于还是小于标准件。牛顿环越多,则表明误差越大。如果所见牛顿环不圆,则表明被测件曲率不等。通过观测牛顿环,可以及时判断待测件的优劣,以便对其进行精加工。

3. 测量透镜的曲率半径

本实验使用的就是通过牛顿环测量平凸透镜的曲率半径。

B. 本实验采用方法的详细介绍

一、实验方法

本实验采用牛顿环测量平凸透镜曲率半径。

二、实验物品、仪器及设备

牛顿环装置(其中透镜的曲率未知)、钠光灯(波长为 589.3 nm)、读数显微镜(附有反射镜)。

三、重要仪器简介

1. 读数显微镜

如图 3-11-1 所示,读数显微镜的主要部分为放大待测物体用的显微镜和读数用的主尺和副尺。转动测微手轮,能使显微镜左右移动。显微镜由物镜、目镜和十字叉丝组成。使用时,被测量的物体放在工作台上,用压片固定。调节目镜,使十字叉丝清晰。转动调焦手轮,从目镜中观察,使被测量的物体成像清晰。调整被测量的物体,使其被测量部分的横面和显微镜的移动方向平行。转动测微手轮,使十字叉丝的纵线对准被测量物体的起点,进行读数(读数为主尺和测微手轮的读数之和)。读数标尺上为 0～50 mm 刻线,每一格的值为 1 mm;读数鼓轮圆周等分为 100 格,鼓轮转动一周,标尺就移动一格,即 1 mm,所以鼓轮上每一格的值为 1/100 mm(即 0.01 mm)。为了避免回程误差,应采用单方向移动测量。

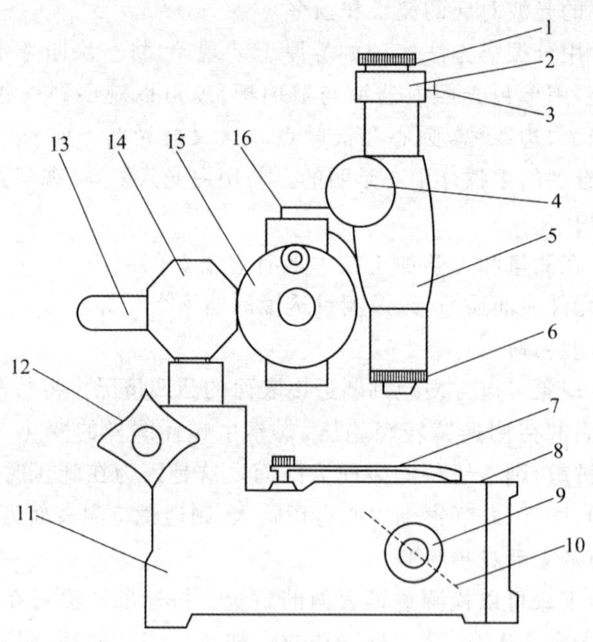

图 3-11-1　读数显微镜结构图

1. 目镜　2. 锁紧圈　3. 锁紧螺丝　4. 调焦手轮　5. 镜筒支架　6. 物镜　7. 弹簧压片　8. 台面玻璃　9. 旋转手轮　10. 反光镜　11. 底座　12. 旋手　13. 方轴　14. 接头轴　15. 测微手轮　16. 标尺

2. 钠光光源

钠光灯灯管内有两层玻璃泡,装有少量氩气和钠。通电时灯丝被加热,氩气即放出淡紫色光,钠受热后汽化,渐渐放出两条强谱线 589.0 nm 和 589.6 nm,通常称为钠双线。因两条谱线很接近,实验中可认为是比较好的单色光源,通常取平均值 589.3 nm 作为该单色光源的波长。由于它的强度大,光色单纯,是最常用的单色光源。

使用钠光灯时应注意:

(1)钠光灯应与扼流线圈串接起来使用,否则即被烧坏。

(2)灯点燃后,需等待一段时间才能正常使用(起燃时间 5～6 min)。

(3)每开、关一次对灯的寿命有影响,因此不要轻易开、关。另外,在正常使用下也有一定消耗,使用寿命只有 500 h 左右,因此应做好准备工作,使用时间集中。

(4)开灯时应垂直放置,不得受冲击或振动,使用完毕,须等冷却后才能颠倒摇动,避免金属钠流动,影响灯的性能。

3. 牛顿环

在一块水平的玻璃片 B 上,放一个曲率半径 R 很大的平凸透镜 A,把它们装在框架 DC 中,这样就组成了牛顿环仪,如图 3-11-2 和图 3-11-3 所示。框架上有三个螺旋 H,用来调节 A 和 B 的相对位置,以改变牛顿环的形状和位置。在牛顿环仪里,玻璃片 B 和平凸透镜 A 之间形成了一层轴对称劈形空气薄膜。

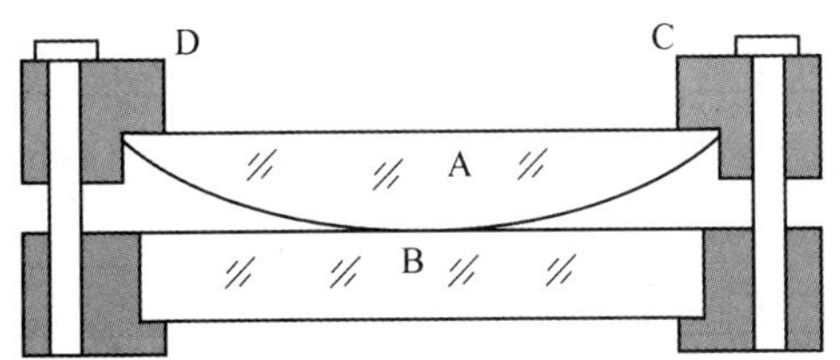

图 3-11-2 牛顿环仪的结构

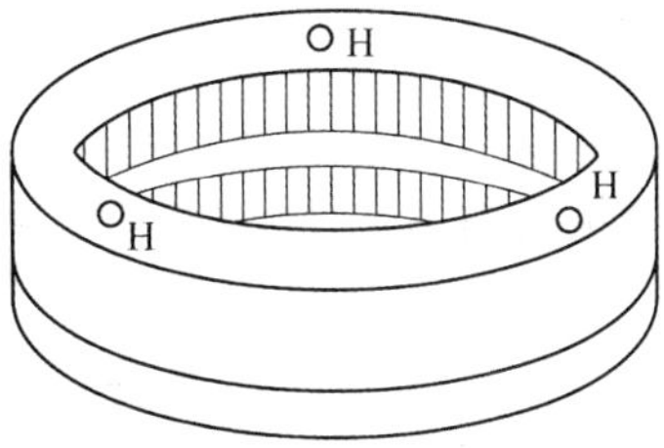

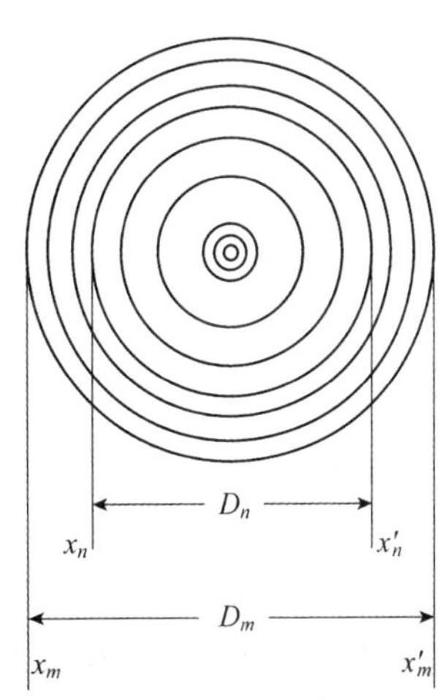

图 3-11-3 牛顿环仪

四、实验的基本构思与原理

将一块曲率半径 R 较大的平凸透镜的凸面放在一个光学平板玻璃上，使平凸透镜的球面 AOB 与平面玻璃 CD 面相切于 O 点，组成牛顿环装置，如图 3-11-4 所示，则在平凸透镜球面与平板玻璃之间形成一个以接触点 O 为中心向四周逐渐增厚的空气劈尖。当单色平行光束近乎垂直地向 AB 面入射时，一部分光束在 AOB 面上反射，一部分继续前进，到 COD 面上反射。这两束反射光在 AOB 面相遇，互相干涉，形成明暗条纹。由于 AOB 面是球面，与 O 点等距的各点对 O 点是对称的，因而上述明暗条纹排成如图 3-11-5 所示的明暗相间的圆环图样，在中心有一暗点(实际观察是一个圆斑)，这些环纹称为牛顿环。

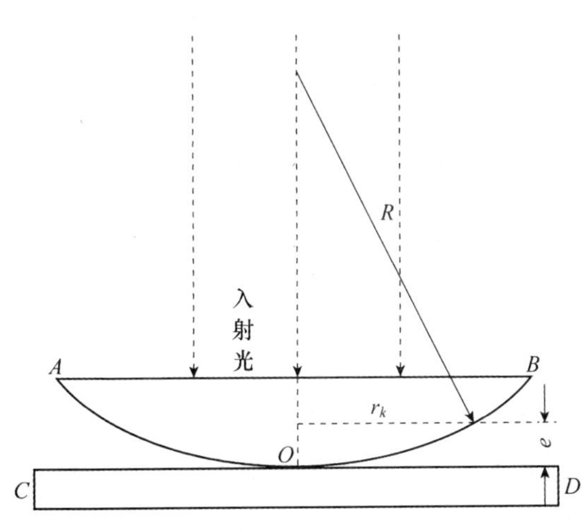

图 3-11-4 牛顿环装置

图 3-11-5 牛顿环

根据理论计算可知，与 k 级条纹对应的两束相干光的光程差为

$$\Delta=2e+\frac{\lambda}{2} \tag{3-11-1}$$

式中 e 为第 k 级条纹对应的空气膜的厚度，$\frac{\lambda}{2}$ 为半波损失。

由干涉条件可知，当 $\Delta=(2k+1)\frac{\lambda}{2}(k=0,1,2,3,\cdots)$ 时，干涉条纹为暗条纹。即

$$2e+\frac{\lambda}{2}=(2k+1)\frac{\lambda}{2}$$

解得

$$e=k\frac{\lambda}{2} \tag{3-11-2}$$

设透镜的曲率半径为 R，与接触点 O 相距为 r 处空气层的厚度为 e，由图 3-11-4 所示几何关系可得

$$R^2=(R-e)^2+r^2=R^2-2Re+e^2+r^2$$

由于 $R\gg e$，则 e^2 可以略去。则

$$e=\frac{r^2}{2R} \tag{3-11-3}$$

由式(3-11-2)和式(3-11-3)可得第 k 级暗环的半径为

$$r_k^2=2Re=kR\lambda \tag{3-11-4}$$

由式(3-11-4)可知，如果单色光源的波长 λ 已知，只需测出第 k 级暗环的半径 r_k，即可算出平凸透镜的曲率半径 R；反之，如果 R 已知，测出 r_k 后，就可计算出入射单色光波的波长 λ。但是由于平凸透镜的凸面和光学平玻璃平面不可能是理想的点接触；接触压力会引起局部弹性形变，使接触处成为一个圆形平面，干涉环中心为一暗斑；或者空气间隙层中有了尘埃等因素的存在使得在光程差公式中附加了一项。假设附加厚度为 a（有灰尘时 $a>0$，受压变形时 $a<0$），则光程差为

$$\Delta=2(e+a)+\frac{\lambda}{2}$$

由暗条纹条件

$$2(e+a)+\frac{\lambda}{2}=(2k+1)\frac{\lambda}{2}$$

得

$$e=\frac{k}{2}\lambda-a$$

将上式代入式(3-11-4)得

$$r_k^2=2Re=2R\left(k\frac{\lambda}{2}-a\right)=kR\lambda-2Ra$$

上式中的 a 不能直接测量，但可以取两个暗环半径的平方差来消除它，例如第 m 环和第 n 环，对应半径为

$$r_m^2=mR\lambda-2Ra$$
$$r_n^2=nR\lambda-2Ra$$

两式相减可得

$$r_m^2-r_n^2=R(m-n)\lambda$$

所以透镜的曲率半径为

$$R=\frac{r_m^2-r_n^2}{(m-n)\lambda} \tag{3-11-5}$$

又因为暗环的中心不易确定，故取暗环的直径计算

$$R=\frac{D_m^2-D_n^2}{4(m-n)\lambda} \tag{3-11-6}$$

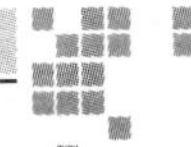

由上式可知，只要测出 D_m 与 D_n（分别为第 m 与第 n 条暗环的直径）的值，就能算出 R 或 λ。

C. 本实验对学生的基本要求

一、实验任务

用牛顿环测量平凸透镜曲率半径。

二、实验中要采集的数据及其处理

(1)将通过读数显微镜测得的各级暗环的数据记录于表 3-11-1 中。

(2)算出各级暗环的直径。

(3)用逐差法处理所得数据，计算出平凸透镜的曲率半径。

(4)将结果表示成 $R=\overline{R}\pm\Delta R$，算出相对误差 E。

表 3-11-1　牛顿环测量透镜的曲率半径　　　m

	左边读数	右边读数	环的直径	曲率半径
第 30 环				
第 10 环				
第 29 环				
第 9 环				
第 28 环				
第 8 环				
第 27 环				
第 7 环				
第 26 环				
第 6 环				
第 25 环				
第 5 环				

测量结果表示：$\overline{R}=$________ m；$E=\dfrac{|\Delta R|}{\overline{R}}\times 100\%=$________。

三、实验步骤提示

1. 调整测量装置

实验装置如图 3-11-6 所示，读数显微镜的调整方法见重要仪器简介。

(1)用眼睛在牛顿环装置上方观察，若环中心不是黑斑或黑斑偏离中部太远，可以轻轻对牛顿环框架螺钉进行调节（切勿用力过大，以免损坏透镜）。

(2)启动钠光灯，让读数显微镜上的 45°反射片对着钠光灯，然后调节反射片的倾斜度（实验用的显微镜已装在物镜头上），使显微镜视场中亮度最大。

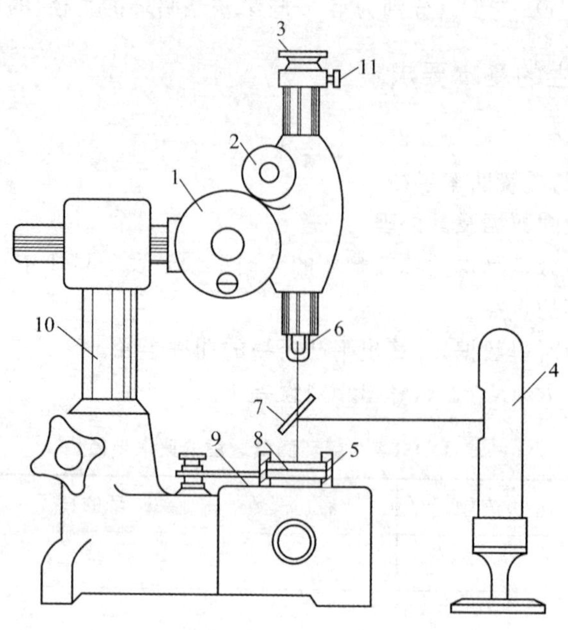

图 3-11-6　读数显微镜装置(牛顿环置于载物台上)

1.测微鼓轮　2.调焦手轮　3.目镜　4.钠光灯　5.平面玻璃　6.物镜　7.45°玻璃片
8.平凸透镜　9.载物台　10.支架　11.锁紧螺钉

(3)将显微镜对准牛顿环装置正表面调焦,找到清晰的牛顿环。注意调焦时使物镜接近牛顿环装置(不要相碰),缓慢扭动调节手轮,使显微镜筒自下而上缓慢地上升,直到看清楚干涉条纹为止。

(4)轻轻地移动牛顿环装置的位置,使条纹中心大致对准叉丝,且当测微手轮转动移动叉丝时,叉丝与圆环相切。如叉丝倾斜可调节显微镜的目镜筒。调好后,在实验过程中不能再动牛顿环装置。

2.观察干涉条纹的分布特征

注意观察当环心暗纹和叉丝左右移动时条纹间隔的变化,并注意暗纹级数的计算。

3.测量牛顿环的直径

从环心(暗斑)开始,转动测微手轮。一边转动,一边数出暗纹的级数。例如,数到第 $m+2$ 环后,反方向转动测微手轮,使十字叉丝交点对准第 m 条暗纹的中间,从显微镜的主尺和测微手轮上的游标刻度记下读数 x_m,然后继续朝同一方向移动,使十字叉丝交点与第 n 条暗纹的中央对准,记下读数 x_n。继续朝同一方向转动测微手轮,经过牛顿环的中心后,将另一边的第 n 环和第 m 环的暗纹中心分别同目镜十字叉丝交点对准,依次记下相应的读数 x'_n 和 x'_m,则第 m 环和第 n 环的直径分别为 $D_m=|x_m-x'_m|$ 和 $D_n=|x_n-x'_n|$。

四、预习思考题

1.测量暗环直径时尽量选择远离中心的环来进行,为什么?

2.正确使用读数显微镜应注意哪几点?

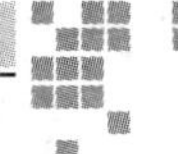

五、操作后思考题

1. 如何用此实验测量光的波长?

2. 如何用牛顿环来检查光学平板的平整度?

六、作业

请完成初级设计性实验 4-11。

D. 参考文献及阅读材料推荐

[1] 厉爱岭,穆秀家. 大学物理实验. 北京:高等教育出版社,2006.
[2] 曹学成,姜永超. 大学物理. 北京:中国农业出版社,2009.
[3] 刁岗. 普通物理学(理工类). 北京:中国农业出版社,2007.
[4] 刘海增. 牛顿环现象及其应用. 郑州轻工业学院学报,2003,18(3).
[5] 吴平,龚宁,巴璞. 大学物理实验. 西安:西安交通大学出版社,2004.

实验 3-12 利用物质的旋光性测量糖溶液的浓度

A. 旋光性简介

一、什么是旋光性

光是电磁波,它的电场矢量和磁场矢量互相垂直,且又垂直于光的传播方向。通常用电矢量代表光矢量,并将光矢量与光的传播方向所构成的平面称为振动面。在与传播方向垂直的平面内,光矢量可能有各种各样的振动状态,被称为光的偏振态。若光的矢量方向是任意的,且各方向上光矢量大小的时间平均值是相等的,这种光称为自然光。若光矢量可以取任何方向,而不同的方向其振幅不同,某一方向振动的振幅最强,而与该方向垂直的方向振幅最弱,则称为部分偏振光。若光矢量的方向始终不变,只是它的振幅随位相改变,光矢量的末端轨迹是一条直线,则称为线偏振光。

当线偏振光通过某些透明物质(例如糖溶液)后,偏振光的振动面将以光的传播方向为轴线旋转一定角度,这种现象称为旋光现象。旋转的角度 φ 称为旋光度。能使其振动面旋转的物质称为旋光性物质。旋光性物质不仅限于糖溶液、松节油等液体,还包括石英、朱砂等具有旋光性质的固体。不同的旋光性物质可使偏振光的振动面向不同方向旋转。若面对光源,使振动面顺时针旋转的物质称为右旋物质;使振动面逆时针旋转的物质称为左旋物质。

二、日常生活中与偏振有关的现象

偏振光的重要理论意义是证明了光是横波,与此同时,偏振光在诸多技术领域已得到了广泛的应用。

1. 在摄影镜头前加上偏光镜消除反光

在摄影技术中,为了在不同自然条件下拍到理想的或具有艺术效果的照片,一般在照相机镜头前加不同的镜片,其中一种镜片是“偏光镜”。在拍摄表面光滑的物体(如玻璃器皿、水面、陈列橱柜等),由于光滑物体表面的反光,影响照片的质量。根据布儒斯特定律,自然光经光滑物体表面反射后是部分偏振光。在拍摄时加用偏振镜，并适当地旋转偏振镜面，使其偏振化方向与反射光的偏振面垂直拍照，则可大大减小反射光的影响，拍到清晰的照片。

2. 判断工件内部的应力分布

某些透明的各向同性的介质（如玻璃、塑料等），在机械力的作用下发生形变时，使非晶体失去各向同性的特征而具有各向异性的性质，这种现象称为光弹效应，亦称为应力双折射。例如把塑料膜拉紧后夹在两块偏振片之间，通过白光观察可以看到彩色图样。拉膜改变，彩色图样也发生变化，显示出双折射性质随应力变化。又如玻璃在制造过程中，由于冷却不均匀，使内部受到不同程度的应力，常常会自行破裂，把玻璃放在两块偏振片之间观察应力引起的双折射现象，就可以检查出内部应力的分布情况，在单色光照射下可以看到明暗交替的花样；在白光照射下，则显示出彩色花样。为了消除光学玻璃的内部应力，在磨制光学元件例如天文望远镜的镜头等之前，必须进行缓冷处理和偏振光检查。

3. 电光效应

1875 年克尔发现了第一个电光效应，即某些各向同性的透明介质在外电场作用下变为各向异性，表现出双折射现象，介质具有单轴晶体的特性，并且其光轴在电场的方向上，人们称这种电光效应为克尔效应。1893 年普克尔斯发现，有些晶体，特别是压电晶体，在加了外电场后，也能改变它们的各向异性性质，人们称此种电光效应为普克尔斯效应。电光效应在工程技术和科学研究中有许多重要应用，它有很短的响应时间（可以跟上频率为 1 010 Hz 的电场变化），因此被广泛用于高速摄影中的快门、光速测量中的光束斩波器等。由于激光的出现，电光效应的应用和研究得到了迅速发展，如激光通信、激光测量、激光数据处理等。

偏振光在科研和生产中也有着广泛的应用。如海防前线用的偏光望远镜、分析化学和工业中用的偏振计和量糖计都与偏振光有关。随着现代物理新技术的飞跃发展，偏振光成为研究光学晶体、表面物理的重要手段之一。

三、旋光度

1. 旋光度的定义

线偏振光通过某些物质后，偏振光的电场方向（或者偏振面）将绕光的传播方向旋转一定的角度，旋转的角度称为旋光角或旋光度。

实验表明，旋光度 φ 与其所通过旋光物质的厚度成正比。对于固体，旋光度 φ 为

$$\varphi=\alpha l \tag{3-12-1}$$

式中 l 为通过旋光物质的厚度，单位是 mm；α 为光线通过 1 mm 厚固体时振动面旋转的角度，称为该物质的旋光率。

对溶液，旋光度 φ 不仅与光线在液体中通过的距离 l 有关，还与溶液中旋光性物质的浓度 c 成正比，即

$$\varphi=\alpha lc \tag{3-12-2}$$

式中 α 称为该物质的旋光率。如果 l 的单位用 dm，浓度 c 定义为在 1 cm^3 溶液内溶质的克

数，单位用 g/cm^3，那么旋光率 α 的单位为（度）$cm^3/(dm \cdot g)$，它在数值上等于偏振光通过单位长度（dm）、单位浓度（g/mL）的溶液后引起的振动面的旋转角度。

2. 旋光率的性质

（1）实验表明，同一种旋光物质对不同波长的光有不同的旋光率。在一定温度下，旋光率约与入射光波波长的平方成反比。实验室的旋光仪常以钠光作光源，波长为 589.3 nm，故波长已定。

（2）旋光率也与温度有关。一般温度升高，旋光率减少；反之增加。就大多数物质来讲，当温度升高 1℃时，旋光率约减小千分之几（本实验忽略温度对旋光率的影响）。

由于测量时的温度及所用波长对物质的旋光率都有影响，因而应当标明测量旋光率时所用波长及测量时的温度。例如 $[\alpha]_{589.3\ \text{nm}}^{50℃}=66.5°$，它表明在测量温度为 50℃，所用光源的波长为 589.3 nm 时，该旋光物质的旋光率为 66.5°。

四、测量旋光度的意义

测量物质的旋光度可以研究物质的分子结构、晶体结构、检验物质的纯度、含量和溶液的浓度等等。因此，旋光度的测量广泛应用于化工、制药、制糖、香料、石油、食品等工业生产。

B. 本实验采用方法的详细介绍

一、实验方法

本实验采用旋光仪测量糖溶液的旋光率和未知浓度。

二、实验物品、仪器及设备

旋光仪、钠光灯、几种浓度已知和一种浓度未知的糖溶液。

三、重要仪器简介

1. 旋光仪

旋光仪的结构和光学系统如图 3-12-1 和图 3-12-2 所示。

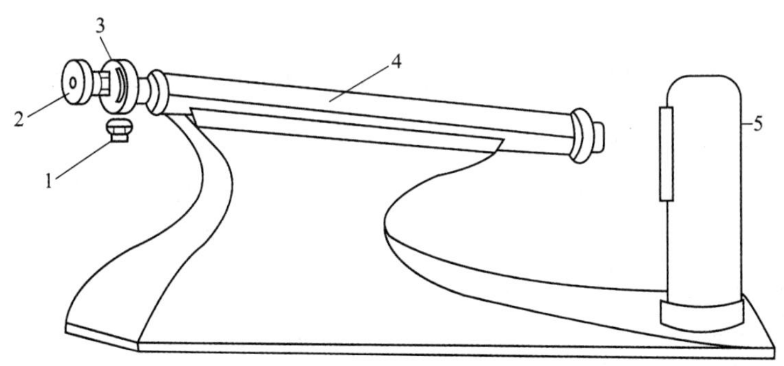

图 3-12-1　旋光仪示意图

1. 度盘调节　2. 目镜　3. 度盘游标　4. 镜筒　5. 钠光灯

为了操作方便，旋光仪的光学系统以 50°倾角安装在基座上。光源用 50 W 钠光灯，波长为 589.3 nm。检偏器与刻度盘连接在一起，利用手轮可作精细转动。本旋光仪采用的是双

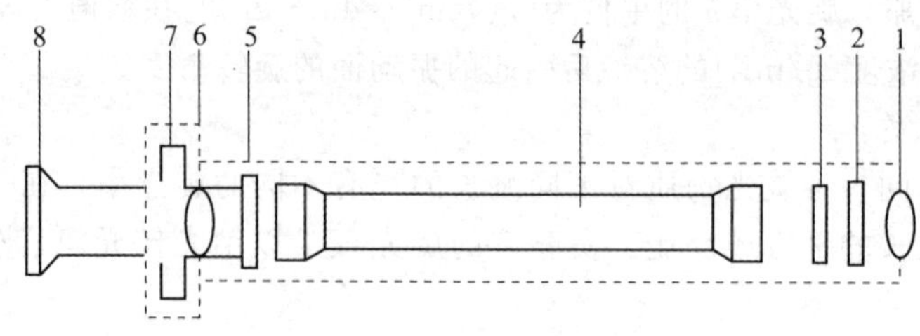

图 3-12-2 旋光仪光学系统简图

1.会聚透镜 2.滤色片 3.起偏器 4.测试管 5.检偏器 6.物镜 7.刻度盘 8.目镜

游标读数，以消除刻度盘的中心偏差。刻度盘分度 360 格，每格 1°，游标分 20 格，它和刻度盘 19 格等长，故仪器的精密度为 0.05°。游标窗前装有供读游标用的放大镜。

2.三荫板检偏装置

由于人们的眼睛很难准确地判断视场是否全暗，因而会引起测量误差，为此旋光仪采用了三荫板的方法来测量旋光溶液的旋光度。三荫板的原理是在起偏器后面加一块石英晶体片，石英片和起偏器的中部在视场中重叠，将视场分为三部分。

从旋光仪目镜中观察到的视场分为三个部分，一般情况下，中间部分和两边部分的亮度不同。当转动检偏镜时，中间部分和两边部分将出现明暗交替变化。图 3-12-3 中列出四种典型情况，即(a)中央为暗区，两边为亮区；(b)三分视界消失，视场较暗；(c)中间为亮区，两边为暗区；(d)三分视界消失，视场较亮。

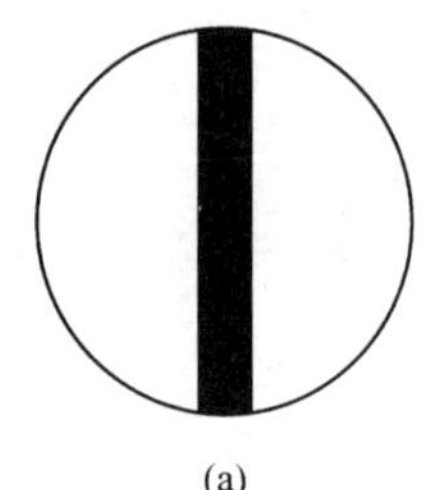
(a)

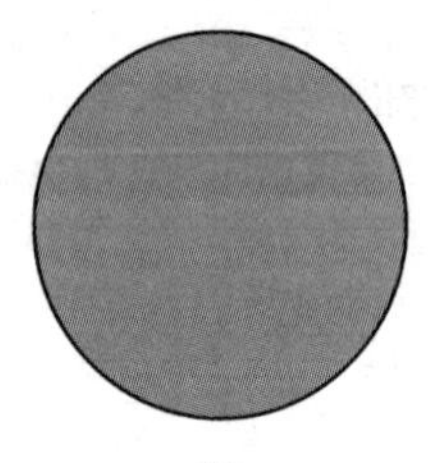
(b)

(c)

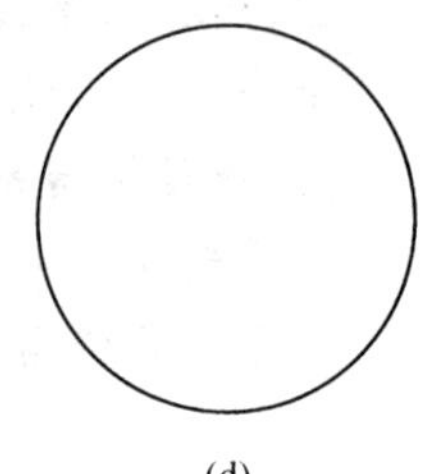
(d)

图 3-12-3 转动检偏器时目镜中出现的四种视场图

四、实验的基本构思与原理

测量物质旋光性的简单原理如图 3-12-2 所示。首先将起偏器与检偏器的偏振化方向调到正交，我们观察到视场最暗。然后装上待测旋光溶液的试管，因线偏振光经旋光溶液的振动面的旋转，视场变亮，为此调节检偏器，再次使视场调至最暗，这时检偏器所转过的角度即为待测溶液的旋光度。

由于在亮度不太强的情况下，人眼辨别亮度微小差别的能力较大，所以常取图 3-12-3(b)所示的视场为参考视场，并将此时检偏器的位置作为刻度盘的零点，故称该视场为零度视场。当放进了待测旋光液的试管后，由于溶液的旋光性，使线偏振光的振动面旋转了一定角度，使零度视场发生了变化，只有将检偏器转过相同的角度，才能再次看到图 3-12-3(b)所示的视场，这个角度就是旋光度，它的数值可以由刻度盘和游标读出。

从式(3-12-2)可知，若已知待测溶液的浓度和液体的长度(即光在液体中通过的长度)，就可以算出旋光率；反之，若已知待测溶液的长度、旋光率及测量出来的旋转角，则可以算出溶液的浓度。本实验就是根据这个关系测量旋光率和未知溶液的浓度。

若已知某溶液的旋光率，且测出溶液试管的长度 l（即光在液体中通过的长度）和旋光度 φ，可根据式(3-12-2)求出待测溶液的浓度为

$$c=\frac{\varphi}{l[\alpha]_{\lambda}^{t}} \tag{3-12-3}$$

在溶液浓度 c 已知的情况下，测出溶液试管的长度 l 和旋光度 φ，就可以计算出该溶液旋光率，即

$$[\alpha]_{\lambda}^{t}=\frac{\varphi}{cl}\times 100 \tag{3-12-4}$$

C. 本实验对学生的基本要求

一、实验任务

用旋光仪测定旋光性物质（如糖溶液）的旋光率和浓度。

二、实验中要采集的数据及其处理

(1)将测得的检偏器的零点读数填入表 3-12-1 中。

表 3-12-1　测定零点读数

1		2		3		$\bar{\varphi}_0$/度
左	右	左	右	左	右	

(2)测出各种不同浓度的蔗糖溶液的旋光度，并计算出旋光率和平均旋光率填入表 3-12-2中。以浓度 c 为变量 x、旋光度 φ 为变量 y，用最小二乘法拟合求出蔗糖溶液的平均旋光率，并在作图纸上作出旋光度为纵轴、浓度为横轴的关系曲线。

表 3-12-2　测定旋光溶液的旋光率

浓度 c /(10^3 kg/m^3)	试管长度 l /dm	读数						平均值 /度	旋光度 φ/rad	溶液旋光率 α /(rad · m^2/ kg)
		1		2		3				
		左	右	左	右	左	右			
0.1										
0.2										
0.3										

测量结果表示：$\bar{\alpha}=$__________ rad · m^2/kg；$E=\frac{|\Delta\alpha|}{\bar{\alpha}}\times 100\%=$__________。

(3)用求出的蔗糖溶液的平均旋光率及测出未知浓度糖溶液的旋光度求出未知蔗糖溶液的浓度，填入表 3-12-3 中。

表 3-12-3 测量糖溶液的浓度

试管长度 l/dm	读数						平均值/度	旋光度 φ/rad	浓度 c /(10^3 kg/m^3)
	#1		#2		#3				
	左	右	左	右	左	右			
1									

三、实验步骤提示

(1)调节旋光仪的目镜,使能清楚地看到视场。

(2)转动旋光仪的检偏器旋钮,观察并熟悉视场中四种视场的变化规律。

(3)转动旋光仪的检偏器旋钮,直到出现最暗的视场,见图 3-12-3(b),从刻度盘读数,这是检偏器的零点读数。重复 3 次,取其平均值。

注意:旋光仪上有两条刻度,外面的刻度盘为主刻度,里面的刻度盘为游标刻度盘,读数的方法与游标卡尺类似。这里主刻度每格为 1°,游标刻度盘每格 0.05°。

(4)测量蔗糖溶液的旋光率。实验室给出三种已知浓度的糖溶液,分别为 0.1×10^3 kg/m^3、0.2×10^3 kg/m^3、0.3×10^3 kg/m^3。分别测出三种溶液的旋光度。将每种装有不同浓度溶液的试管放入旋光仪的测试管中,转动检偏器,直到出现最暗的视场,重复判断和读数 3 次,取得每种浓度糖溶液的最暗视场所对应刻度的平均值,将它们减去零点读数就是每种浓度糖溶液的旋光度。由此通过公式可以求出旋光率。

(5)测量未知糖溶液的浓度。实验室给出长度为 1.00 dm 的未知浓度的糖溶液试管,要求测量其浓度。

四、预习思考题

1.测量糖溶液浓度的基本原理是什么?

2.什么叫左旋物质和右旋物质?如何判断?

3.旋光度的大小与哪些因素有关?

4.旋光仪的读数系统是怎样读数的?为什么要有两个读数窗?

五、操作后思考题

1.为什么通常用钠黄光(λ=589.3 nm)来测旋光率?

2.为什么在装待测液的试管中不能留有较大气泡?

3.为什么说半荫法测定旋光度比单用两块偏振片测量时更方便、更准确?

六、作业

请完成初级设计性实验 4-12。

D.参考文献及阅读材料推荐

[1] 厉爱岭,穆秀家.大学物理实验.北京:高等教育出版社,2006.

[2] 曹学成,姜永超.大学物理.北京:中国农业出版社,2009.

[3] 习岗.普通物理学(理工类).北京:中国农业出版社,2007.

[4] 用旋光仪测旋光性溶液的旋光率和浓度.上海交通大学“大学物理实验”精品课程.

[5] 偏振光应用研究.西北工业大学《大学物理实验》教学网.

实验 3-13 霍耳效应的应用

A. 霍耳效应简介

一、霍耳效应的发现

1879 年，当时还没有发现电子，也没有人知道金属中导电的机理，科学家们对很多问题持不同的看法。当时还是霍普金斯大学二年级研究生的霍耳注意到著名的英国物理学家麦克斯韦和瑞典物理学家爱得朗在一个问题上的分歧，霍耳在罗兰教授的支持下，准备用实验来回答这样一个问题：磁场对于在导线中通过的电流到底有没有影响？霍耳设想，如果在固定导体中的电流本身被磁铁吸引，那么电流会被拉向导线的一侧，因而电阻应该增加。实验进行了许多次，第一次在磁场中放进一个通以电流的银制扁平螺线，未发现电阻增大现象；第二次在磁场中放进一个通以电流的金属圆盘，也未发现电阻增大现象；第三次考虑到金属圆盘太厚了，所以改成薄金箔代替，结果成功了。

霍耳效应的发现震动了当时的科学界，吸引了许多科学家转向了这一领域的研究。很快就发现了爱廷豪森效应、能斯特效应、里纪-勒社克效应和不等电势差四个伴生效应。霍耳效应的研究一直在发展，量子霍耳效应的发现是 20 世纪凝聚态物理学的一项辉煌成就。1980 年和 1982 年，德国物理学家冯克利青及美籍华裔物理学家崔琦等人，在强磁场和极低温度条件下发现了整数和分数霍耳效应，并取得了重要的应用，分别获得 1985 年度和 1998 年度诺贝尔物理学奖。

二、霍耳效应的应用

霍耳最初使用金属在磁场中产生的霍耳电势非常微弱，所以这一现象并没有马上得到广泛应用。后来人们发现半导体的霍耳效应比金属强很多，直到 20 世纪 50 年代以来，随着半导体工艺和材料的发展，先后出现了 N 型锗、锑化铟、磷砷化铟等霍耳系数很高的半导体材料，从此霍耳器件得以飞速发展，在科学实验和工程技术中有着广泛的应用，如利用半导体的霍耳效应测量转轴位置，可以用于直流无刷电机换相控制、汽车无触点点火、转轴转速测量；霍耳元件的面积可以做得很小，可以用它测量某点的磁场和缝隙中的磁场，可以进行位移测量、角位移测量、电流测量，可以接近开关系统等等，还可以利用这一效应来测量半导体中的载流子浓度及判断载流子的极性。

B. 本实验采用方法的详细介绍

一、实验方法

学习用对称测量法消除副效应的影响，测量试样的 V_H-I_S 和 V_H-I_M 曲线，并确定试样的导电类型、载流子浓度以及迁移率。

二、实验物品、仪器及设备

本实验采用的实验仪器为 TH-H 型霍耳效应实验组合仪，该仪器由实验仪和测试仪两大部分组成。

三、重要仪器简介

TH-H 型霍耳效应实验组合仪由实验仪和测试仪两大部分组成。

1. 实验仪(图 3-13-1)

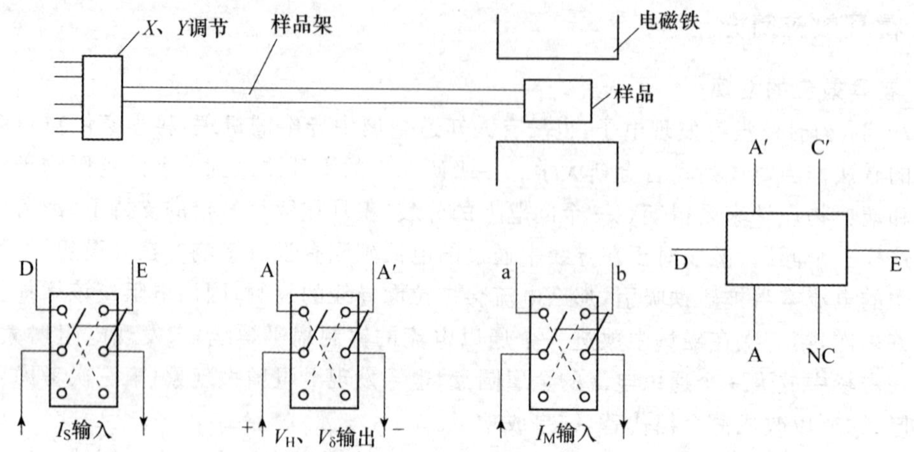

图 3-13-1　霍耳效应实验仪示意图

(1)电磁铁　规格为>3.00 kGS/A,磁铁线包的引线有星标者为头,线包绕向为顺时针(操作者面对实验仪)。根据线包绕向及励磁电流 I_M 流向,可确定磁感强度 B 的方向,而 B 的大小与 I_M 的关系由生产厂家给定并标明在线包上。

(2)样品和样品架　样品材料为 N 型半导体硅单晶片,根据空脚的位置不同,样品分两种形式,如图 3-13-2 所示,样品的几何尺寸为:厚度 $d=0.5$ mm,宽度 $b=4.0$ mm,A、C 电极间距 $l=3.0$ mm。

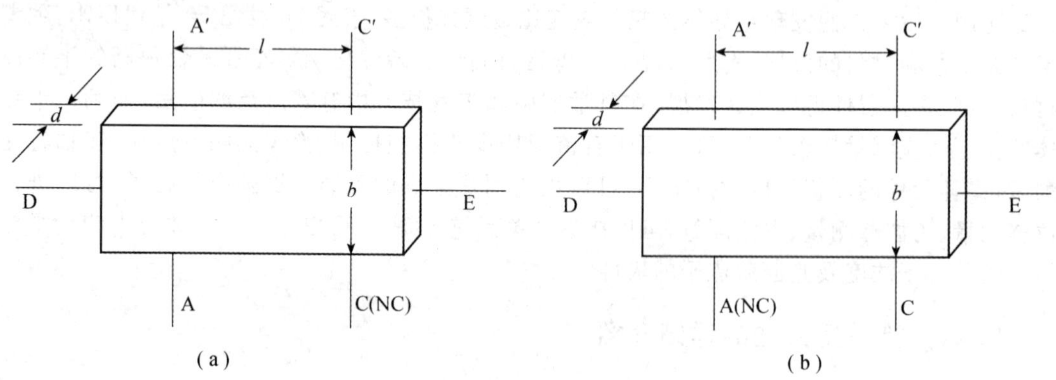

图 3-13-2　样品示意图

样品共有三对电极,其中 A、A′或 C、C′用于测量霍耳电压 V_H,A、C 或 A′、C′用于测量电导;D、E 为样品工作电流电极。各电极与双刀换接开关的接线见实验仪上图示说明。样品架具有 X、Y 调节功能及读数装置,样品放置的方位(操作者面对实验仪)如图 3-13-2 所示。

(3)I_S 和 I_M 换向开关及 V_H、V_σ 切换开关　I_S 及 I_M 换向开关投向上方,则 I_S 及 I_M 均为正值,反之为负值;V_H 及 V_σ 切换开关投向上方测 V_H,投向下方测 V_σ。

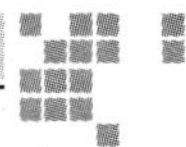

2. 测试仪(图 3-13-3)

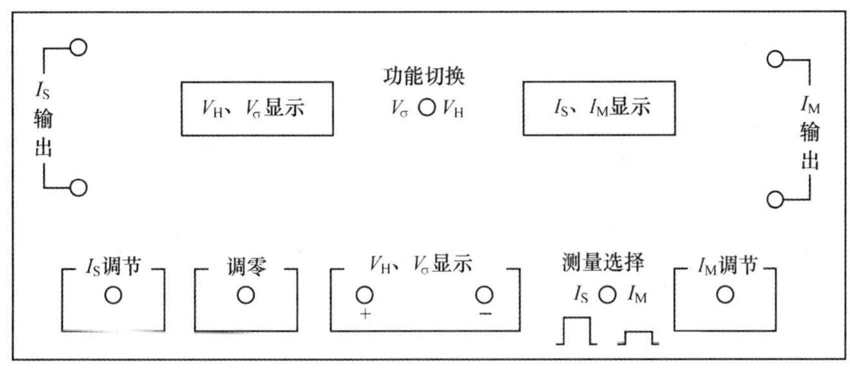

图 3-13-3 测试仪面板图

(1)两组恒流源 "I_S 输出"为 0～10 mA 样品工作电流源,"I_M 输出"为 0～1 A 励磁电流源。两组电源彼此独立,两路输出电流大小通过 I_S 调节旋钮及 I_M 调节旋钮进行调节,二者均连续可调。其值可通过"测量选择"按键由同一只数字电流表进行测量,按键测 I_M,放键测 I_S。

(2)直流数字电压表 V_H 和 V_σ 通过切换开关由同一数字电压表进行测量。电压表零位可通过调零电位器进行调整。当显示器的数字前出现"−"号时,表示被测电压极性为负值。

使用仪器的注意事项:

(1)仪器开机前应将 I_S、I_M 调节旋钮逆时针方向旋到底,使其输出电流趋于最小状态,然后再开机。

(2)"V_H,V_σ 切换开关"应始终保持闭合状态。

(3)仪器接通电源后应预热几分钟方可进行实验。

(4)"I_S 调节"和"I_M 调节"分别用来控制样品工作电流和励磁电流的大小,其电流随旋钮顺时针方向转动而增加。

(5)关机前,应将"I_S 调节"和"I_M 调节"旋钮逆时针旋到底,使其输出电流趋于零,然后才可切断电源。

四、实验的基本构思与原理

霍耳效应从本质上讲是运动的带电粒子在磁场中受洛伦兹力作用而引起的偏转。由于带电粒子(电子或空穴)被约束在固体材料中,这种偏转就导致在垂直电流和磁场方向上产生正负电荷的聚积,从而形成附加的横向电场,即霍耳电场。对于图 3-13-4(a)所示的 N 型半导体试样,若在 X 方向通以电流,在 Z 方向加磁场,试样中载流子(电子)将受洛伦兹力

$$F_g = e\bar{v}B \tag{3-13-1}$$

则在 Y 方向即试样 A、A′电极两侧就开始聚积异号电荷而产生相应的附加电场——霍耳电场。电场的指向取决于试样的导电类型。对 N 型试样,霍耳电场逆 Y 方向;P 型试样则沿 Y 方向。其一般关系可表示为

$$I_S(X), B(Z)\begin{cases} E_H(Y)<0, \text{N 型} \\ E_H(Y)>0, \text{P 型} \end{cases}$$

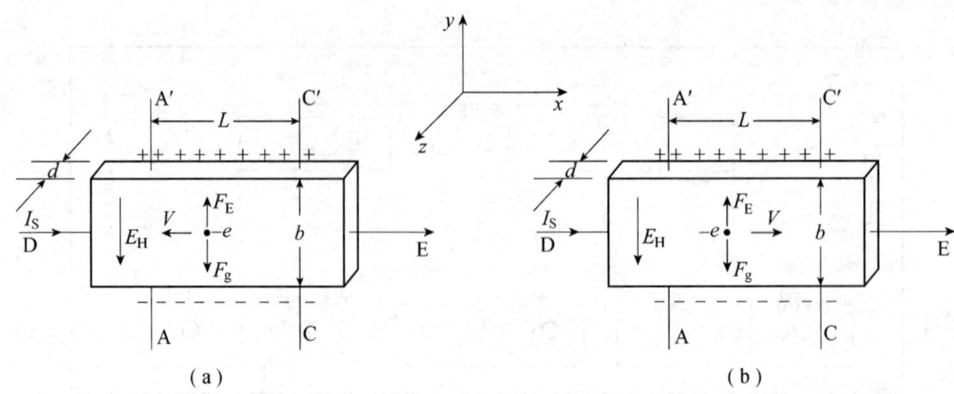

图 3-13-4　霍耳效应示意图

显然，该霍耳电场阻止载流子继续向侧面漂移。当载流子所受的横向电场力 eE_H 与洛伦兹力 $e\bar{v}B$ 相等时，样品两侧电荷的积累就达到平衡，此时有

$$eE_H = e\bar{v}B \tag{3-13-2}$$

其中 E_H 为霍耳电场，$\bar{v}$ 是载流子在电流方向上的平均漂移速度。

设试样的宽为 b，厚度为 d，载流子浓度为 n，则

$$I_S = ne\bar{v}bd \tag{3-13-3}$$

由式(3-13-2)和式(3-13-3)可得

$$V_H = E_H b = \frac{1}{ne}\frac{I_S B}{d} = R_H\ \frac{I_S B}{d} \tag{3-13-4}$$

在产生霍耳效应的同时，因伴随着多种副效应，以致实验测得的 A、A′ 两极之间的电压并不等于真实的 V_H 值，而是包含着各种副效应引起的附加电压，因此必须设法消除。根据副效应产生的机理可知，采用电流和磁场换向的所谓对称测量法，基本上能够把副效应的影响从测量的结果中消除。具体做法是 I_S 和 B 大小不变，并在设定电流和磁场的正、反方向后，依次测量由下列四组不同方向的 I_S 和 B 组合的两点之间的电压 V_1，V_2，V_3，V_4，即

$$+I_S, +B, V_1$$
$$+I_S, -B, V_2$$
$$-I_S, -B, V_3$$
$$-I_S, +B, V_4$$

然后求上述四组数据 V_1，V_2，V_3，V_4 的代数平均值，可得

$$V_H = \frac{V_1 - V_2 + V_3 - V_4}{4} \tag{3-13-5}$$

通过对称测量法求得的 V_H，虽然还存在个别无法消除的副效应，但其引入的误差甚小，可以略而不计。

由式(3-13-4)可知霍耳电压 V_H(A、A′两极之间的电压)与 I_SB 乘积成正比,与试样厚度 d 成反比。比例系数 $R_H=\frac{1}{ne}$称为霍耳系数,它是反映材料霍耳效应强弱的重要参数,只要测出 V_H(V)以及知道 I_S(A)、B(T)和 d(m),可按下式计算霍耳系数

$$R_H=\frac{V_H d}{I_S B} \tag{3-13-6}$$

根据 R_H 可以进一步确定以下参数:

(1)根据 R_H 的符号(或霍耳电压的正、负)判断样品的导电类型。判断的方法是按图 3-13-4 所示的 I_S 和 B 方向。若测得 $V_H=V_{AA'}<0$,(即 A 点的电位低于 A′点的电位)则 R_H 为负,样品属 N 型,反之则为 P 型。

(2)求载流子浓度。由 $n=\frac{1}{|R_H|e}$可求出载流子浓度。应该指出,这个关系式是假定所有载流子都具有相同的漂移速度得到的,如果考虑载流子的速度统计分布,需引入修正因子 $3\pi/8$。

(3)结合电导率的测量,求载流子的迁移率 μ。电导率 σ 可以通过图 3-13-4 所示的 A、C 电极进行测量。设 A、C 间的距离为 $L=3.0$ mm,样品的横截面积为 $S=bd$,流经样品的电流为 I_S,在零磁场下,若测得 A、C 间的电位差为 V_σ,可由下式求得 σ,

$$\sigma=\frac{I_S L}{V_\sigma S} \tag{3-13-7}$$

电导率 σ 与载流子浓度 n 以及迁移率 μ 之间有如下关系:

$$\sigma=ne\mu \tag{3-13-8}$$

即 $\mu=|R_H|\sigma$,通过实验测出 σ 值即可得到 μ。

根据上述可知,要得到大的霍耳电压,关键是要选择霍耳系数大(即迁移率 μ 高、电阻率 ρ 也较高)的材料。因为 $|R_H|=\mu\rho$,就金属导体而言,μ 和 ρ 均很低,而不良导体 ρ 高,但 μ 极小,因而上述两种材料的霍耳系数都很小,不能用来制造霍耳器件。半导体材料 μ 高,ρ 适中,是制造霍耳器件较理想的材料。由于电子的迁移率比空穴的迁移率大,所以霍耳器件都采用 N 型材料。又由于霍耳电压的大小与材料的厚度成反比,因此,薄膜型的霍耳器件的输出电压较片状的要高得多。就霍耳器件而言,其厚度是一定的,所以实用上采用

$$K_H=\frac{1}{ned} \tag{3-13-9}$$

来表示器件的灵敏度,K_H 称为霍耳灵敏度。

C. 本实验对学生的基本要求

一、实验任务

1. 了解霍耳效应实验原理以及有关霍耳器件对材料要求的知识。
2. 学习用对称测量法消除副效应的影响,测量试样的 V_H-I_S 和 V_H-I_M 曲线。
3. 确定试样的导电类型、载流子浓度以及迁移率。

二、实验中要采集的数据及其处理

实验中要求测量试样的 V_H-I_S 和 V_H-I_M 曲线及确定试样的导电类型、载流子浓度以及迁移率，所要采集的数据及相应数据处理如下：

(1)测绘 V_H-I_S 曲线。将测量数据记录在表 3-13-1 中，并用作图纸绘出 V_H-I_S 关系线。

表 3-13-1　测绘 V_H-I_S 曲线数据表　　mV

I_S/mA	V_1	V_2	V_3	V_4	$V_H=(V_1-V_2+V_3-V_4)/4$
	$+I_S,+B$	$+I_S,-B$	$-I_S,-B$	$-I_S,+B$	
1.00					
1.50					
2.00					
2.50					
3.00					
4.00					

其中电流范围：$I_M=0.6$ A；$I_S=1.00\sim4.00$ mA。

(2)测绘 V_H-I_M 曲线。将测量数据记录在表 3-13-2 中，并用作图纸绘出 V_H-I_M 关系线。

表 3-13-2　测绘 V_H-I_M 曲线数据　　mV

I_M/A	V_1	V_2	V_3	V_4	$V_H=(V_1-V_2+V_3-V_4)/4$
	$+I_S,+B$	$+I_S,-B$	$-I_S,-B$	$-I_S,+B$	
0.300					
0.400					
0.500					
0.600					
0.700					
0.800					

其中电流范围：$I_S=3.00$ mA；$I_M=0.300\sim0.800$ A。

(3)测量 V_σ 值。

(4)确定样品的导电类型。根据 R_H 的符号(或霍耳电压的正、负)判断样品的导电类型。

(5)求样品的 R_H,n,σ,μ 值。霍耳系数 R_H 的计算可用以下两种方法计算：

①可由公式 $R_H=\dfrac{V_H d}{I_S B}$ 计算，其中 B 为磁场强度，因磁场由励磁电流通过线圈产生，线圈上标有电流和磁场的换算关系 X(常数)kGS/A，其中 GS 为磁场单位高斯(非国际单位)，1 GS$=10^{-4}$T(特斯拉，磁场国际单位)，从线圈上抄下励磁常数 X，再乘以 I_M，即可得 $B=X\cdot I_M\cdot10^3\cdot10^{-4}=0.1X\cdot I_M$(T)，则

$$R_H=\frac{V_H d}{I_S B}=\frac{V_H}{I_S}\frac{d}{0.1X\cdot I_M}$$

当 I_M 一定时，V_H 与 I_S 呈线性关系，可利用表 3-13-1 所测数据，用最小二乘法求出 R_{H_1}。同理，再利用表 3-13-2 所测数据，用最小二乘法求出 R_{H_2}。对 R_{H_1}、R_{H_2} 求平均值得 R_H。

②对表 3-13-1 中每一组 I_S 与 V_H 值均可计算出一个 R_H，对 6 组数据分别求 R_H；对表 3-13-2数据做同样处理，对所求得的 12 个 R_H 求平均值和标准偏差。

n,σ,μ 的值由下列公式计算：

由 $n=\frac{1}{|R_H|e}$ 可求得载流子浓度 n 值；电导率由 $\sigma=\frac{I_S L}{U_\sigma S}$ 计算得出；再由 $\mu=|R_H|\sigma$ 可求迁移率 μ。

由计算过程可见，R_H 的计算错误会导致 n、μ 错误，故计算过程要细心，特别要注意 R_H、n、σ、μ 必须统一成国际单位来计算。计算公式、过程、单位均应在实验报告中给出。

三、实验步骤提示

(1)按图 3-13-5 连接测试仪和实验仪之间相应的 I_S、V_H 和 I_M 各组连线，I_S 及 I_M 换向开关投向上方，表明 I_S 及 I_M 均为正值(即 I_S 沿 X 方向，B 沿 Z 方向)，反之为负值。V_H、V_σ 切换开关投向上方测 V_H，投向下方测 V_σ(样品各电极及包线与对应的双刀开关之间的连线已由制造厂家连接好)。

接线时严禁将测试仪的励磁电源"I_M 输出"误接到实验仪的"I_S 输入"或者"V_H、V_σ 输出"处，否则一旦通电，霍耳器件即遭损坏！

(2)对测试仪进行调零。将测试仪的"I_S 调节"和"I_M 调节"旋钮均置零位，待开机数分

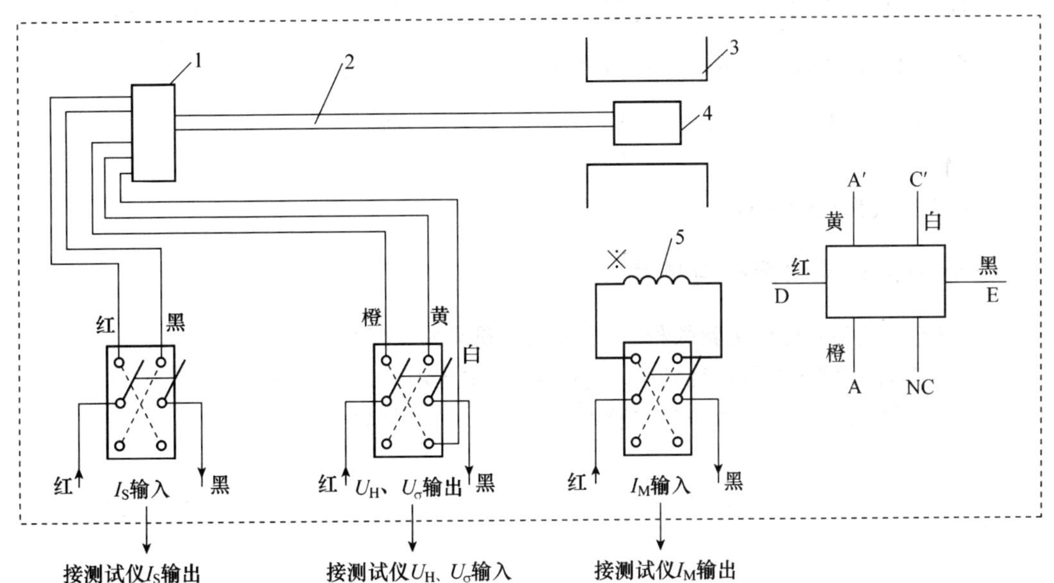

图 3-13-5 霍耳效应实验仪连线示意图

1. X、Y 调节 2. 样品架 3. 电磁铁 4. 样品 5. 励磁线圈

钟后若 V_H 显示不为零，可通过面板左下方小孔的“调零”电位器实现调零，即“0.00”。

(3)测绘 V_H-I_S 曲线。将实验仪的“V_H，V_σ”切换开关投向 V_H 侧，测试仪的“功能切换”置 V_H，保持 I_M 值不变（取 I_M=0.6 A），测绘 V_H-I_S 曲线。

(4)测绘 V_H-I_M 曲线。实验仪及测试仪各开关位置同上。保持半导体的电流 I_S 不变（取 I_S=3.00 mA），测绘 V_H-I_M 曲线。

(5)测量 V_σ 值。将切换开关“V_H，V_σ”投向 V_σ 侧，“功能切换”置 V_σ。在零磁场下，取 I_S=2.00 mA，测量 V_σ。需注意的是 I_S 取值不要过大，以免 V_σ 太大，毫伏表超量程（此时首位数码显示为 1，后三位数码熄灭）。

(6)确定样品的导电类型。将实验仪三组双刀开关均投向上方，即 I_S 沿 X 方向，B 沿 Z 方向。毫伏表测量电压为 $V_{AA'}$。取 I_S=2.00 mA，I_M=0.6 A，测量 V_H 大小及极性，判断样品导电类型。

(7)求样品 R_H，n，σ，μ 值。

四、预习思考题

1.霍耳元件为什么要采用半导体材料，而且要求做得很薄？霍耳电压是如何产生的？

2.工作电流和磁场为什么要换向？实际操作时如何实现？

3.回答 I_S、I_M、U_H、U_σ 分别表示什么含义？I_S、I_M 的作用分别是什么？

4.霍耳效应有哪些应用？

五、操作后思考题

1.如何精确测量霍耳电压？本实验采用什么方法消除各种附加电压？

2.磁场不恰好与霍耳片的法线一致，对测量结果有何影响？

3.能否用霍耳元件片测量交变磁场？若能，怎样测量？

4.如何根据 I，B 和 V_H 的方向，判断所测样品为 N 型半导体还是 P 型半导体？

5.请根据欧姆定律推导出 $\sigma=\frac{I_S L}{U_\sigma S}$（电导率 σ 为电阻率 ρ 的倒数）。

6.本实验的主要误差有哪些，这些误差对实验有何影响？

六、作业

请完成初级设计性实验 4-13。

D. 参考文献及阅读材料推荐

[1] 李学金. 大学物理实验教程. 2 版. 长沙：湖南大学出版社，2006.

[2] 习岗，杨初平. 大学物理实验. 2 版. 北京：中国农业出版社，2006.

[3] 王云才，李秀燕. 大学物理实验教程. 2 版. 北京：科学出版社，2003.

Chapter 4 第 4 章

初级设计性实验

Basic Design-based Experiment

实验 4-1 测量液体的黏滞系数随温度的变化关系

实验任务

用落球法测量液体的黏滞系数随温度的变化关系。

要求

1. 写出实验的原理与构思；
2. 列出所需要的仪器与物品；
3. 对实验中要采集的数据及其处理做出说明，并设计出相关的表格；
4. 写出主要的实验步骤；
5. 在开放实验时间，完成此实验；
6. 对实验结果进行误差分析；
7. 画出液体黏滞系数随温度变化关系；
8. 由实验的成功与不足之处，来分析实验的设计与前期准备的优点与存在的问题，并提出改进本实验的设想，讨论在设计实验时要注意的因素。

重要提示

1. 注意选择黏滞系数较大的液体，如机油、蓖麻油等。
2. 注意选择好温度的范围。

参考文献及阅读材料推荐

[1] 刘晓彬. 测量液体黏滞系数实验仪器的改进. 大学物理实验，2009,21(3).

[2] 饶黄云，刘悦. 用自制仪器精确测定变温液体的黏滞系数. 实验力学，2008,23(2).

[3] 王良科，李浩波，徐莎. 最小二乘法在液体黏滞系数实验中的应用. 大学物理实验，2007,20(2).

[4] 陈用，郑仲森. 液体黏滞系数测量方法的改进. 大学物理实验，2003,16(3).

[5] 习岗，李伟昌. 现代农业和生物学中的物理学. 北京：科学出版社，2002.

[6] 王庭兴,郭山河,文立军. 大学物理实验(上册,理工基础部分). 北京:高等教育出版社,2003.

[7] 吴锋,张昱. 大学物理实验教程. 北京:科学出版社,2008.

实验 4-2　复摆的等效摆长的测定

实验任务

测量给定复摆的等效长度。

要求

1. 写出实验的原理与构思;
2. 列出所需要的仪器与物品;
3. 对实验中要采集的数据及其处理做出说明,并设计出相关的表格;
4. 写出主要的实验步骤;
5. 在开放实验时间,完成此实验;
6. 对实验结果进行误差分析;
7. 讨论等效摆长的影响因素;
8. 由实验的成功与不足之处,来分析实验的设计与前期准备的优点与存在的问题,并提出改进本实验的设想,讨论在设计实验时要注意的因素。

重要提示

可利用测量刚体的转动惯量的实验方法,先测量摆的周期,然后得到摆的等效长度。

参考文献及阅读材料推荐

[1] 张天洋,王艳辉,曲光伟,等. 空气阻力对复摆振动周期的影响. 物理实验,2008,28(11).

[2] 张秀莲,林长. 复摆设计的实验探讨. 西北师范大学学报,1996,32(3).

[3] 代伟. 复摆实验装置研究. 实验技术与管理,2007,24(6).

[4] 袁昌盛,宋笔锋. 改进复摆法测量转动惯量的方法和设备研究. 中国机械工程,2006,17(6).

[5] 赵凯华,罗蔚茵. 力学. 北京:高等教育出版社,1995.

实验 4-3　测量蔗糖的表面张力系数与其浓度之间关系

实验任务

测量蔗糖的表面张力系数与其浓度之间关系。

要求

1. 写出实验的原理与构思;
2. 列出所需要的仪器与物品;
3. 对实验中要采集的数据及其处理做出说明,并设计出相关的表格;
4. 写出主要的实验步骤;

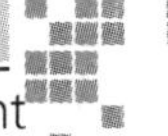

5. 在开放实验时间，完成此实验；

6. 对实验结果进行误差分析；

7. 画出蔗糖表面张力系数随器浓度变化的曲线；

8. 由实验的成功与不足之处，来分析实验的设计与前期准备的优点与存在的问题，并提出改进本实验的设想，讨论在设计实验时要注意的因素。

重要提示

注意设定好蔗糖浓度的变化范围。

参考文献及阅读材料推荐

[1] 任文辉，林智群，彭道林. 液体表面张力系数与温度浓度的关系. 湖南农业大学学报，2004，30(1).

[2] 庄其仁，龚冬梅，陶海敏，等. 液体表面张力激光快速测量法. 光学精密工程，2007，15(5).

[3] 习岗，李伟昌. 现代农业和生物学中的物理学. 北京：科学出版社，2002.

[4] 何希才. 传感器及其应用. 北京：国防工业出版社，2001.

[5] 赵继文，何玉彬. 传感器及应用电路设计. 北京：科学出版社，2002.

实验 4-4　简易万用表的组装

实验任务

组装一个简易万用表，使其能测量电流、电压。

要求

1. 写出组装的原理与构思；

2. 列出所需要的器件；

3. 列出所需要求的器件参数；

4. 写出主要的组装步骤；

5. 在开放实验时间，选取适当的器件进行组装；

6. 对组装好的万用表进行测试；

7. 由实验的成功与不足之处，来分析实验的设计与前期准备的优点与存在的问题，并提出改进本实验的设想，讨论在设计实验时要注意的因素。

重要提示

利用电阻的分压原理和分流原理。

参考文献及阅读材料推荐

[1] 王荣，慕小青. 微型语音数字万用表的设计技术. 中国仪器仪表，1997(4).

[2] 卢彬，吴勇，游宇，等. 基于 Blackfin DSP 的虚拟数字万用表设计与实现. 电子测量技术，2007，30(9).

[3] 杜恩祥，马春庭，王宝全. 语音万用表的设计与实现. 无线电通信技术，2001，27(4).

[4] 成正维. 大学物理实验. 北京：高等教育出版社，2002.

[5] 吴培生，孟贵华. 万用表入门. 北京：机械工业出版社，2004.

实验 4-5　声速的测定

实验任务

选择一种测量声速的方法后，利用相关设备（如声速测定仪）测定声速。

要求

1. 写出实验的原理与构思；
2. 列出所需要的仪器与物品；
3. 对实验中要采集的数据及其处理做出说明，并设计出相关的表格；
4. 写出主要的实验步骤；
5. 在开放实验时间，完成此实验；
6. 对实验结果进行误差分析；
7. 由实验的成功与不足之处，来分析实验的设计与前期准备的优点与存在的问题，并提出改进本实验的设想，讨论在设计实验时要注意的因素。

重要提示

注意选择好实验方法，用不同方法测量的结果应一致。

参考文献及阅读材料推荐

[1] 孙向辉，周国辉，刘金来，等. 关于空气中声速测量实验的讨论. 大学物理实验，2001，20(5).
[2] 郑庆华. 声速测量实验的探讨. 大学物理，2007，26(9).
[3] 陈洁，苏建新. 声速测量实验有关问题的研究. 物理实验，2008，28(6).
[4] 邓小玖，宋勇，高峰，等. 声速测量实验的研究及数值模拟. 物理与工程，2006，16 (2).
[5] 习岗，杨初平. 大学物理实验. 北京：中国农业出版社，2006.
[6] 杨俊才，何焰蓝. 大学物理实验. 北京：机械工业出版社，2004.
[7] 王殿文. 大学物理实验. 北京：北京邮电大学出版社，2008.

实验 4-6　双臂电桥的应用

实验任务

用双臂电桥测低值电阻。

要求

1. 写出实验的原理与构思；
2. 列出所需要的仪器与物品；
3. 对实验中要采集的数据及其处理做出说明，并设计出相关的表格；
4. 写出主要的实验步骤；
5. 在开放实验时间，完成此实验；
6. 对实验结果进行误差分析；

7. 由实验的成功与不足之处，来分析实验的设计与前期准备的优点与存在的问题，并提出改进本实验的设想，讨论在设计实验时要注意的因素。

重要提示

双臂电桥由惠斯登电桥改进而成，消除了附加电阻的影响，适用于 $10^{-5}\sim10^{2}\,\Omega$ 电阻的测量。

参考文献及阅读材料推荐

[1] 刁岗，杨初平. 大学物理实验. 北京：中国农业出版社，2006.
[2] 钟读敏，大学物理实验. 合肥：中国科学技术大学出版社，1995.
[3] 赵家凤. 大学物理实验. 北京：科学出版社，1999.

实验 4-7　用电位差计校准毫安表级别

实验任务

用电位差计校准毫安表级别。

要求

1. 写出实验的原理与构思；
2. 列出所需要的仪器与物品；
3. 对实验中要采集的数据及其处理做出说明，并设计出相关的表格；
4. 写出主要的实验步骤；
5. 在开放实验时间，完成此实验；
6. 对校准结果进行分析；
7. 由实验的成功与不足之处，来分析实验的设计与前期准备的优点与存在的问题，并提出改进本实验的设想，讨论在设计实验时要注意的因素。

重要提示

注意毫安表的量程。

参考文献及阅读材料推荐

[1] 张建国，魏国瑞，史彭. 电位差计校准毫伏表方法及电表级别标定的修正. 大学物理实验，2004，17(3).
[2] 钟读敏. 大学物理实验. 合肥：中国科学技术大学出版社，1995.
[3] 王庭兴，郭山河，文立军. 大学物理实验(上册，理工基础部分). 北京：高等教育出版社，2003.
[4] 杨俊才，何焰蓝，大学物理实验. 北京：机械工业出版社，2004.

实验 4-8　用示波器测绘铁磁材料的磁化曲线和磁滞回线

实验任务

用示波器测绘铁磁质的磁化曲线和磁滞回线。

要求

1. 写出实验的原理与构思；

2. 列出所需要的仪器与物品；

3. 对实验中要采集的数据及其处理做出说明，并设计出相关的表格；

4. 写出主要的实验步骤；

5. 在开放实验时间，完成此实验；

6. 对实验结果进行误差分析；

7. 画出铁磁质的磁化曲线和磁滞回线；

8. 由实验的成功与不足之处，来分析实验的设计与前期准备的优点与存在的问题，并提出改进本实验的设想，讨论在设计实验时要注意的因素。

重要提示

用不同频率的交流电所测的磁滞回线是不同的。

参考文献及阅读材料推荐

[1] 吴丽珠，洪远泉.用示波器测量铁磁物质的磁滞回线.韵关学院学报，2006，27(9).

[2] 王莹，陈东生.用示波器测交变磁场及真空磁导率.物理实验，2008，28(8).

[3] 宋秀花.测定磁滞回线的新方法.河南大学学报，1995，25(1).

[4] 钟读敏.大学物理实验.合肥：中国科学技术出版社，1995.

[5] 庭兴，郭山河，文立军.大学物理实验(上册，理工基础部分).北京：高等教育出版社，2003.

实验 4-9 圆线圈匝数的确定

实验任务

确定圆线圈匝数。

要求

1. 写出实验的原理与构思；

2. 列出所需要的仪器与物品；

3. 对实验中要采集的数据及其处理做出说明，并设计出相关的表格；

4. 写出主要的实验步骤；

5. 在开放实验时间，完成此实验；

6. 对实验结果进行误差分析；

7. 由实验的成功与不足之处，来分析实验的设计与前期准备的优点与存在的问题，并提出改进本实验的设想，讨论在设计实验时要注意的因素。

重要提示

可用集成霍耳传感器测量圆线圈的磁场后反过来推算匝数。

参考文献及阅读材料推荐

[1]刁岗，杨初平.大学物理实验.北京：中国农业出版社，2006.

[2]杨俊才，何焰蓝.大学物理实验.北京：机械工业出版社，2004.

实验 4-10　最小偏向角法测量棱镜的折射率

实验任务

用最小偏向角法测量棱镜的折射率。

要求

1. 写出实验的原理与构思；
2. 列出所需要的仪器与物品；
3. 对实验中要采集的数据及其处理做出说明，并设计出相关的表格；
4. 写出主要的实验步骤；
5. 在开放实验时间，完成此实验；
6. 对实验结果进行误差分析；
7. 由实验的成功与不足之处，来分析实验的设计与前期准备的优点与存在的问题，并提出改进本实验的设想，讨论在设计实验时要注意的因素。

重要提示

1. 注意棱镜在载物台的放置方法。
2. 折射定律定性确定最小偏向角的位置。

参考文献及阅读材料推荐

[1] 徐弼军. 分光计实验中最小偏向角测量方法的改进. 光学仪器，2006，28(1).
[2] 王雪冬，刘平，张俊武，等. 最小偏向角的测量修正. 大学物理，1997，16(2).
[3] 何颖卓，翟琛. 在玻璃棱镜折射率实验中测量最小偏向角方法的改进. 物理实验，2004，24(5).
[4] 习岗，杨初平. 大学物理实验. 北京：中国农业出版社，2006.
[5] 成正维. 大学物理实验. 北京：高等教育出版社，2002.
[6] 王殿文. 大学物理实验. 北京：北京邮电大学出版社，2008.

实验 4-11　用牛顿环测量钠光的波长

实验任务

用牛顿环测量钠光的波长。

要求

1. 写出实验的原理与构思；
2. 列出所需要的仪器与物品；
3. 对实验中要采集的数据及其处理做出说明，并设计出相关的表格；
4. 写出主要的实验步骤；
5. 在开放实验时间，完成此实验；
6. 对实验结果进行误差分析；
7. 由实验的成功与不足之处，来分析实验的设计与前期准备的优点与存在的问题，并提出改进本实验的设想，讨论在设计实验时要注意的因素。

重要提示

把牛顿环的曲率半径当作已知量，用牛顿环测量光波波长。

参考文献及阅读材料推荐

[1] 王建岭. 牛顿环实验误差的探讨. 大学物理实验，2009，22(1).

[2] 宋淑珍，张永利，王教方. 牛顿环中心暗斑大小对测量结果影响的研究. 大学物理实验，2006，19(3).

[3] 梁兵. 提高牛顿环可见度的实际措施. 广西物理，2003，24(1).

[4] 刁岗，杨初平. 大学物理实验. 北京：中国农业出版社，2006.

[5] 王殿文. 大学物理实验. 北京：北京邮电大学出版社，2008.

[6] 成正维. 大学物理实验. 北京：高等教育出版社，2002.

实验 4-12　物质旋光率的测定及磁致旋光特性研究

实验任务

测定物质旋光率，研究磁致旋光特性。

要求

1. 写出实验的原理与构思；
2. 列出所需要的仪器与物品；
3. 对实验中要采集的数据及其处理做出说明，并设计出相关的表格；
4. 写出主要的实验步骤；
5. 在开放实验时间，完成此实验；
6. 对实验结果进行误差分析；
7. 由实验的成功与不足之处，来分析实验的设计与前期准备的优点与存在的问题，并提出改进本实验的设想，讨论在设计实验时要注意的因素。

重要提示

由于人的眼睛对于微弱亮度变化比较敏感，故调节时要求选择暗场的零点。

参考文献及阅读材料推荐

[1] 姜宗福，杨丽佳. D_2-C_{76}旋光度的理论研究. 中国科学 A 辑，1996，26(2).

[2] 邵建新，李慧，邓淑娥，等. 旋光度测定实验方法的改进. 实验室研究与探索，2001，20(3).

[3] 黄海，卜胜利. 磁光玻璃磁致旋光效应的研究. 应用光学，2004，25(4).

[4] 王殿文. 大学物理实验. 北京：北京邮电大学出版社，2008.

[5] 石顺祥，张海兴，刘劲松. 物理光学与应用光学. 西安：西安电子科技大学出版社，2000.

[6] 刘松强，乐志强，沈德芳. 磁光学. 上海：上海科学技术出版社，2001.

实验 4-13　测绘霍耳系数与温度的关系

实验任务

测量并绘制霍耳系数与温度的关系。

要求

1. 写出实验的原理与构思；
2. 列出所需要的仪器与物品；
3. 对实验中要采集的数据及其处理做出说明，并设计出相关的表格；
4. 写出主要的实验步骤；
5. 在开放实验时间，完成此实验；
6. 对实验结果进行误差分析；
7. 画出霍耳系数与温度的关系；
8. 由实验的成功与不足之处，来分析实验的设计与前期准备的优点与存在的问题，并提出改进本实验的设想，讨论在设计实验时要注意的因素。

重要提示

1. 若用碲镉汞单晶样品，低温下是典型的 P 型半导体，而在室温下又是典型的 N 型半导体。
2. 测量的温度范围可选择在 80～320 K。

参考文献及阅读材料推荐

[1] 王爱芬. 霍耳效应测磁场的讨论. 大学物理实验，2005，18(2).
[2] 廖家欣，何兴. 霍耳效应及应用实验中霍耳电压计算公式的探讨. 实验技术，2004 (4).
[3] 习岗，杨初平. 大学物理实验. 北京：中国农业出版社，2006.
[4] 赵家凤. 大学物理实验. 北京：北京邮电大学出版社，2008.

Chapter 5 第5章 设计性实验

Design-based Experiment

实验 5-1 二极管伏安特性曲线的测绘

一、背景简介

1. 二极管的工作原理

晶体二极管为一个由 P 型半导体和 N 型半导体形成的 P-N 结，在其界面处两侧形成空间电荷层，并建有自建电场。当不存在外加电压时，由于 P-N 结两边载流子浓度差引起的扩散电流和自建电场引起的漂移电流相等而处于电平衡状态。当外界有正向电压偏置时，外界电场和自建电场的互相抑消作用使载流子的扩散电流增加引起了正向电流。当外界有反向电压偏置时，外界电场和自建电场进一步加强，形成在一定反向电压范围内与反向偏置电压值无关的反向饱和电流。当外加的反向电压高到一定程度时，P-N 结空间电荷层中的电场强度达到临界值产生载流子的倍增过程，产生大量电子空穴对，产生了数值很大的反向击穿电流，称为二极管的击穿现象。

2. 二极管的种类

二极管种类有很多，按照所用的半导体材料，可分为锗二极管(Ge 管)和硅二极管(Si 管)。根据其不同用途，可分为检波二极管、整流二极管、稳压二极管、开关二极管等。按照管芯结构，又可分为点接触型二极管、面接触型二极管及平面型二极管。点接触型二极管是用一根很细的金属丝压在光洁的半导体晶片表面，通以脉冲电流，使触丝一端与晶片牢固地烧结在一起，形成一个"P-N 结"。由于是点接触，只允许通过较小的电流(不超过几十毫安)，适用于高频小电流电路，如收音机的检波等。面接触型二极管的"P-N 结"面积较大，允许通过较大的电流(几安到几十安)，主要用于把交流电变换成直流电的"整流"电路中。平面型二极管是一种特制的硅二极管，它不仅能通过较大的电流，而且性能稳定可靠，多用于开关、脉冲及高频电路中。

二、实验任务

1. 依据二极管非线性电阻元件的特点，选择实验方案，设计合适的检测电路，选择配套

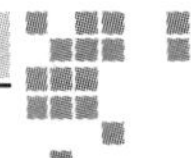

的仪器，测绘出二极管元件的伏安特性曲线。

2.写出完整的实验报告。

三、实验要求

1.写出实验的原理与构思；

2.列出所需要的仪器与物品；

3.对实验中要采集的数据及其处理做出说明，并设计出相关的表格；

4.写出主要的实验步骤；

5.完成此实验；

6.对实验结果进行误差分析；

7.画出相关的曲线、列出图表等；

8.由实验的成功与不足之处，来分析实验的设计与前期准备的优点与存在的问题，并提出改进本实验的设想，讨论在设计实验时要注意的因素。

四、重要提示

1.实验原理提示

对二极管施加正向偏置电压时，则二极管中就有正向电流通过（多数载流子导电），随着正向偏置电压的增加，开始时，电流随电压变化很缓慢，而当正向偏置电压增至接近二极管导通电压时（锗管为 0.2 V 左右，硅管为 0.7 V 左右），电流急剧增加，二极管导通后，电压的少许变化，电流的变化都很大。

对上述二种器件施加反向偏置电压时，二极管处于截止状态，其反向电压增加至该二极管的击穿电压时，电流猛增，二极管被击穿，在二极管使用中应竭力避免出现击穿观察，这很容易造成二极管的永久性损坏。所以在做二极管反向特性时，应串联接入限流电阻，以防因反向电流过大而损坏二极管。

二极管伏安特性示意图见图 5-1-1 和图 5-1-2。

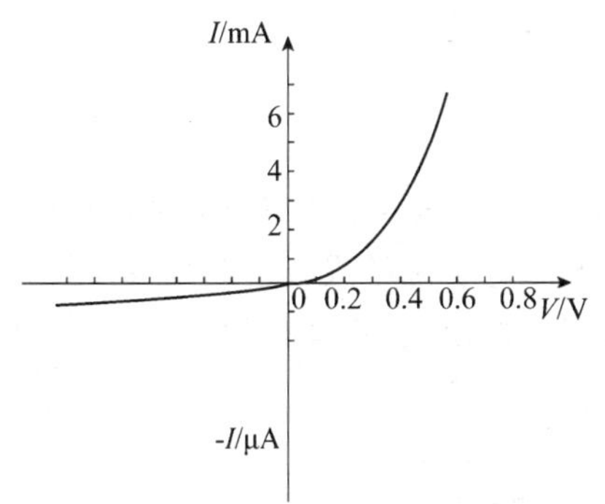

图 5-1-1　锗二极管伏安特性示意图

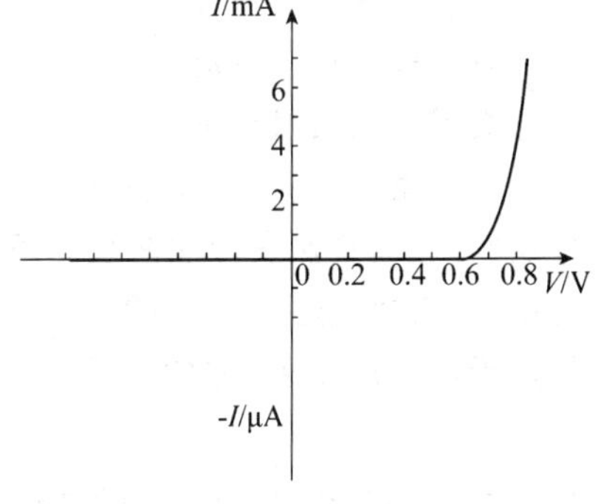

图 5-1-2　硅二极管伏安特性示意图

2.实验仪器提示

直流稳压电源、直流电流表、直流微安表（500 μA）、万用表、电阻箱、滑线电阻、单刀开关、导线、待测二极管等。

3.实验步骤提示

（1）反向特性测试电路。二极管的反向电阻值很大，采用电流表内接测试电路可以减少测量误差。测试电路见图 5-1-3,变阻器设置 700 Ω。

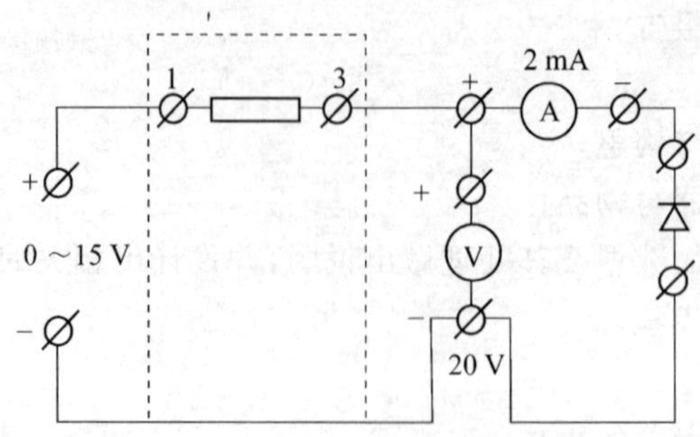

图 5-1-3　二极管反向特性测试电路

(2)正向特性测试电路。二极管在正向导通时,呈现的电阻值较小,拟采用电流表外接测试电路,如图 5-1-4 所示。电源电压在 0~10 V 内调节,变阻器开始设置 700 Ω,调节电源电压,以得到所需电流值。

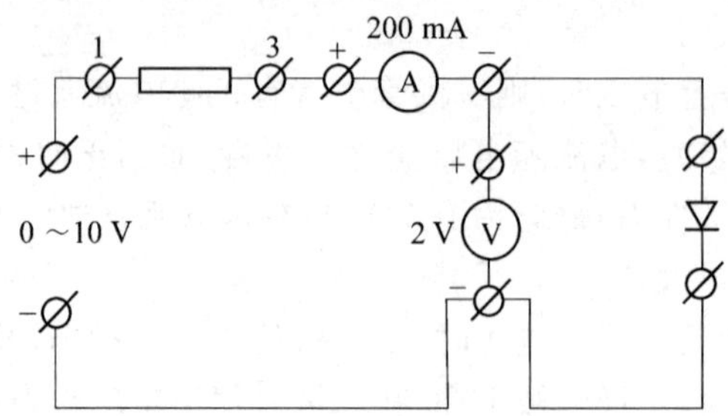

图 5-1-4　二极管正向特性测试电路

4. 实验注意事项

(1)电阻修正值按电流表外接修正公式计算所得。

(2)测定二极管的伏安特性时,必须弄清其使用参数,以防损坏。

(3)实验时二极管正向电流不得超过 20 mA。

五、参考文献及阅读材料推荐

[1]肖景魁,张丽. 二极管伏安特性曲线测试技术探讨. 沈阳教育学院学报,2007,9(2).

[2]连汉丽. 二极管伏安特性曲线的理论分析. 西安邮电学院学报,2008,13(5).

[3]王小云,何捷. 探索用示波器显示二极管的伏安特性曲线. 物理教师, 2008,29(1).

[4]徐扬子,丁益民. 大学物理实验. 北京:科学出版社,2006.

实验 5-2　非平衡电桥测量热敏电阻的温度系数

一、背景简介

1. 什么是热敏电阻

热敏电阻是对温度敏感的半导体元件,主要特征是随着外界环境温度的变化,其阻值会相应发生较大改变。电阻值对温度的依赖关系称为阻温特性。热敏电阻根据温度系数分为两类:正温度系数热敏电阻和负温度系数热敏电阻。由于特性上的区别,应用场合互不相同。

正温度系数热敏电阻简称PTC(Positive Temperature Coefficient),超过一定的温度(居里温度,是指材料可以在铁磁体和顺磁体之间改变的温度。低于居里温度时该物质成为铁磁体,此时和材料有关的磁场很难改变。当温度高于居里温度时,该物质成为顺磁体,磁体的磁场很容易随周围磁场的改变而改变。这时的磁敏感度约为10^{-6})时,它的电阻值随着温度的升高呈阶跃性的增高。其原理是在陶瓷材料中引入微量稀土元素,如La、Nb,可使其电阻率下降到10 Ω·cm以下,成为良好的半导体陶瓷材料。这种材料具有很大的正电阻温度系数,在居里温度以上几十度的温度范围内,其电阻率可增大4～10个数量级,即产生所谓PTC效应。

目前大量被使用的PTC热敏电阻种类:恒温加热用PTC热敏电阻;低电压加热用PTC热敏电阻;空气加热用PTC热敏电阻;过电流保护用PTC热敏电阻;过热保护用PTC热敏电阻;温度传感用PTC热敏电阻;延时启动用PTC热敏电阻。

负温度系数热敏电阻简称NTC(Negative Temperature Coefficient),它的阻值是随着温度的升高而下降的。主要是以锰、钴、镍和铜等金属氧化物为主要材料,采用陶瓷工艺制造而成的。这些金属氧化物材料都具有半导体性质,因为在导电方式上完全类似锗、硅等半导体材料。NTC热敏电阻器温度系数为2%～6.5%,可广泛应用于温度测量、温度补偿、抑制浪涌电流等场合。

2. 非平衡电桥的应用

非平衡电桥往往和一些传感元件配合使用。某些传感元件受外界环境(压力、温度、光强等)变化引起其内阻的变化,通过非平衡电桥可将阻值转化为电流输出,从而达到观察、测量和控制环境变化的目的。

二、实验任务

1. 设计用非平衡电桥研究热敏电阻特性的实验方法,并求出具体热敏电阻的特性参数和温度系数。

2. 写出完整的实验报告。

三、实验要求

1. 写出实验的原理与构思;
2. 列出所需要的仪器与物品;
3. 对实验中要采集的数据及其处理做出说明,并设计出相关的表格;
4. 写出主要的实验步骤;
5. 完成此实验;
6. 对实验结果进行误差分析;
7. 画出相关的曲线、列出图表等;
8. 由实验的成功与不足之处,来分析实验的设计与前期准备的优点与存在的问题,并提出改进本实验的设想,讨论在设计实验时要注意的因素。

四、重要提示

1. 实验原理提示

(1)在电桥平衡时,桥路中的电流$I_g=0$(图5-2-1),桥臂电阻之间存在如下关系:

$$R_1/R_2=R_x/R_3$$

如果被测电阻的阻值 R_x 发生改变而其他参数不变，将导致 $I_g \neq 0$，I_g 是 R_x 的函数。因此，可以通过 I_g 的大小来反映 R_x 的变化。这种电桥称为非平衡电桥，它在温度计、应变片、固体压力计等的测量电路中有广泛应用。

(2)热敏电阻是用半导体材料制成的非线性电阻，其特点是电阻对温度变化非常灵敏。与绝大多数金属电阻率随温度升高而缓慢增大的情况完全不同，半导体热敏电阻随温度升高，电阻率很快减少。在一定温度范围内，热敏电阻的阻值 R_t 可表示为：

$$R_t = a\exp(b/T)$$

式中 T 为热力学温度，a、b 为常量，其值与材料性质有关。

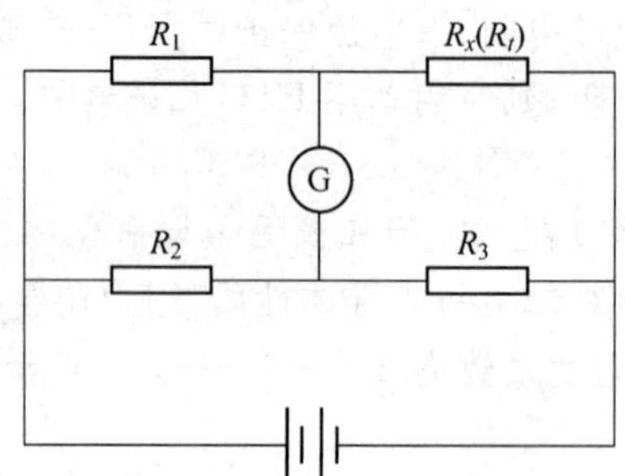

图 5-2-1　非平衡电桥电路图

热敏电阻的电阻温度系数 α 定义为：

$$\alpha = \frac{\mathrm{d}R_t}{R_t \mathrm{d}T} = -\frac{b}{T^2}$$

2. 实验仪器提示

热敏电阻、数字万用表、ZX-21 型电阻箱、滑线变阻器、固定电阻器、水浴锅、温度计、直流稳压电源等。

3. 实验步骤提示

(1)热敏温度计定标：①如图 5-2-1 连接线路(接线时不要打开电源)，其中 R_x 为热敏电阻，R_3 为实验中给出的总阻值为 1 750 Ω 的滑动变阻器。将 R_x 置于水浴锅中，注意不能接触水浴锅的壁和底。②调节 R_1 为 1 000 Ω，R_2 为 100 Ω，R_3 大约处于 1 500 Ω 的位置，打开直流稳压电源，调节电源电压为 2 V，数字万用表置于 2 mA 挡(先不要打开水浴锅电源)。③从 $I_g=0$ 时开始测量。调节 $I_g=0$ 后，先将水浴锅设于“测温”，再打开水浴锅电源，马上记录下此时温度显示值 t。④将水浴锅设于“设定”，旋转“温度设定”旋钮至 90℃，水浴锅开始对热敏电阻加热。记录 10 组不同温度 t 下的 I_g，每隔 5℃测一次，得到热敏电阻的定标曲线 t-I_g

(2)利用已记录的 I_g，把热敏电阻换成电阻箱，通过调节电阻箱的阻值，使数字万用表显示相应的 I_g，从而测出对应的 R_t，得到 R_t-t 曲线，并根据数据组(R_t，T)，对 $R_t = a\exp(b/T)$ 进行变量变换，变成表达式 $Y = A + BX$ 形式，利用最小二乘法拟合得到具体热敏电阻的特性参数 a、b。

(3)由求得的 B，计算相应温度下的热敏电阻的温度系数。

五、参考文献及阅读材料推荐

[1] 李庆春,刘俊刁,何婉芬,等.非平衡电桥特性的研究.惠州学院学报(自然科学版),2008,28(6).

[2] 王丽香,吕春,王吉有.用非平衡电桥原理制作铜电阻热敏温度计.大学物理实验,2007,20(2).

实验 5-3 偏振光通过检偏器后光强度变化规律的研究

一、背景简介

1. 偏振光

一般光源所发出的光,其电矢量的振动方向可以取与传播方向垂直的任何方向,且各个方向的振幅是相等的(即对称分布)。这种振动对称分布的光为自然光。如果自然光经过媒质的反射、折射或吸收后,其振动状态发生改变,在某一方向上光的振动有了相对的优势。光的这种振动取向作用称为偏振。偏振是横波最重要的特征之一。我们将这种具有取向作用的光统称为偏振光。若光波电矢量振动在传播过程中只局限在某一确定的平面内,称为平面偏振光(或线偏振光、完全偏振光);若振动只是在某一确定的方向上占有相对优势,则称为部分偏振光;若电矢量振动随时间作有规则的改变,即电矢量端点的轨迹呈圆或椭圆,这样的偏振光称为圆偏振光或椭圆偏振光。

2. 偏振片

某些物质(例如硫酸金鸡钠碱)能吸收某一方向的光振动,而只让与这个方向垂直的光振动通过,这种性质称为二向性。把具有二向色性的材料涂敷于透明薄片上,就成为偏振片。

3. 检偏器

用来检验偏振光的装置或器件,称为检偏器。实际上,起偏器同样可用作检偏器。

二、实验任务

1. 测量偏振光通过检偏器后光强度变化的规律。

2. 给出完整的实验报告。

三、实验要求

1. 写出实验的原理与构思;

2. 列出所需要的仪器与物品;

3. 对实验中要采集的数据及其处理做出说明,并设计出相关的表格;

4. 写出主要的实验步骤;

5. 完成此实验;

6. 对实验结果进行误差分析;

7. 画出相关的曲线、列出图表等;

8. 由实验的成功与不足之处,来分析实验的设计与前期准备的优点与存在的问题,并提出改进本实验的设想,讨论在设计实验时要注意的因素。

四、重要提示

1. 实验仪器提示

偏振光演示仪用作演示光线偏振的各种现象。如反射引起的偏振、折射引起的偏振、双折射引起的偏振、偏振状态、偏振光干涉、光测弹性及旋光偏振等。演示仪由箱体、工作面板及箱盖几部分组成。工作面板上装有导轨、投影屏插座、照明灯插座;箱体内装有照明灯、投影屏、变压器、旋光盒(架)、双折射棱镜(架)、波片(架)、聚光镜(架)、偏振片(架)、反光镜(架)、玻璃堆(架)、光测弹性(架)、波片(盒)、光阑接筒、旋光盒等部件。

2. 获得偏振光的常用方法及起偏主要元件

将自然光变为偏振光,有下面几种常用的方法:

(1)反射起偏(或透射起偏),如玻璃片堆;

(2)晶体起偏(双折射引起的偏振),如尼科耳棱镜;

(3)偏振片起偏,如聚乙烯醇胶膜偏振片。

3. 偏振光的检测

按照马吕斯定律,强度为 I_0 的偏振光通过检偏器后,透射光的强度为:

$$I=I_0\cos^2\theta$$

式中 θ 为入射光偏振方向与检偏器偏振轴之间的夹角。

显然,当以光线传播方向为轴,转动检偏器时,透射光强度 I 将发生周期性变化。当 $\theta=0°$ 时,透射光强度最大;当 $\theta=90°$ 时,透射光强度为极小值(消光状态),接近于全暗;当 $0°<\theta<90°$ 时,透射光强介于最大值和最小值之间。

五、参考文献及阅读材料推荐

[1] 马文蔚. 物理学教程(下册). 北京:高等教育出版社,2002.

[2] 刁岗,杨初平. 大学物理实验. 2 版. 北京:中国农业出版社,2006.

[3] 傅思镜,全志义. 二向色性与彩色偏振片制作研究. 物理实验, 1987(1).

[4] 王永钤,蔡履中. 用实际偏振片检测光的偏振态. 物理实验, 2000(8).

实验 5-4 RLC 振荡电路的周期特性的研究

一、背景简介

电阻、电容和电感是最常见、最基本,也是使用最广泛的电子元件。电阻、电容、电感与晶体管、集成电路等电子元器件组合,可以构成不同电路,实现多种功能。所有的电子仪器设备、通讯器材、家用电器等,其电路无一不是从最基本的 R、L、C 组合开始,直到实现复杂的功能。

电容、电感元件在交流电路中的阻抗是随着电源频率的改变而变化的。将正弦交流电压加到电阻、电容和电感组成的电路中时,各元件上的电压及相位会随着变化,这称作电路的稳态特性。电压由一个值跳变到另一个值时称为"阶跃电压",如图 5-4-1 所示。将一个阶跃电压加到 RLC 元件组成的电路中时,电路的状态会由一个平衡态转变到另一个平衡态,各元件上的电压会出现有规律的变化,这称为电路的暂态特性。

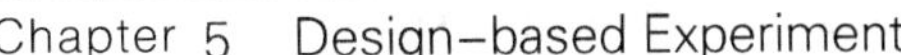
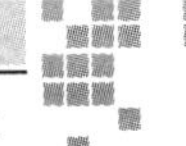

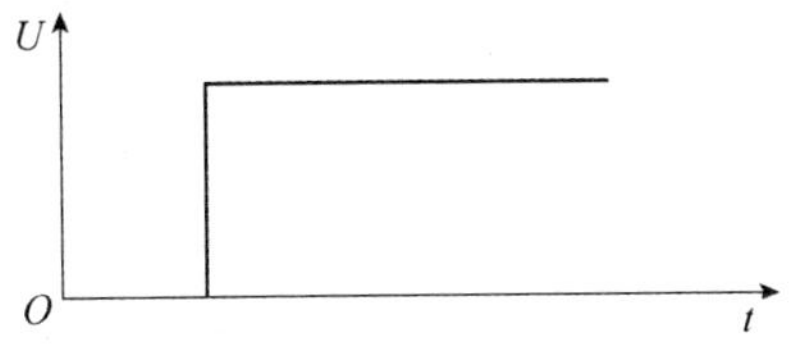

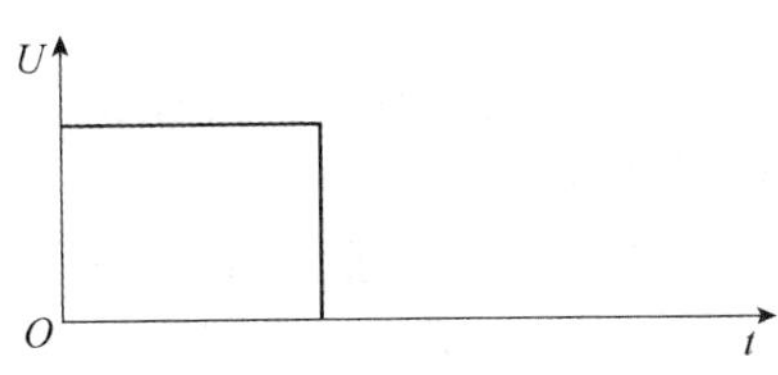

图 5-4-1

RLC 电路的暂态特性在实际工作中十分重要，例如在脉冲电路中经常遇到元件的开关特性和电容充放电的问题；在电子技术中常利用暂态特性来改善波形。暂态过程研究牵涉到物理学的许多领域，在电子技术中的电路分析、信号系统中也得到广泛的应用。

二、实验任务

1. 用存储示波器观测暂态过程。

2. 给出完整的实验报告。

三、实验要求

1. 写出实验的原理与构思；

2. 列出所需要的仪器与物品；

3. 对实验中要采集的数据及其处理做出说明，并设计出相关的表格；

4. 写出主要的实验步骤；

5. 完成此实验；

6. 对实验结果进行误差分析；

7. 画出相关的曲线、列出图表等；

8. 由实验的成功与不足之处，来分析实验的设计与前期准备的优点与存在的问题，并提出改进本实验的设想，讨论在设计实验时要注意的因素。

四、重要提示

RLC 串联电路不同的参量(R,L,C)组合，可形成过阻尼、欠阻尼、临界阻尼三种状态，选择合适的方波电压输入，处于输出端的示波器将显示不同的波形。

若要明显地观察到三种阻尼状态，必须要根据实验样品的电容量 C 和电感量 L 计算出相应的弱阻尼振荡周期 T' 及准备在 T_K(或 T)内所观察到的振荡次数 n(或 N)来选取方波频率 f，即

$$f=\frac{1}{2T_K}=\frac{1}{2nT'}$$

(1)弱阻尼振荡时间常数 τ 可通过以下途径测得。当电路处于弱阻尼振荡时，其周期的振幅是随时间作指数函数衰减的(即 $A=Ee^{-t/\tau}$)，根据这一原理，我们可以从示波器荧光屏上读出对应于第一个周期的振幅所占有的格数 A_1 和相隔 n 个周期的振幅所占有的格数 A_{n+1}，此时

$$\frac{A_1}{A_{n+1}}=\frac{e^{-\frac{T'}{\tau}}}{e^{-\frac{(n+1)T'}{\tau}}}=e^nT'/\tau$$

对上式两边取对数后，经整理得

$$\tau=\frac{nT'}{\ln\left(\frac{A_1}{A_{n+1}}\right)}$$

(2)在测定临界阻尼电阻 R 时，要注意此电阻值不只是电阻箱的阻值，还应包括电感的直流电阻值和波形发生器的直流内阻。

五、参考文献及阅读材料推荐

[1] 谢行恕，康士秀，霍剑青. 大学物理实验. 北京：高等教育出版社，2001.
[2] 杨述武等. 普通物理实验. 北京：高等教育出版社，2002.

实验 5-5　用迈克尔逊干涉仪测量光波的波长

一、背景简介

迈克尔逊干涉仪是美国物理学家迈克尔逊和莫雷为进行“以太漂移实验”于 1883 年创制的。在光的电磁理论与爱因斯坦相对论形成之前，大多数物理学家相信光波在一种称为“以太”的物质中传播，这种物质充满整个宇宙空间。迈克尔逊和莫雷试图用迈克尔逊干涉仪测量出地球相对于以太的运动。他们预计这种相对运动会导致将仪器旋转 90°后能观察到 4/10 个条纹的移动，实际观察到的结果是少于 1/100。这个结果令迈克尔逊感到十分失望，但他们因此却创制了一个精密度达四亿分之一米的测长仪器并运用这套仪器转向长度的测量工作。1907 年，迈克尔逊由于在“精密光学仪器和用这些仪器进行光谱学的基本量度”的研究工作而荣获诺贝尔物理学奖。

直到爱因斯坦于 1905 年提出了相对论，指出光速不变，即真空中光波相对于所有惯性参考系的速度都是相同的值 C，假想的以太概念被彻底地抛弃。迈克尔逊-莫雷所得的否定结果给相对论以很大的实验支持。它因此被称作历史上最有意义的“否定结果”实验（“ negative-result ” experiment ）。

二、实验任务

1. 用迈克尔逊干涉仪测定 He-Ne 激光的波长。
2. 给出完整的实验报告。

三、实验要求

1. 写出实验的原理与构思；
2. 列出所需要的仪器与物品；
3. 对实验中要采集的数据及其处理做出说明，并设计出相关的表格；
4. 写出主要的实验步骤；
5. 完成此实验；
6. 对实验结果进行误差分析；
7. 画出相关的曲线、列出图表等；
8. 由实验的成功与不足之处，来分析实验的设计与前期准备的优点与存在的问题，并提出改进本实验的设想，讨论在设计实验时要注意的因素。

四、重要提示

1. 实验仪器提示

迈克尔逊干涉仪、He-Ne 激光。

2. 实验原理提示

迈克尔逊干涉仪光路如图 5-5-1 所示。当 M_1 和 M_2' 严格平行时，所得的干涉为等倾干涉。所有倾角为 i 的入射光束，由 M_1 和 M_2' 反射光线的光程差 Δ 均为 $2d\cos i$，式中 i 为光线在 M_1 镜面的入射角，d 为空气薄膜的厚度，它们将处于同一级干涉条纹，并定位于无限远。这时，在图 5-5-1 中 E 处，放一会聚透镜，在其共焦平面上，便可观察到一组明暗相间的同心圆纹。

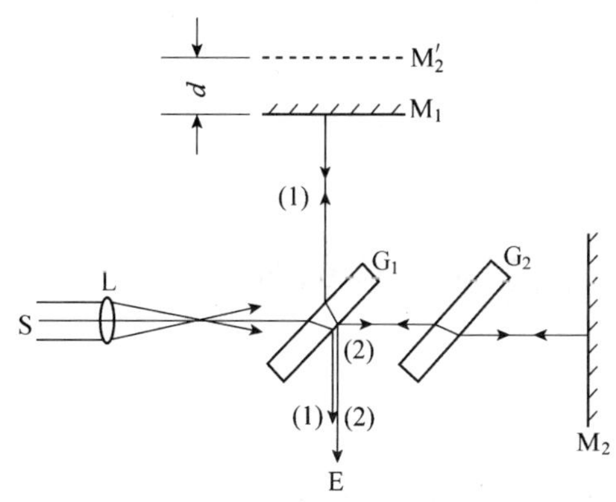

图 5-5-1 迈克尔逊干涉仪光路

干涉条纹的级次以中心为最高，在干涉纹中心，因为 $i=0$，由圆环中心出现亮点的条件是 $\Delta=2d=k\lambda$，得圆心处干涉条纹的级次 $k=\dfrac{2d}{\lambda}$。当 M_1 和 M_2' 的间距 d 逐渐增大时，对于任一级干涉条纹，例如第 k 级，必定以减少其 $\cos i_k$ 的值来满足 $2d\cos i_k=k\lambda$，故该干涉条纹向 i_k 变大（$\cos i_k$ 变小）的方向移动，即向外扩展。这时，观察者将看到条纹好像从中心向外“涌出”；且每当间距 d 增加$\dfrac{\lambda}{2}$时，就有一个条纹涌出。反之，当间距由大逐渐变小时，最靠近中心的条纹将一个个“陷入”中心，且每陷入一个条纹，间距的改变亦为$\dfrac{\lambda}{2}$。

因此，只要数出涌出或陷入的条纹数，即可得到平面镜 M_1 以波长 λ 为单位而移动的距离。显然，若有 N 个条纹从中心涌出时，则表明 M_1 相对于 M_2'移远了 $\Delta d=N\dfrac{\lambda}{2}$。反之，若有 N 个条纹陷入时，则表明 M_1 向 M_2'移近了同样的距离。根据 $\Delta d=N\dfrac{\lambda}{2}$，已知 M_1 移动的距离和干涉条纹变动的数目，便可确定光波的波长。

3. 实验步骤提示

（1）仪器设计成微动鼓轮转动时可带动粗动手轮转动，但粗动手轮转动不能带动微动鼓轮转动（它只带动 M_1 镜运动），为防止粗动手轮与微动鼓轮读数不一致而无法读数或读错数的情况出现（如粗动轮指整刻度处，而微动轮不指在零刻度处），在读数前应先调整零点。方法如下：将微动轮沿某一方向（例如顺时针方向）旋转至零，然后以同方向转动粗动轮使之对齐某一刻度。之后测量过程中只能仍以同方向转动微动轮，使 M_1 镜移动，不得再转动粗动轮，这样才能使微动轮与粗动轮二者读数相互吻合。

（2）为了使测量结果正确，必须避免引入空程误差，也就是说，在调整好零点以后，应将微动轮按原方向转几圈，直到干涉条纹开始移动以后，才可开始读数测量。为了消除空程误差，调节中，粗调手轮和微调鼓轮要向同一方向转动；测量读数时，微调鼓轮也要向一个方向转动，中途不得倒转。这里所谓"同一方向"，是指始终顺时针，或始终逆时针旋转。

(3)用逐差法进行数据处理，表格自拟。

五、参考文献及阅读材料推荐

[1] 郭立群，赵英．迈克尔逊干涉仪实验中的三个问题．大学物理实验，2002，(2)：40-41．

[2] 任红，李建设，陈兴，等．从以太假说到爱因斯坦相对论．合肥工业大学学报(社会科学版)，2005，(6)：87-89．

实验 5-6　掠入射法测量棱镜的折射率

一、背景简介

折射率是物质的重要特性参数，也是光学材料品质的主要指标之一。测量折射率的方法很多，有最小偏向角法、自准直法、掠入射法等。

1．绝对折射率

光从真空射入介质发生折射时，入射角 i 与折射角 r 的正弦之比 n 叫做介质的绝对折射率，简称折射率。它表示光在介质中传播时，介质对光的一种特征。由于光在真空中传播的速度最大，故其他媒质的折射率都大于1。同一媒质对不同波长的光，具有不同的折射率；在对可见光为透明的媒质内，折射率常随波长的减小而增大，即红光的折射率最小，紫光的折射率最大。

2．相对折射率

光从介质1射入介质2发生折射时，入射角 θ_1 与折射角 θ_2 的正弦之比 n_{21} 叫做介质2相对介质1的折射率，即相对折射率。因此，绝对折射率可以看作介质相对真空的折射率。它是表示在两种(各向同性)介质中光速比值的物理量。

二、实验任务

1．掠入射法测定棱镜的折射率。

2．给出完整的实验报告。

三、实验要求

1．写出实验的原理与构思；

2．列出所需要的仪器与物品；

3．对实验中要采集的数据及其处理做出说明，并设计出相关的表格；

4．写出主要的实验步骤；

5．完成此实验；

6．对实验结果进行误差分析；

7．画出相关的曲线、列出图表等；

8．由实验的成功与不足之处，来分析实验的设计与前期准备的优点与存在的问题，并提出改进本实验的设想，讨论在设计实验时要注意的因素。

四、重要提示

1. 实验原理提示

如图 5-6-1 所示为掠入射法。用单色扩展光源照射到棱镜 AB 面上，使扩展光源以约 90°角掠入射到棱镜上。当扩展光源从各个方向射向 AB 面时，以 90°入射的光线的内折射角最大，为 $i_{2\max}$，其余入射角小于 90°的，折射角必小于 $i_{2\max}$，出射角必大于 $i'_{1\min}$，而大于 90°的入射光不能进入棱镜。这样，在 AC 侧面观察时，将出现半明半暗的视场。明暗视场的交线就是入射角 $i_1=90°$的光线的出射方向。可以证明

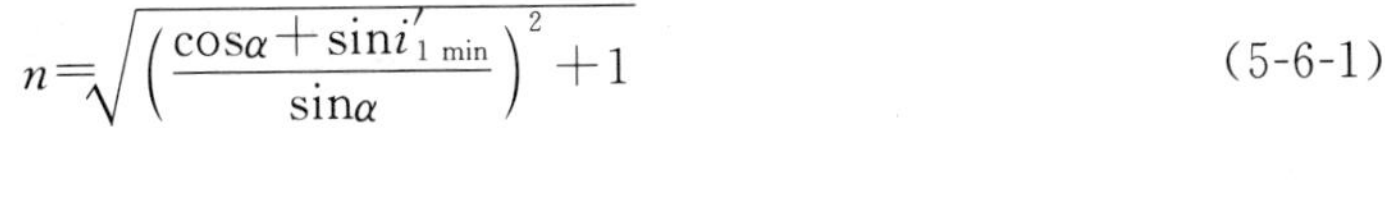

$$n=\sqrt{\left(\frac{\cos\alpha+\sin i'_{1\min}}{\sin\alpha}\right)^2+1} \tag{5-6-1}$$

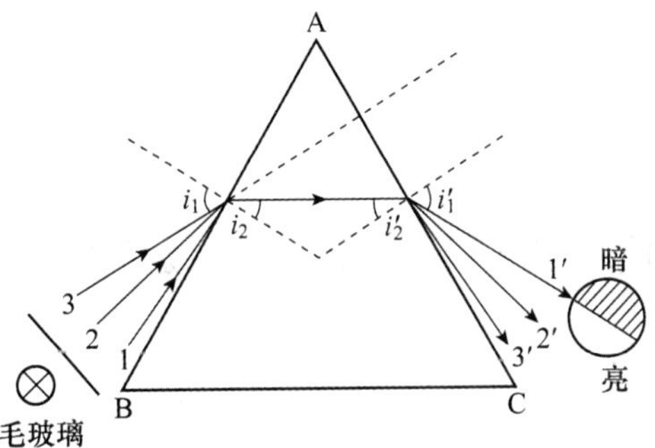

图 5-6-1 掠入射法

2. 实验仪器提示

分光计、钠光灯(波长 $\lambda_0=589.3$ nm)、棱镜、毛玻璃。

3. 实验步骤提示

(1)由于扩展光源辐射进棱镜的入射角度具有一定的范围，因此在 AC 出射面观察出射光时，可看到入射角满足 $i_{1\min}<i_1<90°$的入射光线产生的各种方向的出射光形成一个亮区，存在两条明暗交界线。合理摆放钠光灯光源与棱镜入射面的位置，在望远镜中找出这个亮区。

(2)旋转载物台，使入射到棱镜入射面的光线越来越少，当光源只有入射角约 90°的入射光线射入棱镜，望远镜中观察到的视场将由亮区慢慢收窄成为一条清晰的细亮线，此时的亮线就是入射角 $i_1=90°$的光线的出射方向。记录此时亮线的角度 $i_{1\min}$。

(3)测量棱镜的顶角 α，计算棱镜折射率。

五、参考文献及阅读材料推荐

[1] 谭穗妍，劳媚媚，杨小红，等. 掠入射法测量棱镜折射率的改进方案. 中山大学学报论丛，2006，26(5).

[2] 谭穗妍，李海，刘岩，等. 采用线光源的掠入射法测量棱镜折射率的方案. 实验技术与管理，2007，24(12).

Chapter 6 第 6 章

综合性实验

Comprehensive Experiment

实验 6-1　霍耳位置传感器的定标和杨氏模量的测定

A. 相关知识简介

一、霍耳效应

霍耳效应的原理和应用参看实验 3-13。

二、杨氏模量

固体、液体及气体在受外力作用时，形状与体积会发生或大或小的改变，这统称为形变。当外力不太大，因而引起的形变也不太大时，撤掉外力，形变就会消失，这种形变称之为弹性形变。弹性形变分为长变、切变和体变三种。

一段固体棒，在其两端沿轴方向施加大小相等、方向相反的外力 F，其长度 L 发生改变 Δl，以 S 表示横截面面积，称$\frac{F}{S}$为应力，相对长变$\frac{\Delta l}{L}$为应变，在弹性限度内，根据胡克定律有

$$\frac{F}{S}=Y\cdot\frac{\Delta l}{L}$$

式中 Y 称为杨氏模量，其数值与材料性质有关。

如图 6-1-1 所示，在横梁发生微小弯曲时，梁中存在一个中性面，面上部分发生压缩，面下部分发生拉伸，所以整体说来，可以理解横梁发生长变，即可以用杨氏模量来描写材料的性质。

如图 6-1-1 所示，虚线表示弯曲梁的中性面，易知其既不拉伸也不压缩，取弯曲梁长为 $\mathrm{d}x$ 的一小段，设其曲率半径为 $R(x)$，所对应的张角为 $\mathrm{d}\theta$，再取中性面上部距为 y 厚为 $\mathrm{d}y$ 的一层面为研究对象，那么，梁弯曲后其长度变为 $[R(x)-y]\cdot\mathrm{d}\theta$，所以，变化量为

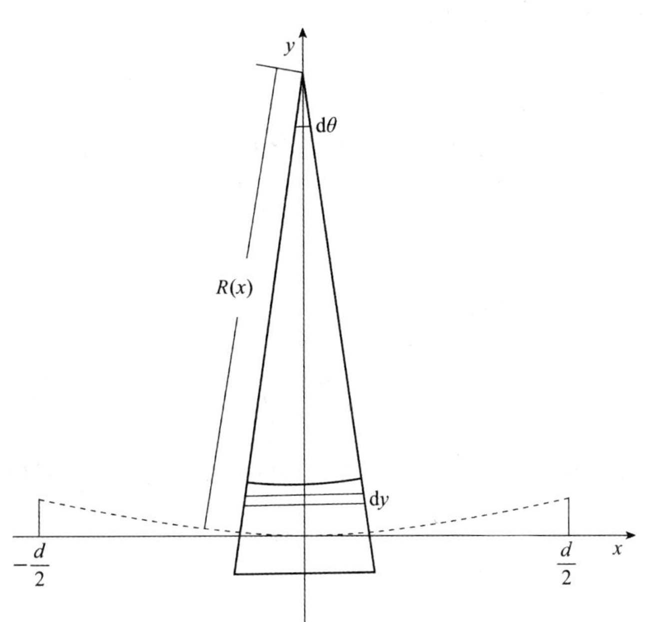

图 6-1-1 推导杨氏模量示意图

$$[R(x)-y]\cdot \mathrm{d}\theta-\mathrm{d}x \qquad (6\text{-}1\text{-}1)$$

把 $\mathrm{d}\theta=\dfrac{\mathrm{d}x}{R(x)}$代入式(6-1-1)得

$$[R(x)-y]\cdot \mathrm{d}\theta-\mathrm{d}x=-\frac{y}{R(x)}\mathrm{d}x \qquad (6\text{-}1\text{-}2)$$

由式 (6-1-2)的右边可知应变为

$$\varepsilon=-\frac{y}{R(x)}$$

根据胡克定律有

$$\frac{\mathrm{d}F}{\mathrm{d}S}=-Y\frac{y}{R(x)}$$

再考虑到 $\mathrm{d}S=b\cdot\mathrm{d}y$,则

$$\mathrm{d}F(x)=-\frac{Y\cdot b\cdot y}{R(x)}\mathrm{d}y \qquad (6\text{-}1\text{-}3)$$

对中性面的转矩为

$$\mathrm{d}\mu(x)=|\mathrm{d}F|\cdot y=\frac{Y\cdot b}{R(x)}y^2\cdot\mathrm{d}y \qquad (6\text{-}1\text{-}4)$$

积分得总转矩

$$\mu(x)=\int_{-\frac{a}{2}}^{\frac{a}{2}}\frac{Y\cdot b}{R(x)}y^2\cdot\mathrm{d}y=\frac{Y\cdot b\cdot a^3}{12\cdot R(x)} \qquad (6\text{-}1\text{-}5)$$

对梁上各点有

$$\frac{1}{R(x)}=\frac{y''(x)}{[1+y'(x)^2]^{\frac{3}{2}}}$$

因梁的弯曲微小，有 $y'(x)=0$；所以有

$$R(x)=\frac{1}{y''(x)} \tag{6-1-6}$$

横梁平衡时，梁在 x 处的转矩应与梁右端支撑力 $Mg/2$ 对 x 处的力矩平衡，所以有

$$\mu(x)=\frac{Mg}{2}\left(\frac{d}{2}-x\right) \tag{6-1-7}$$

根据式(6-1-5)至(6-1-7)可以得到：

$$y''(x)=\frac{6Mg}{Y\cdot b\cdot a^3}\left(\frac{d}{2}-x\right) \tag{6-1-8}$$

根据所讨论问题的性质有边界条件：$y(0)=0$；$y'(0)=0$；解式(6-1-8)对应的微分方程，得到

$$y(x)=\frac{3Mg}{Y\cdot b\cdot a^3}\left(\frac{d}{2}x^2-\frac{1}{3}x^3\right) \tag{6-1-9}$$

将 $x=\frac{d}{2}$ 代入式(6-1-9)，得右端点的 y 值：

$$y=\frac{Mg\cdot d^3}{4Y\cdot b\cdot a^3} \tag{6-1-10}$$

把 $y=\Delta Z$ 代入式(6-1-10)，得杨氏模量的表达式为

$$Y=\frac{d^3\cdot Mg}{4a^3\cdot b\cdot \Delta Z} \tag{6-1-11}$$

微小位移 ΔZ 由霍耳位置传感器测量。

B. 本实验采用方法的详细介绍

一、实验方法

要准确测量杨氏模量，就必须测量材料在力作用下产生的微小位移。在物理实验中测量微小位移的仪器和方法有很多，如光杠杆、读数显微镜、螺旋测微计、千分尺等。这些方法比较直观，易于掌握，但不足之处是都不能与计算机直接连接进行实时检测。随着科学技术的发展，微小位移测量技术也越来越先进。本实验介绍一种近年来发展起来的先进的霍耳位置传感器，利用磁铁和集成霍耳元件位置变化输出信号来测量微小位移。这种技术可用于测量材料的杨氏模量。

二、实验物品、仪器及设备

霍耳位置传感器，黄铜样品。

三、重要仪器简介

实验装置如图 6-1-2 所示。

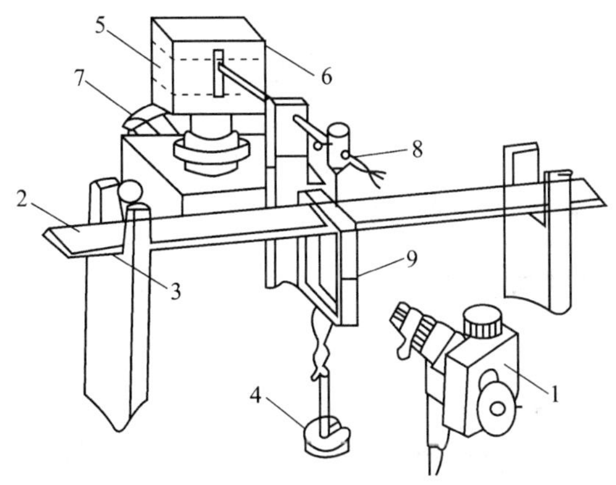

图 6-1-2　实验装置图

1.读数显微镜　2.横梁　3.刀口　4.砝码　5.有机玻璃盒(内装磁铁)　6.磁铁(两块)　7.三维调节架　8.铜杠杆(杠杆顶端贴有95型集成霍耳元件传感器)　9.铜刀口上刻度线

四、实验的基本构思与原理

将霍耳元件置于磁感应强度为 B 的磁场中,在垂直于磁场的方向通以电流 I,则在与这两者相垂直的方向上产生的霍耳电势差 U_H 为

$$U_H = KIB \tag{6-1-12}$$

如果保持霍耳元件的电流不变,而使其在一个均匀梯度的磁场中移动时,则输出的霍耳电势差变化量为

$$\Delta U_H = KI\frac{dB}{dZ}\Delta Z \tag{6-1-13}$$

式(6-1-13)中 ΔZ 为位移量。此式说明若$\frac{dB}{dZ}$为常数时,ΔU_H 与 ΔZ 成正比。

为实现均匀梯度的磁场,可如图 6-1-3 所示选用两块相同的磁铁(磁铁截面积及表面磁感应强度相同),磁铁相对而放,即 N 极与 N 极相对而放置,两磁铁之间留一等间距间隙。霍耳元件平行于磁铁放在该间隙的中轴上,间隙大小要根据测量范围和测量灵敏度要求而定,间隙越小,磁场梯度就越大,灵敏度就越高。磁铁截面要远大于霍耳元件,以尽可能地减小边缘效应影响,提高测量准确度。

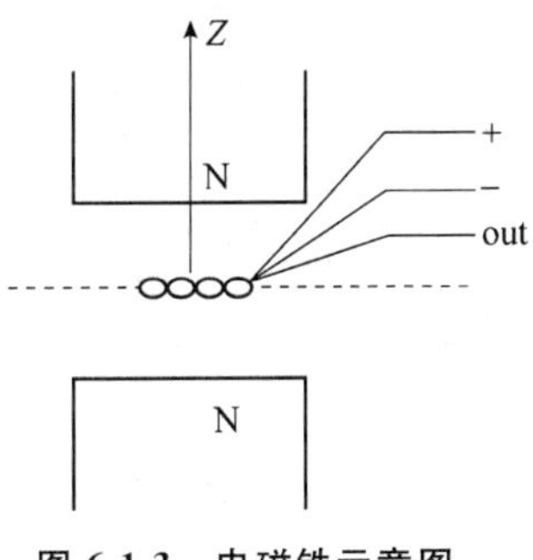

图 6-1-3　电磁铁示意图

若磁铁间隙内中心截面 A 处的磁感应强度为零,霍耳元件处于该处时输出的霍耳电势差应为零。当霍耳元件偏离中心沿 Z 轴发生位移时,由于磁感应强度不再为零,霍耳元件也就产生相应的电势差输出,其大小可由数字电压表测量。由此可以将霍耳电势差为零时元件所处的位置作为位移参考零点。

霍耳电势差与位移量之间存在一一对应关系,当位移量较小(<2 mm)时,这一对应关

系具有良好的线性。在横梁弯曲情况下，杨氏模量 Y 用下式表示

$$Y=\frac{d^3 Mg}{4a^3 b\Delta Z} \tag{6-1-14}$$

其中 d 为两刀口间的距离，a 为梁的厚度，b 为梁的宽度，M 为加挂砝码的质量，ΔZ 为梁中心由于外力作用而下降的距离，g 为重力加速度。

C. 本实验对学生的基本要求

一、实验任务

用弯曲法测定材料杨氏模量。

二、实验中要采集的数据及其处理

参考表 6-1-1 至表 6-1-4 记录测量数据，并进行数据处理。

表 6-1-1　霍耳传感器的定标及黄铜的测量数据表

M/g								
U_1/V								
Z/mm								
ΔZ								

表 6-1-2　黄铜的长度数据表　　mm

	1	2	3	4	5	6	7	8	9	平均
a										
b										
d										

表 6-1-3　铁的测量数据表

M/g								
U_1/V								
Z/mm								
ΔZ								

表 6-1-4　铁的长度数据表　　mm

	1	2	3	4	5	6	7	8	9	平均
a										
b										
d										

三、实验步骤提示

1. 测量黄铜样品杨氏模量、霍耳位置传感器的定标

(1)调节三维调节架的左右前后位置的调节螺丝,使集成霍耳位置传感器探测元件处于磁铁中间位置。

(2)用水准器观察磁铁是否在水平位置,若偏离时可用底座螺丝调节到水平位置。

(3)调节负载零点。先将补偿电位器调节在中间阻值位置(电位器全程可调节8~9圈,中间位置4~4.5圈),然后调节三维调节架立柱上可上下调节的固定螺丝使磁铁上下移动,当毫伏表为零或者读数很小,停止调节固定螺丝,然后调节补偿电压电位器使毫伏表读数为零。

(4)调节读数显微镜目镜,使眼睛观察十字基线及分划板刻度线的数字清晰。然后移动读数显微镜前后距离,使能清晰看到铜刀上的基线。转动读数显微镜的鼓轮使刀口架的基线与读数显微镜内十字刻度线的横线吻合,记下初始读数值。

(5)逐次增加砝码 M_i(每次增加 10 g),相应从读数显微镜上读出横梁的弯曲位移 Z_i 及数字电表相应的读数值 U_i(单位 mV),以便于计算杨氏模量和对霍耳位置传感器进行定标。

(6)测量横梁刀口间的长度 d 及测量不同位置横梁宽度 b 和横梁厚度 a(各测量 5 次),将测量结果记录在表 6-1-2 中。

(7)用逐差法按式(6-1-3)进行计算,求得黄铜材料的杨氏模量,并求出霍耳位置传感器得灵敏度$\frac{\Delta U_i}{\Delta Z_i}$。

(8)把测量结果与公认值进行比较。

2. 利用定标结果测量和计算铁的杨氏模量

铁材料的测量过程与黄铜类似。由于霍耳传感器已经定标,这时逐次增加砝码 M_i(每次增加 10 g),只需要读出数字电表相应的读数值 U_i(单位 mV),再根据定标结果算出横梁的弯曲位移。

四、操作前思考题

1. 霍耳效应的基本原理是什么?有什么应用?

2. 为什么要对霍耳传感器定标?

五、操作后思考题

1. 用弯曲法测量杨氏模量时,主要的测量误差有哪些?

2. 用霍耳位置传感器法测量微小位移有什么优点?

D. 参考文献及阅读材料推荐

[1]东南大学等七所工科院校编,马文蔚改编. 物理学(中册). 北京:高等教育出版社,1999.

实验 6-2　用布儒斯特角法测量薄膜的折射率

A. 布儒斯特定律和布儒斯特角简介

自然光入射到两种不同媒质的分界面反射后，反射光为线偏振光所应满足的条件，首先由英国物理学家 D・布儒斯特于 1815 年发现。自然光在电介质界面上反射和折射时，一般情况下反射光和折射光都是部分偏振光，只有当入射角为某特定角时反射光才是线偏振光，其振动方向与入射面垂直，此特定角称为布儒斯特角或起偏角，用 i_0 表示。此规律称为布儒斯特定律。即 $i_0 + r_0 = 90^0$，r_0 为折射角。此时反射光与折射光互相垂直。并且有 $\tan i_0 = \frac{n_2}{n_1}$，$n_2$ 为折射光线所在媒质的折射率，n_1 为入射光线所在媒质的折射率。

B. 本实验采用方法的详细介绍

一、实验方法

本实验通过布儒斯特角的观测，利用薄膜干涉来测量薄膜折射率。这种实验方法还可用来测定动、植物胶质制片的折射率，因而具有一定的应用价值。

二、实验物品、仪器及设备

分光计、钠光灯、已知折射率的标准玻璃片、待测样品、偏振片。

三、重要仪器简介

实验装置如图 6-2-1 所示，用钠光灯 N 照亮分光计的平行光管狭缝 A，在钠光灯 N 和狭缝 A 之间放一个偏振片 B，被测样品直立放在平台上。

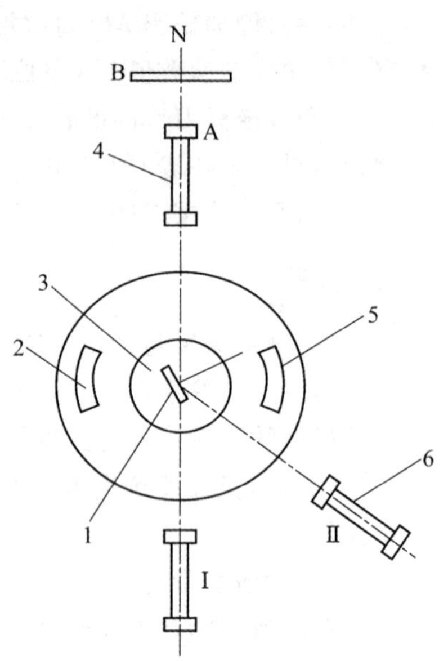

图 6-2-1　用布氏法测薄膜折射率实验装置

1. 样品　2. 左游标　3. 载物台　4. 平行光管　5. 右游标　6. 望远镜

四、实验的基本构思与原理

从物理光学可知，当自然光入射到两种不同媒质的分界面时，在一般情况下，反射光和折射光是不同的部分偏振光，反射光是垂直于入射面的光振动成分多于平行于入射面的光振动成分的部分偏振光，而折射光恰好相反，如图6-2-2(a)所示。在图中，黑点表示垂于入射面的光振动，短线表示平行于入射面的光振动。当自然光以特定角度 i_0 $\left(满足 \tan i_0 = \frac{n_2}{n_1}\right)$ 入射时，反射光是完全偏振光。在反射光中只有垂直于入射面的光振动，而平行于入射面的光振动为零，折射光是偏振程度较高的部分偏振光，如图 6-2-2(b)所示，这个特定角 i_0 称为布儒斯特角。如将振动面与入射面平行的单色完全偏振光以布儒期特角入射界面，如图 6-2-2(c)所示，则反射光中振动面与入射面平行的光振动为零，即反射光光强为零。此时，折射光光强等于入射光光强。

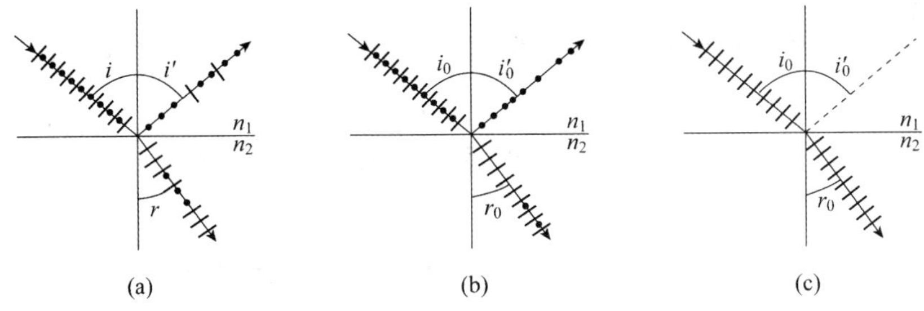

图 6-2-2 光在媒介界面上的反射与折射

本实验待测样品是用平板玻璃作为基底，在基底的一半面积上涂有明显界线的薄膜。当振动面平行于入射面的完全偏振光以 i_0（空气与薄膜分界面上的布儒斯特角）入射到玻璃和薄膜界线附近时，如图 6-2-3 所示，由于在薄膜上表面反射光光强等于零，所以折射光 C_1C_2 的光强与入射光 B_1C_1 的光强相同。C_1C_2 经基底玻璃反射为 C_2C_3，C_2C_3 再经薄膜的折射为 C_3D_1，而直接入射到玻璃上的完全偏振光 BC 经玻璃上表面反射后为 CD。可以证明，在忽略薄膜吸收的情况下，C_3D_1 的光强与 CD 的光强相等。

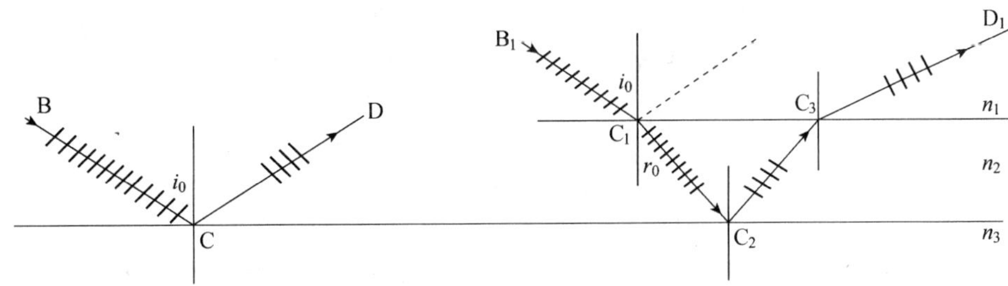

图 6-2-3 偏振光在两种媒介界面上的反射

实验时，用振动面和反射面平行的单色平行偏振光照射。当改变入射角，观察到玻璃和薄膜交界面两边的反射光光强相等时，此时入射角就是布儒斯特角 i_0，测出 i_0，据布儒斯特定律 $\tan i_0=\frac{n_2}{n_1}$，式中 n_1 是空气折射率为 1，n_2 是薄膜折射率，所以，由 $\tan i_0=\frac{n_2}{n_1}=n_2$，即可算出薄膜的折射率。

C. 本实验对学生的基本要求

一、实验任务

测量薄膜的折射率。

二、实验中要采集的数据记录及其处理

数据记录表格自拟，求出 θ、i_0、n 的算术平均值。

三、实验步骤提示

1. 分光计的调节

(1)使分光计主轴处于垂直状态。

(2)用自准法调节望远镜。

(3)调整望远镜光轴与分光计中心轴相垂直。

(4)调整平行光管光轴与分光计主轴相垂直,且望远镜、平行光管光轴同轴。

2. 调节偏振片

(1)先用一个已知折射率的标准玻璃块,根据公式 $\tan i_0=\frac{n_2}{n_1}$ 算出空气到玻璃的布儒斯特角,同时算出 θ 角($\theta=180°-2i_0$)。

(2)把望远镜 D 对准狭缝 A,记录下位置 1 的读数,再旋转望远镜至位置 2,使前后位置的夹角 $\theta=180°-2i_0$,固定望远镜。

(3)把玻璃块夹在分光计的平台 C 上,旋转平台 C,使狭缝反射像落在望远镜叉丝上,慢慢旋转偏振片,使在望远镜中见到的狭缝像由亮变为全暗,此时,偏振光的振动方向和入射面平行。注意:此后偏振片的位置保持不变。

3. 测量待测样品的折射率

(1)未放样品之前,把望远镜对准狭缝,读出刻度盘上游标(两边)标出的角度 θ_0、θ'_0。

(2)放上样品,使分界线刚好在平台的转轴上,观察望远镜中狭缝的像。

(3)通过望远镜观察样品表面反射像,旋转载物平台和望远镜,观察反射像,直至两反射像明暗界线完全消失,亮度相同为止。此时平台不再转动。

(4)用望远镜的叉丝对准狭缝像,记下刻度盘角度 θ_1、θ'_1,此时有

$$\theta=\frac{|\theta_1-\theta_0|+|\theta'_1-\theta'_0|}{2} \tag{6-2-1}$$

$$180°-\theta=2i_0 \tag{6-2-2}$$

由式(6-2-2)即可算出 i_0,再代入公式 $\tan i_0=\frac{n_2}{n_1}=n_2$(因为 n_1 为空气折射率是 1.0)。

由于眼睛分辨能力和仪器精度的限制,看到亮度相等时对应的角度有一个范围。为了更准确地测量,先练习通过望远镜来观察狭缝像的亮度是否相等,直到基本上能分辨亮度相等时为止。然后慢慢地旋转平台使入射角由大到小,观察找出刚刚发现亮度相等时的角度,进行读数。再把入射角由小到大,找出刚刚发现亮度相等时的角度进行读数。这两读数就是发现亮度相等时的两个边界值,作为一组数据。

(5)重复上述测量,共测五组数据,把所有的 θ 值算出,并算出 θ 的算术平均值 $\bar{\theta}$。

(6)根据式(6-2-2)算出 i_0 的平均值 $\overline{i_0}$,再由式 $n=\tan i_0$ 算出薄膜折射率的算术平均值 $\bar{n}$。

四、操作前思考题

1. 除了用布儒斯特角法测量薄膜的折射率外,你还能够举出哪些方法测量薄膜的折射率?

2. 要得到准确的测量结果,实验中的哪几个步骤最为关键?你为做好这几个步骤的测量采取了什么措施?措施是否奏效?你认为是为什么?

五、操作后思考题

1. 如何判断狭缝像的亮度是否相等?

2. 你认为该实验在哪些地方还需要改进?怎样改进?

D. 参考文献及阅读材料推荐

[1] 马文蔚. 物理学教程(下册). 北京:高等教育出版社,2002.

[2] 王叶芸,倪重文,唐丽,等. 布儒斯特角测量装置测量块材折射率. 江苏工业学院学报,2006,18(1).

[3] 刁岗,杨初平. 大学物理实验. 2版. 北京:中国农业出版社,2006.

实验 6-3 光学全息照相

A. 光学全息照相简介

光学全息照相是1960年发展起来的立体摄影和波阵面再现新技术。由于全息照相能够把物体表面发出光波的全部信息(即光的振幅和位相)记录下来,并能完全再现被摄物光波的全部信息,因此在精密计量、无损检验、信息存储和处理、遥感技术和生物医学等方面有着广泛的应用。目前在商业上,全息照相已大量用于广告和防伪标志制作。通过本实验可以对全息照相有所了解。

普通照相只记录了物体各点的光强信息(反映在振幅上),丢掉了位相信息,得到的是一个二维平面图像,毫无立体感。全息照相是利用相干光叠加而发生干涉的原理,借助于所谓参考光波与原物光波的相互作用,记录下两种光波在记录介质上的干涉条纹,这种干涉条纹不仅保存了物光波(从物体反射的光波)的振幅信息,同时还保存了物光波的位相信息,它只有在高倍显微镜下才能观察得到。记录了干涉条纹的全息照片可以看作是个复杂的衍射光栅,当用与原参考光波相同的光再照射该光栅时,其衍射波能重现原来的物光波,在照片后原物的位置就可以观察到原被照物的三维图像。

全息照相具有以下明显的特点:

(1)照片上的花纹与被摄物体无任何相似之处,在相干光束的照射下,物体图像却能如实重现。

(2)立体感很明显(三维再现性),如某些隐藏在物体背后的东西,只要把头偏移一下,也可以看到。视差效应很明显。

(3)全息照片所再现的被摄物体的像的亮度是可调的,入射光越强,再现物像就越亮。

(4)全息图打碎后,只要任取一小片,照样可以用来重现物光波。犹如通过小窗口观察物体那样,仍能看到物体的全貌。这是因为全息图上的每一个小的局部都完整地记录了整个物体的信息(每个物点发出的球面光波都照亮整个感光底片,并与参考光波在整个底片上发生干涉,因而整个底片上都留下了这个物点的信息)。当然,由于受光面积减少,成像光束的强度要相应地减弱;而且由于全息图变小,边缘的衍射效应增强而必然会导致像质的下降。

(5)在同一张照片上,可以重叠数个不同的全息图。在记录时或改变物光与参考光之间的夹角,或改变物体的位置,或改变被摄的物体等等,一一曝光之后再进行显影与定影,再现时能一一重现各个不同的图像。

B. 本实验采用方法的详细介绍

一、实验方法

先利用物光和参考光的干涉，制作全息照片，再利用参考光实现物光波前的再现。

二、实验物品、仪器及设备

全息台、He-Ne 激光器、分束镜、全反射镜、扩束镜、全息感光板等。

三、实验的基本构思与原理

由光的波动理论可知，在光的传播过程中，经过空间任一点的光波可以看成是发光物体表面上各点所发出子波的总和。子波的表示式可写为

$$dy=A_i\cos\left(\omega t+\varphi_i-\frac{2\pi x_i}{\lambda}\right) \tag{6-3-1}$$

其中振幅 A_i 和位相$\left(\omega t+\varphi_i-\frac{2\pi x_i}{\lambda}\right)$为该子波的两个主要特征，又称为信息。普通的照相底板，感光的程度仅与总曝光量有关，它只能记录光波的振幅分布，即被摄物体表面光波的强弱差别，不能记录被摄物体表面光波的位相差别。由于位相差别才能反映被摄物体表面凹凸及远近程度，因此普通照相无立体感。全息照相可以在记录被摄物体表面光波振幅信息的同时还记录位相信息，即记录光波的全部信息，因此，全息照相具有立体感。由于全息照相的基本原理是以波的干涉为基础的，所以除光波外，它对于其他波动过程，如声波、微波、超声波、X 光等同样适用，故也有相应的微波全息、超声全息、X 光全息等新技术。

由于全息照相利用的是光的干涉，因此要求光源满足相干条件，为此，一般使用相干性极好的激光作光源。图 6-3-1 为激光全息光路示意图。激光器发出的光束经过分束镜分为两束，一束经全反射镜改变光路，再经扩束透镜照射在被摄物体上，经物体反射后射向感光胶片，这束光称为物光。另一束经全反射镜改变光路，再经扩束透镜扩束直接投射到感光胶片上，这束光称为参考光。这两束光在感光胶片上形成干涉条纹。这里需要指出的是，要形成干涉条纹，必须使射到感光胶片上的物光和参考光的强度满足一定关系。考虑到物光经过了物体的反射，反射光的强度与被摄物表面性质有关，因此，在选择分束镜时应注意物体的反射特性。由于物光的振幅和位相与被摄物体表面性质有关，从不同物点来的物光光程

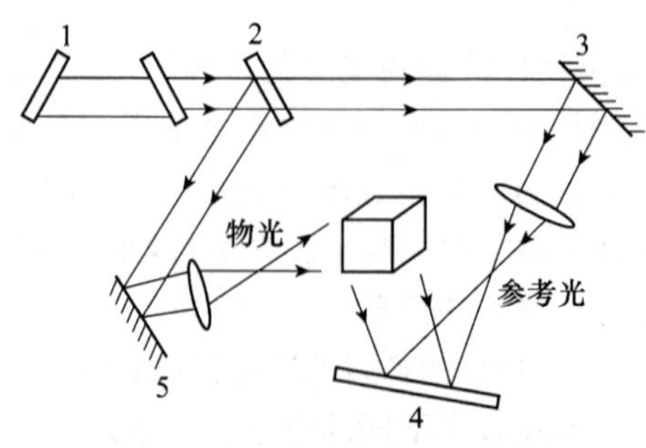

图 6-3-1　全息照相光路图

1. 激光器　2. 分束镜　3,5. 全反射镜　4. 感光胶片

(位相)不同,所以干涉的结果与被摄物体表面有相对应的关系。将感光的胶片在暗室中经过显影、定影处理即可得到全息照片。

由于全息照相在全息照片上记录的并不是被摄物体的直观形象,而是复杂的干涉条纹,因此,在观察时必须采用一定的再现手段。图 6-3-2 为再现时的光路图。用一束相干光(称再现光)从特定的方向照射在全息照片上,对于再现光来说,全息照片相当于一块透射率不均匀的障碍物,再现光经过它时会发生衍射。因此全息照片又相当于一个光栅,不过这是一个反差不同、间距不等、弯弯曲曲地发生了畸变的“光栅”。于是,在照片的后面就会出现一系列衍射光,其中包含有 0 级、1 级、2 级……衍射光波。图 6-3-2 中画出了两个一级衍射构成的物体的两个再现像。其中+1 级衍射光是发散光,在原物点处成一虚像;−1 级衍射光是会聚光,会聚点在与原物点对称的位置上,形成了物体的实像。前者常称为赝像,后者称为真像。

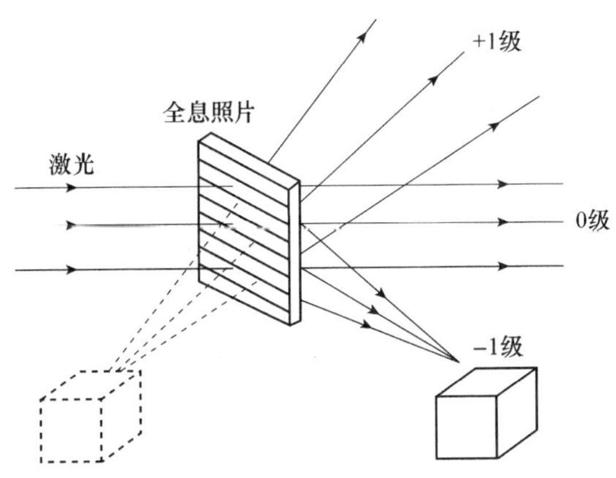

图 6-3-2 全息相片的再现示意图

为了实现全息照相,实验装置必须具备下述的三个基本条件:

(1)一个好的相干光源。全息原理是在 1948 年就已提出,但由于没有合适的光源而难以实现。激光的出现为全息照相提供了一个理想的光源,这是因为激光具有很好的空间相干性和时间相干性。本实验用多纵模 He-Ne 激光器,其波长为 632.8 nm,其相干长度约为 20 cm。为了保证物光和参考光之间良好的相干性,应尽可能使两光束的光程接近,一般要求光程差不超过 4 cm,以使光程差在激光的相干长度内。

(2)一个稳定性较好的防震台。由于全息底片上所记录的干涉条纹很细,相当于波长量级,在照相过程中极小的干扰都会引起干涉条纹的模糊,不能形成全息图,因此要求整个光学系统的稳定性良好。从布拉格法则可知:条纹宽度 $d=\dfrac{\lambda}{2\sin\left(\dfrac{\theta}{2}\right)}$,由此公式可以估计一下条纹的宽度。当物光与参考光之间的夹角 $\theta=60^\circ$ 时,$\lambda=632.8$ nm,则 $d=0.6328\ \mu$m。可见,在记录时条纹或底片移动 1 μm,将不能成功地得到全息图。因此在记录过程中,光路中各个光学元件(包括光源和被摄物体)都必须牢牢固定在防震台上。从公式可知,当 θ 角减小时,d 增加,抗干扰性增强。但考虑到再现时使衍射光和零级衍射光能分得开一些,θ 角要大于 30°,一般取 45°左右。还有适当缩短曝光时间,保持环境安静都是有利于记录的。

(3)高分辨率的感光底片。普通感光底片由于银化合物的颗粒较粗，每毫米只能记录几十至几百条，不能用来记录全息照相的细密干涉条纹，必须采用高分辨率的感光底片(一般采用条纹宽度 d 的倒数表示空间频率或感光材料的分辨率)。我们采用的是天津感光胶片厂出品的 GS-I 型红光干版。其极限分辨率为 3 000 条/mm。

C. 本实验对学生的基本要求

一、实验任务

用静态光学全息法照相。

二、实验中要采集的数据及其处理

制作一张全息照相作品，并观察其效果。

三、实验步骤提示

1. 调整光路

在全息台上按图 6-3-1 安排光路，注意使物光与参考光的光程尽可能相等。射到胶片上的参考光与物光的光强比选取在 1∶(1～10)范围之内。

2. 曝光

用遮光板挡住激光束，关闭照明灯，在全暗的状态下将感光胶片装在支架上，注意使药面面向光束，然后进行曝光(曝光时间由实验室给出)。在曝光过程中，勿碰全息台，勿对光路吹气，勿来回走动以免气流流动，影响干涉条纹的清晰度。

3. 底片处理

在暗室中将显影液、停影液和定影液按顺序放好。用高反差超微粒显影液，20℃时显影 2 min 左右，停影 1 min，定影 10 min(操作过程与一般照相类似)，然后用清水冲洗，晾干后即成全息照片。

4. 再现

用原参考光作再现光，照片按原拍照时的方位放在原支架上，拿走实物，可观察到立体物像。

四、操作前思考题

1. 简述全息照相的基本原理。
2. 光学全息实验的条件主要有哪些?
3. 为什么要求光路中物光与参考光的光程尽量相等?

五、操作后思考题

1. 根据理论和实验观察写出全息照相和普通照相的异同。
2. 全息物像再现有什么特点?
3. 全息物像再现有什么要求?
4. 绘制“三维漫射物”拍摄的全息光路图。
5. 绘制“三维透射物”拍摄的全息光路图。
6. 如果一张拍好的全息片打碎了或部分污染了，用其中一部分再现，看到的是部分物像还是整个物像?为什么?

7. 观察全息图再现像放大、缩小、等大的条件是什么？

8. 在观察全息照片(虚像)时，你能否尝试用手去触及再现物像？而当你的手移近或远离再现物像时，能否据此来判断像的位置、大小及深度？

D. 参考文献及阅读材料推荐

[1] 赵凯华. 光学. 北京：高等教育出版社，2004.
[2] 杨述武. 普通物理实验. 北京：高等教育出版社. 1994.

实验 6-4　光电转换器特性的研究

A. 光电转换器简介

一、什么是光电转换器?

传感器(sensor)是获取信息的第一个环节，从外界获得的原始数据通过它才能变换成便于处理的信号。它的产生与现代科学技术(如核技术、天体测量、光声技术、高速摄影、光谱学及自动化技术等)的发展密切相关。而新技术如激光技术、光纤通讯、红外技术、空间技术及计算机技术的出现与发展，又进一步推动了传感器技术的发展。目前的传感技术除了不断寻求新材料扩大测量范围外，正向集成化、功能化、智能化方向发展。

传感器技术中很重要的一类是光传感器。光传感器通常是指紫外到红外波长范围内的传感器，其类型可分为量子探测器和热探测器两类。量子探测器或称光子探测器，它是利用材料的光电效应制成的探测器，故也称为光电转换器。热探测器的光敏表面受光照射后，其热学、电学性质的变化与照射光的辐射通量成正比，而与入射光的波长无关，故热探测器又称为无选择性器件。

二、与光电转换器有关的物理概念

光电转换器是利用物质的光电效应将光信号转换为电信号，即当物质在一定频率的光的照射下，释放出光电子的现象。当光照射金属、金属氧化物或半导体材料的表面时，会被这些材料内的电子所吸收，如果光子的能量足够大，吸收光子后的电子可挣脱原子的束缚而逸出材料表面，这种电子称为光电子，这种现象称为光电子发射，又称为外光电效应。有些物质受到光照射时，其内部原子释放电子，但电子仍留在物体内部，使物体的导电性增加，这种现象称为内光电效应。

二次电子发射效应：当电子轰击某物体时，如果该电子的动能足够大，被轰击物体将会有新的电子发射出来，该现象称为二次电子发射效应。轰击物体的电子称为一次电子，物体吸收一次电子后激励体内的电子到高能态，这些高能电子的一部分向物体表面运动，到达表面时仍具有足够的能量克服表面势垒而发射出来的电子称为二次电子。

三、常用的光电转换器件

自光电效应发现至今，光电转换器件获得了突飞猛进的发展，目前各种光电转换器件已广泛地应用在各行各业。常用的光电效应转换器件有光敏电阻、光电倍增管、光电池、光电二极管、CCD 等。

1. 光敏电阻

光敏电阻也称为光导管，是用一块本征半导体或非本征半导体制作而成的。光敏电阻受到光照射时，其内部电子吸收光子后，挣脱原子的束缚而成为自由电子，使其导电性能增加，电阻率下降，这种现象称为光电导效应。当光停止照射后，自由电子又被失去电子的原子所俘获，其电阻率恢复原值。利用光敏电阻的这种特性制成的光控开关在我们的日常生活中随处可见。

2. 光电倍增管

光电倍增管是把微弱的输入光转换为电子，并使电子获得倍增的电真空器件。当光信号强度发生变化时，阴极发射的光电子数目相应变化，由于各倍增极的倍增因子基本上保持常数，所以阳极电流也随光信号的变化而变化。由此可见，光电倍增管的性能主要由光阴极、倍增极及极间电压决定。光电阴极受强光照射后，由于发射电子的速率很高，光电阴极内部来不及重新补充电子，因而使光电倍增管的灵敏度下降。如果入射光强度太高，导致器件内电流太大，以至于电阴极和倍增极因发热而分解，就会造成光电倍增管的永久性破坏。因此，使用光电倍增管时，应避免强光直接入射。光电倍增管一般用来测弱光信号。

3. 光电池

光电池是利用内光电效应把光能直接转换成电能的器件。光电池的种类很多，常见的有硒、锗、硅、砷化镓、氧化铜、硫化镉等。其中最受重视、应用最广的是硅光电池，它有一系列的优点：性能稳定、光谱范围宽、频率响应好、转换效率高、能耐高温辐射等，而且它的光谱灵敏度与人眼的灵敏度最相近，所以，它在很多分析仪器、测量仪器、曝光表以及自动控制检测、计算机的输入和输出上被用作探测元件，在现代科学技术中占有十分重要的地位。

4. 光电二极管

光电二极管和普通二极管一样，也是由一个 P-N 结组成的半导体器件，也具有单方向导电特性。但是，在电路中它不是用来作整流元件，而是通过它把光信号转换成电信号。光电二极管有耗尽层光电二极管和雪崩光电二极管两种。

半导体 P-N 结区附近称为耗尽层，该层的两侧是相对高的空间电荷区，而耗尽层内通常情况下并不存在电子和空穴。只有当光照射 P-N 结时才能使耗尽层内产生载流子，载流子被结内电场加速形成光电流。利用该原理制成的光电二极管称为耗尽层光电二极管。

雪崩光电二极管是利用二极管在高的反向偏压下发生雪崩效应而制成的光电器件。雪崩光电二极管的倍增效应与外加电压有关。雪崩光电二极管灵敏度很高、响应速度很快，常用于超高频的调制光和超短光脉冲的探测。

5. CCD

CCD(charge coupled device)即电荷耦合器件，是一种半导体装置，通过输入面上光电信号逐点的转换、储存和传输，在其输出端产生一时序信号。随着科技的进步，CCD 技术已广泛用于安全防范、电视、工业、通信、远程教育等领域。

四、研究光电转换器特性的意义

光电转换器在自动控制、计量检测、计算机输入输出、数码摄像、光通信、太阳能电池等领域得到广泛应用，在现代科学技术中占有十分重要的地位。研究光电转换器的特性，对提高其性能稳定、光谱响应范围、转换效率、使用寿命、光谱灵敏度等具有十分重要的意义，进

一步推动了科学技术的发展。

B. 本实验采用方法的详细介绍

一、实验方法

(1)本实验采用光强度调制的方法来调节发光二极管的静态驱动电流，从而测量硅光电池的饱和电流、测绘硅光电池输出电压随输入光强度变化的关系曲线。

(2)本实验通过保持输入正弦信号的幅度不变，调节函数信号发生器的频率，用示波器观测并测定硅光电池的幅频特性。

二、实验物品、仪器及设备

硅光电池特性实验仪、函数信号发生器、双踪示波器。

三、重要仪器简介

1. 硅光电池特性实验仪

硅光电池特性实验仪框图如图 6-4-1 所示。超高亮度 LED 在可调电流和调制信号的驱动下发出的光照射到光电池表面，功能转换开关可分别打到“零偏”、“负偏”或“负载”处。硅光电池特性实验仪的面板结构图如图 6-4-2 所示。发光二极管静态驱动电流可调范围 0～20 mA(显示 0～2 000 单位)。电压可调范围 0～20.0 mV(显示 0～2 000 单位)。

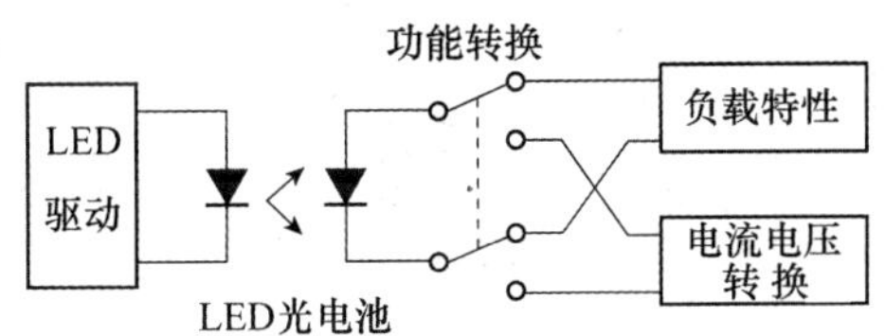

图 6-4-1　硅光电池特性实验仪

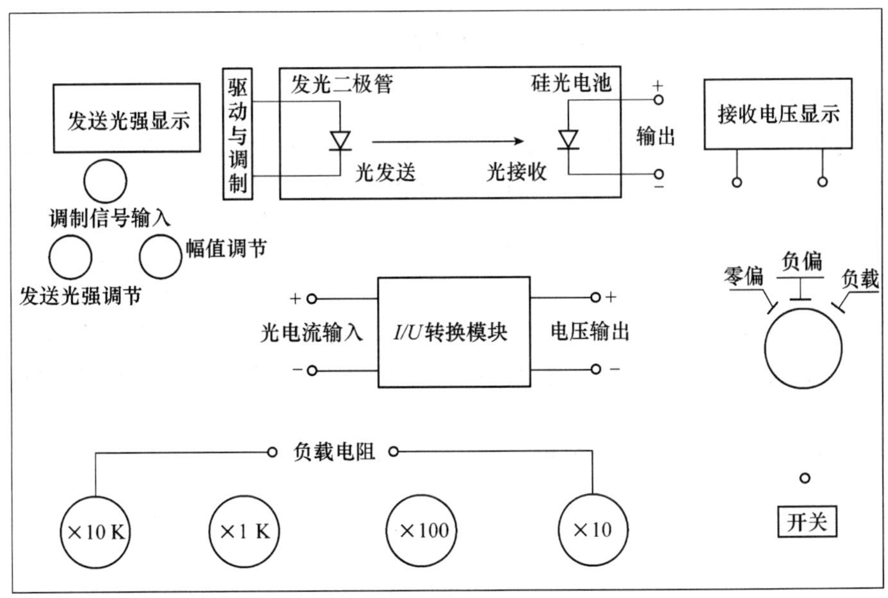

图 6-4-2　硅光电池特性实验仪的面板结构图

使用该仪器时应注意：

(1)将线路接好，功能挡置好，电阻电流都按要求调好，检查无误后才可以接通电源；

(2)实验仪要防止出现短路。

四、实验的基本构思与原理

1. 半导体 P-N 结的耗尽区

图 6-4-3 所示是半导体 P-N 结在零偏、反偏、正偏下的耗尽区。在 P-N 结中，由于 P 型材料空穴多电子少，而 N 型材料电子多空穴少，使得 P 型材料中的空穴向 N 型材料区扩散，N 型材料中的电子向 P 型材料区扩散。扩散的结果使得两侧的 P 型区出现负电荷，N 型区带正电荷，形成一个势垒，由此而产生的内电场将阻止扩散运动的进行。当两者达到平衡时，在 P-N 结两侧形成一个耗尽区，耗尽区的特点是无自由载流子，呈现高阻抗。当 P-N 结反偏时，外加电场与内电场方向一致，耗尽区在外电场作用下变宽，使势垒加强；P-N 结电阻很高，反向电流很小，P-N 结处于截止状态。当 P-N 结正偏时，外加电场与内电场方向相反，耗尽区在外电场作用下变窄，势垒削弱，P-N 结电阻很低，使载流子扩散运动继续形成电流，P-N 结处于正向导通状态，这就是 P-N 结的单向导电性，电流方向从 P 指向 N。

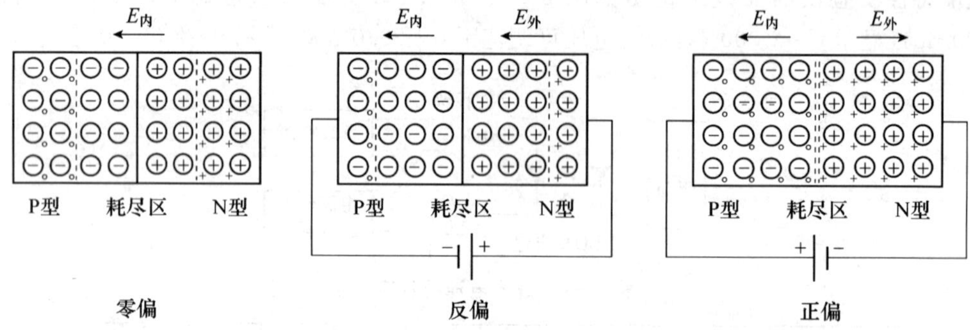

图 6-4-3　半导体 P-N 结在零偏、反偏、正偏下的耗尽区

2. LED 的工作原理

有些半导体材料形成的 P-N 结加正向电压时，空穴与电子在 P-N 结处复合时将产生特定波长的光，光的波长 λ_p 与半导体材料的能级间隙 E_g 有关，关系式为：

$$\lambda_p = \frac{hc}{E_g} \tag{6-4-1}$$

式中 h 为普朗克常量，c 为光速。在实际的半导体材料中，能级间隙 E_g 有一个宽度，因此发光二极管发出的光的波长不是单一的，其半宽度一般在 25～40 nm，随半导体材料的不同而有所差别。

发光二极管输出功率 P 与驱动电流 I 的关系为

$$P = \frac{\eta E_p I}{e} \tag{6-4-2}$$

式中 η 为发光效率，E_p 为光子能量，e 为电子电荷常量。

输出光功率与驱动电流呈线性关系。当电流较大时，由于 P-N 结不能及时散热，输出光

功率可能会趋向饱和。本实验用一个驱动电流可调的红色超高亮度发光二极管作为实验用光源。系统采用的发光二极管驱动和调制电路如图 6-4-4 所示。信号调制采用光强度调制的方法,用发送光强度调节器来调节流过 LED 的静态驱动电流,从而改变发光二极管的发射光功率。设定静态驱动电流调节范围为 0～20 mA,对应面板上的显示值为 0～2 000 单位。正弦调制信号经电容、电阻网络及运放跟随隔离后耦合到放大环节,与发光二极管静态驱动电流叠加后使发光二极管发送随正弦波调制信号变化的光信号,如图 6-4-5 所示,变化的光信号可用于测定光电池的频率响应特性。

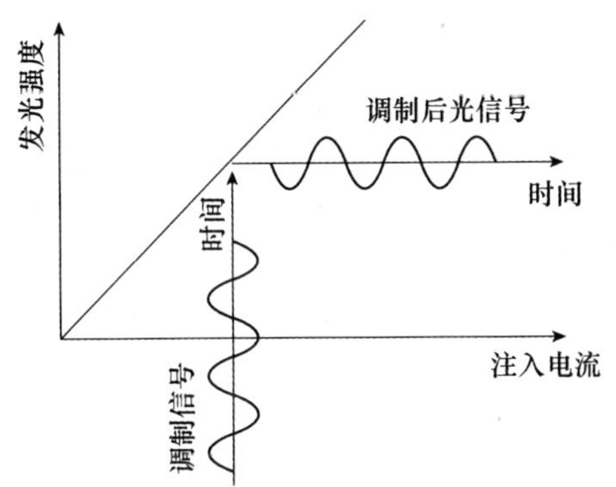

图 6-4-4 LED 发光二极管的正弦信号调制原理

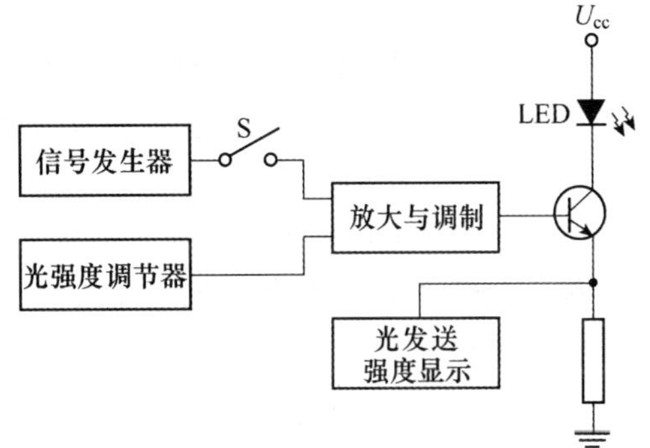

图 6-4-5 发送光的设定、驱动和调制电路

3. 硅光电池的工作原理

硅光电池是一个大面积的光电二极管,其基本结构如图 6-4-6 所示。当半导体 P-N 结处于零偏或反偏时,在它们的结合面耗尽区存在一内电场。当没有光照射时,光电二极管相当于普通的二极管。其伏安特性是:

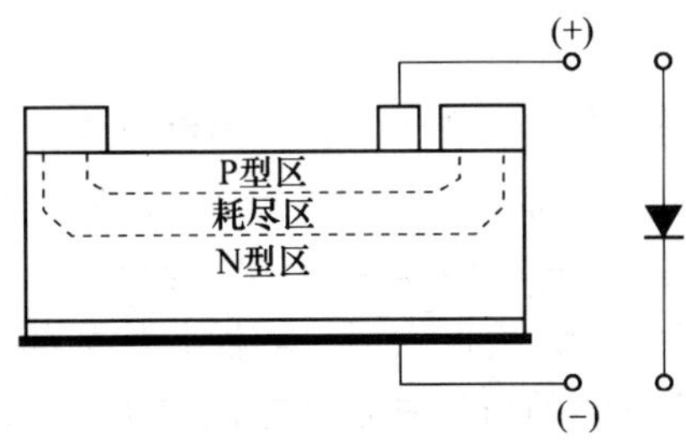

图 6-4-6 光电池的基本结构

$$I=I_s(e^{\frac{eU}{kT}}-1) \tag{6-4-3}$$

式中 I 为流过二极管的总电流,I_s为反向饱和电流,e 为电子电荷常量,k 为波耳兹曼常数,T 为工作绝对温度,U 为加在 P-N 结两端的电压。对于外加正向电压,I 随 U 指数增长,称为正向电流。当外加电压反向时,在反向击穿电压之内,反向饱和电流基本上是个常数。

当有光照时,入射光子将把处于介带中的束缚电子激发到导带,激发出的电子空穴对在内电场作用下分别漂移到 N 型区和 P 型区。当在 P-N 结两端加负载时,就有一光生电流流

过负载。流过 P-N 结两端的电流可由下式确定：

$$I=I_s(e^{\frac{eU}{kT}}-1)+I_p \tag{6-4-4}$$

式中 I_p 为产生的光电流。从式中可以看到，当光电池处于零偏时，$U=0$，$e^{\frac{eU}{kT}}=1$，由式(6-4-4)可知流过 P-N 结的电流 $I=I_p$；当光电池处于反偏时（本实验中取 $U=-5\ V$），$e^{\frac{eU}{kT}}\to 0$，由式(6-4-4)可知流过 P-N 结的电流 $I=I_p-I_s$，因此，当光电池用做光电转换器时，光电池必须处于零偏或反偏状态。

光电池处于零偏或反偏状态时，产生的光电流 I_p 与输入光功率 P_i 有以下关系

$$I_p=RP_i \tag{6-4-5}$$

式中 R 为响应率，R 值随入射光波长的不同而变化。

图 6-4-7 所示是光电池光电信号接收端的工作原理框图。光电池把接收到的光信号转变为与之成正比的电流信号，再经电流电压转换器把光电流信号转换成与之成正比的电压信号。比较光电池零偏和反偏时的信号，就可以测定光电池的饱和电流 I_s。当发送的光信号被正弦信号调制时，则光电池输出电压信号中将包含正弦信号，据此可通过示波器测定光电池的频率响应特性。

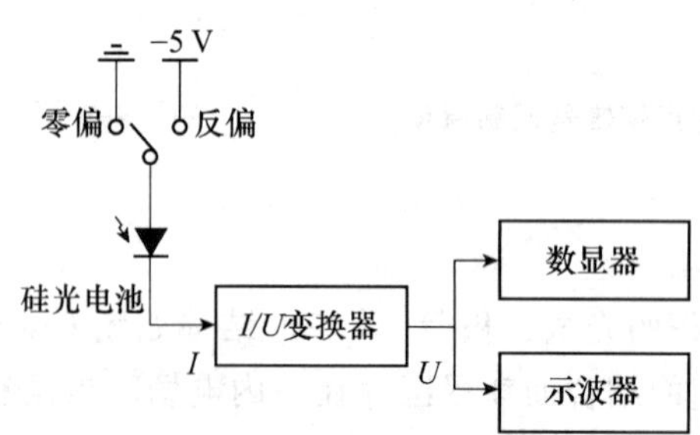

图 6-4-7　光电池光电信号接收

4. 光电池的负载特性

光电池作为电池使用电路如图 6-4-8 所示。在内电场作用下，入射光子由于内光电效应把处于介带中的束缚电子激发到导带，而产生光伏电压。在光电池两端加一个负载就会有电流流过，当负载很小时，电流较小而电压较大；当负载很大时，电流较大而电压较小。实验中通过改变负载电阻 R_{RP} 的值来测定光电池的伏安特性。

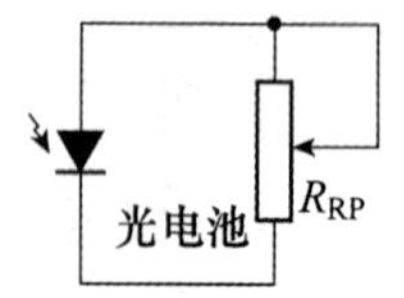

图 6-4-8　光电池伏安特性的测量

C. 本实验对学生的基本要求

一、实验任务

测量硅光电池的特性。

二、实验中要采集的数据及其处理

(1)通过调节发光二极管的静态驱动电流，分别测定硅光电池的零偏电压和反偏电压，填写在表 6-4-1 中。利用所测数据，在同一张坐标纸上作图，比较硅光电池在零偏和反偏时两条曲线关系，求出硅光电池的饱和电流 I_s。

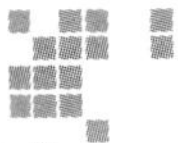

表 6-4-1 输入光信号与光电池电压的关系

电流/10^{-2}mA	0	100	300	500	700	900	1 100	1 300	1 500	1 700	1 900	2 000
零偏电压/mV												
负偏电压/V												

(2)当负载电阻恒定(如取 10 kΩ)时,调节发光二极管的静态驱动电流,记录不同的输入光强度对应的硅光电池输出电压,填写在表 6-4-2 中。利用所测数据,作出硅光电池输出电压随输入光强度变化的关系曲线,并分析产生曲线的原因。

表 6-4-2 硅光电池输出电压随输入光强度变化的关系

输入光强度/cd										
硅光电池输出电压/V										

R=10 kΩ。

(3)当发光二极管静态驱动电流为 10 mA 时,测量负载电阻在 0~10 kΩ 范围内的硅光电池输出电压,填写在表 6-4-3 中。利用所测数据,作出硅光电池输出电压随负载电阻的变化关系曲线,并分析产生曲线的原因。

表 6-4-3 硅光电池输出电压随负载电阻变化的关系

负载电阻/kΩ	0	1	2	3	4	5	6	7	8	9	10
硅光电池输出电压/V											

I=10 mA。

(4)保持输入正弦信号的幅度不变,功能转换开关分别打到"零偏"和"负偏"处,通过调节函数信号发生器的频率,用示波器观测并记录发送光信号的频率变化时,硅光电池输出信号幅度的变化,并测定其截止频率,将所测数据填写在自己设计的表格中。

三、实验步骤提示

1. 硅光电池零偏和反偏时光电流与输入光信号关系特性测定

(1)将硅光电池输出端连接到 I/U 转换模块的输入端。

(2)将 I/U 转换模块的输出端连接到数显电压表的输入端。

(3)接通仪器电源。

(4)调节发光二极管静态驱动电流,其调节范围为 0~20 mA(相应于发光强度指示 0~2 000 单位)。

(5)将功能转换开关分别打到"零偏"和"负偏"处,分别测定硅光电池在零偏和反偏时光电流与输入光信号关系。

2. 硅光电池输出电压与输入光强度变化的关系

(1)断开仪器电源。

(2)将功能转换开关打到"负载"处。

(3)将硅光电池输出端连接恒定负载电阻(如取 10 kΩ)和数显电压表。

(4)接通仪器电源。

(5)调节发光二极管静态驱动电流，其调节范围为 0～20 mA(指示 0～2 000 单位)，测定硅光电池输出电压随输入光强度变化的关系。

3. 硅光电池伏安特性测定

在硅光电池输入光强度不变时(取发光二极管静态驱动电流为 10 mA)，测量当负载在 0～10 kΩ 的范围内变化时，硅光电池的输出电压随负载电阻的变化关系。

4. 硅光电池的频率响应

将功能转换开关分别打到“零偏”和“负偏”处，将硅光电池的输出连接到 I/U 转换模块的输入端。令 LED 偏置电流为 10 mA，在信号输入端加正弦调制信号，使 LED 发送调制的光信号。保持输入正弦信号的幅度不变，调节函数信号发生器的频率，用示波器观测并记录发送光信号的频率变化时，光电池输出信号幅度的变化，测定光电池在“零偏”和“负偏”条件下的幅频特性，并测定其截止频率。

四、操作前思考题

1. 硅光电池在工作时为什么要处于零偏或反偏？
2. 如何实现发光二极管发送随正弦波调制信号变化的光信号？
3. 如何测定硅光电池的饱和电流？
4. 如何测定硅光电池的截止频率？

五、操作后思考题

1. 硅光电池用于线性光电转换器时，对耗尽区的内部电场有何要求？
2. 硅光电池对入射光的波长有何要求？
3. 为了使实验更加便于准确操作和测量，你认为该实验中有哪些地方需要改进？怎样改进？

D. 参考文献及阅读材料推荐

[1] 韦晓茹，居戬之，朱亚一. 用硅光电池制作光功率计实验. 大学物理实验，2007，20(1).

[2] 余泽通，宋长源. 硅光电池板自动跟踪太阳机械装置的设计. 新乡学院学报(自然科学版)，2008，25(3).

[3] 王秋才，刘志麟，张劲涛，等. 基于 DSP 和 CAN 的高精度光电转换器研究. 压电与声光，2007，29(3).

Chapter 7 第 7 章

研究性实验

Problem-based Experiment

实验 7-1 植物器官反射光谱实验研究

一、研究内容

研究植物不同器官比如叶片、花朵、种子等在不同生长阶段反射光谱分布规律。

二、实验要求

1. 了解物体反射光谱的物理意义。
2. 掌握典型白光光源——溴钨灯发射光谱的特征。
3. 掌握测量物体反射光谱和发射光谱物理原理和技术。
4. 定量研究植物不同器官比如叶片、花朵、种子等在不同生长阶段反射光谱分布规律。
5. 写出此研究的论文。

三、实验背景资料

1. 发射光谱

我们知道物质含有大量的原子或者分子，通常物质分子和原子总是处于低能级。当受到某种外界激发（比如电激发、光激发）而吸收能量后，将跃迁到高能级，处于高能级的物质分子和原子是不稳定的，可以通过发光的形式向外界释放能量，发射光光强按不同波长（或频率）的分布规律，就构成该物质的发射光谱分布曲线。

按照物质的发射光谱分布曲线的形状，可以分为线光谱、带光谱、连续光谱。大致说来，原子气体的光谱是线光谱，而分子气体、液体和固体的光谱大多是带光谱。

2. 反射光谱

当物体受到一束光照射时，物体将反射光。若照射在物体表面的光具有一定波长（或者频率）范围，比如太阳光中的可见光，其波长范围是 380～760 nm，物体反射光也具有一定的波长范围，反射光光强按不同波长（或者频率）的分布就是物体的反射光谱，也称为反射率曲线。物体反射光谱与物体内部分子的结构有关。

为了研究物体的反射光谱，通常采用具有与太阳光谱相似的光源，比如溴钨灯，照射到待研究物体的表面，然后研究反射光光强按波长的分布规律。

3. 光谱检测

无论是物体的发射光还是反射光，通常都是具有一定波长范围的复合光。为了研究物体的发射光谱或者反射光谱，需要把物体的发射光或者反射光进行分光。分光的手段可以采用棱镜的色散现象或者光栅的分光功能。实际的反射光谱检测光路如图 7-1-1 所示：

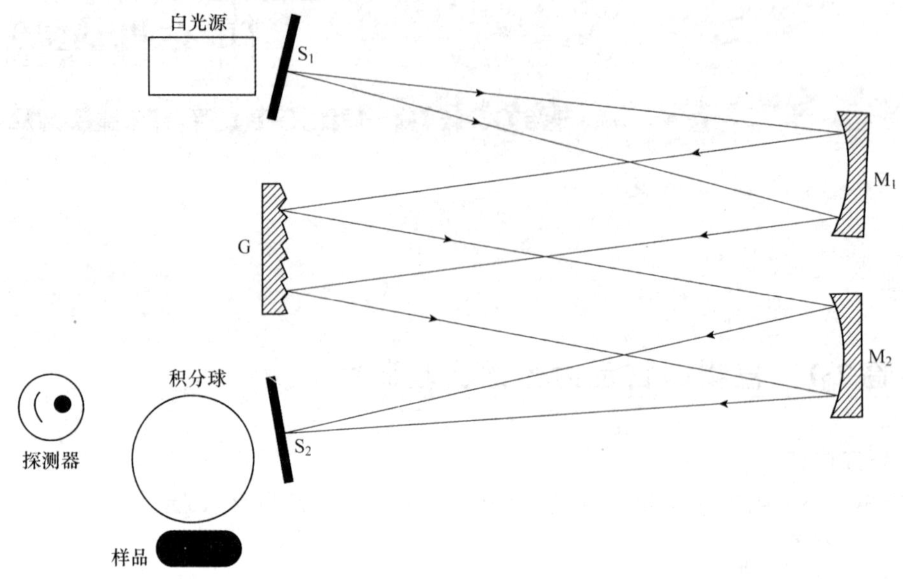

图 7-1-1 反射光谱探测系统

白光源的光从狭缝 S_1 进入后通过球面镜 M_1 反射成为平行光束，照射到光栅 G 后反射到球面镜 M_2，再经球面镜 M_2 反射到狭缝 S_2。由于不同波长的光经过光栅 G 的反射方向不同，因此通过转动 G 的位置就可以选择不同波长的光穿过 S_2。从 S_2 出来的不同波长的单色光入射到积分球里面，经样品反射后从积分球另一个出口出来，经探测器检测就能测量这种发射光的光强，把不同波长的反射光光强探测出来，可以获得物体反射光谱分布曲线。

四、实验准备提示

在进行实验之前，学生需要收集如下一些相关资料：白光光源的光谱特点、单色仪分光原理、反射光谱测量技术、植物反射光谱在农业上的应用。

五、实验仪器提示

WGL-8 色度实验系统，包括单色仪、积分球、光电倍增管、溴钨灯、数据采集系统、采集软件。

六、参考文献及阅读材料推荐

［1］李佛琳，赵春江，王纪华，等. 一种基于反射光谱的烤烟鲜烟叶成熟度测定方法. 西南大学学报(自然科学版)，2008，30(10)：51-55.

［2］侯新杰，蒋桂英，白丽，等. 棉花冠层反射光谱与叶片氮含量定量关系研究. 新疆农业科学，2008，45(5)：776-781.

实验 7-2　液态物质透射光谱实验研究

一、研究内容

定量研究液体的透射光谱与其成分及浓度的关系。

二、实验要求

1. 了解透射光谱的物理意义。

2. 掌握应用典型白光光源——溴钨灯、紫外光源——氘灯的发射光谱特征。

3. 掌握测量液态物质透射光谱的物理原理和技术。

4. 了解透射光谱在物质成分分析和测量中的应用。

5. 写出研究论文。

三、实验背景资料

1. 透射光谱曲线

除了真空，没有一种介质对光(电磁波)是绝对透明的。光的强度随穿进介质的深度而减少的现象，称为介质的吸收(absorption)。令具有连续光谱的白光通过一定物质吸收后的透射光经光谱仪分析，即可将不同波长的光被吸收的情况显示出来，透射光光强与入射光光强之比按不同波长(或频率)分布，称为透射光谱分布曲线。在实际测量中，也可以把具有连续光谱的白光经过单色仪分光，不同波长的光经过物质吸收后进行探测，形成透射光谱分布曲线。

物质成分不同，吸收光谱各异。若物质对各种波长的光的吸收程度集合相等，则称为普遍吸收。在可见光范围内(波长范围为 380～780 nm)的普遍吸收意味着光束通过介质后只改变强度，不改变颜色；若物质对某些波长的光的吸收特别强烈，则称为选择吸收。对可见光的选择吸收，会使白光变为彩色光。绝大部分物体呈现颜色，都是其表面或体内对可见光进行选择吸收的结果。从广阔的电磁波谱来说，普遍吸收的物质是不存在的。在可见光范围内普遍吸收的物质，往往在红外和紫外波段内进行选择吸收。故选择吸收是光和物质相互作用的普遍规律。以空气为例，地球大气对可见光和波长在 300 nm 以上的紫外线是透明的，波长小于 300 nm 的紫外线将被空气中的臭氧吸收。吸收很弱的波段称为“大气窗口”。分光仪器中的棱镜、透镜的材料必须对所研究的波长范围是透明的。

2. 透射光谱的检测

实际的透射光谱检测光路如图 7-2-1 所示：白光源的光从狭缝 S_1 进入后通过球面镜 M_1 反射成为平行光束，照射到光栅 G 后反射到球面镜 M_2，再经球面镜 M_2 反射到狭缝 S_2。由于不同波长的光经过光栅 G 的反射方向不同，因此通过转动 G 的位置就可以选择不同波长的光穿过 S_2。从 S_2 出来的单色光经样品吸收后，在探测器那里就能测量这种单色光的光强，把不同波长的透射光光强探测出来，可以获得物体透射光谱分布。

四、实验准备提示

在进行实验之前，学生需要收集如下一些相关资料：白光光源的光谱特点，紫外光源的光谱特点，单色仪分光原理，可见光、紫外光透射光谱测量技术，透射光谱技术在食品检测方面的应用。

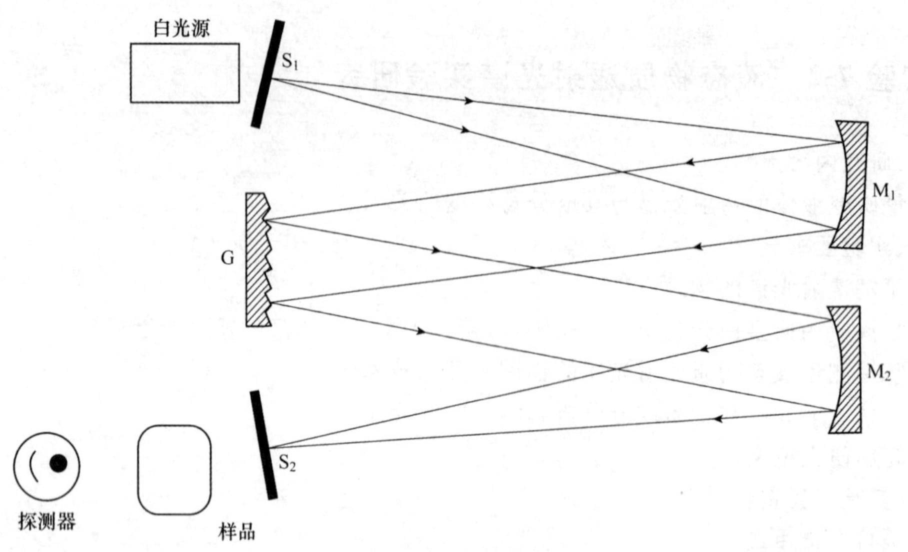

图 7-2-1　透射光谱测量原理图

五、实验仪器提示

可见紫外光度计、单色仪、积分球、光电倍增管、溴钨灯、数据采集系统、采集软件。

六、参考文献及阅读材料推荐

[1] 刘福莉，陈华才，姜礼义，等. 近红外透射光谱聚类分析快速鉴别食用油种类. 中国计量学院学报，2008,19(3):278-282.

[2] 杜冉，闸建文，付家庭，等.运用近红外透射光谱技术检测苹果内部品质. 农机化研究，2008(9):139-141.

[3] 张举成，刘卫，易中周，等.红河州不同地区野山茶中微量元素的对比研究.光谱学与光谱分析，2008,28(11):2 699-2 702.

实验 7-3　硅太阳能电池光谱响应曲线实验研究

一、研究内容

研究太阳能电池的光谱响应曲线与光电转换效率的关系。

二、实验要求

1. 研究太阳能电池的绝对光谱响应和相对光谱响应的关系；

2. 利用已测太阳能电池光谱响应曲线，估算、分析电池材料的禁带宽度；

3. 研究太阳能电池的光谱响应曲线与光电转换效率的关系；

4. 写出此研究的论文。

三、实验背景资料

1. 太阳能电池简介

太阳能电池能把光能转变为电能，但不同波长的光能转变为电能的比例是不同的，这种性质称为太阳能电池的光谱响应。太阳能电池的光谱响应可分为绝对光谱响应和相对光谱响应。各种波长的单位辐射光能或对应的光子入射到太阳能电池上，将产生不同的短路电

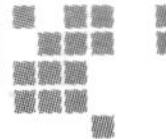

流，短路电流随波长的变化称为该太阳能电池的绝对光谱响应（以 A/W 为单位）。短路电流与其最大值的比值（归一化电流），按波长的分布称为该太阳能电池的相对光谱响应。

太阳能电池种类很多，目前产品中仍以硅太阳能电池为主。硅太阳能电池对不同波长的入射光有不同的灵敏度，能够产生光生伏特效应的太阳辐射波长范围为 0.4～1.1 μm，硅太阳能电池光谱响应的最大灵敏度的波长范围为 0.8～0.95 μm。

2. 光栅单色仪简介

单色仪的构思萌芽可以追溯到 1666 年，牛顿在研究三棱镜时发现将太阳光通过三棱镜太阳光分解为七色光。1814 年夫琅禾费设计了包括狭缝、棱镜和视窗的光学系统并发现了太阳光谱中的吸收谱线（夫琅禾费谱线）。1860 年克希霍夫和本生为研究金属光谱设计成较完善的现代单色仪。

单色仪是一种常用的分光仪器，适用于单色光的产生、光谱分析和光谱特征性测量等方面。单色仪能输出一系列独立的、光谱区间足够狭窄的单色光，且所输出单色光的波长可以根据要求连续调节。单色仪有多种，从不同的角度对它有不同的分类，如按物镜的形成可分为透射式单色仪和反射式单色仪，按色散元件可分为棱镜单色仪和光栅单色仪。

光栅单色仪是用光栅衍射的方法获得单色光的仪器，它可以从发出复合光的光源（即不同波长的混合光的光源）中得到单色光，通过光栅一定的偏转的角度得到某个波长的光，并可以测定它的数值和强度。因此可以进行复合光源的光谱分析。它的单色性主要靠内部的反射光栅，光栅常数越小，衍射角度越大，所获得光谱的波段越窄，单色性也就越好。此外，其单色性还与单色仪狭缝的宽度、色散器件（棱镜或光栅）的色散能力、聚焦系统的焦距有关。

四、实验方法提示

(1) 首先打开溴钨灯，待其发光稳定后，光线通过凸透镜会聚并射入光栅单色仪的入射狭缝，将硅探测器接在单色仪的光出射狭缝处，探测光电流，得到溴钨灯的光谱响应曲线。光源光谱测试系统如图 7-3-1 所示。

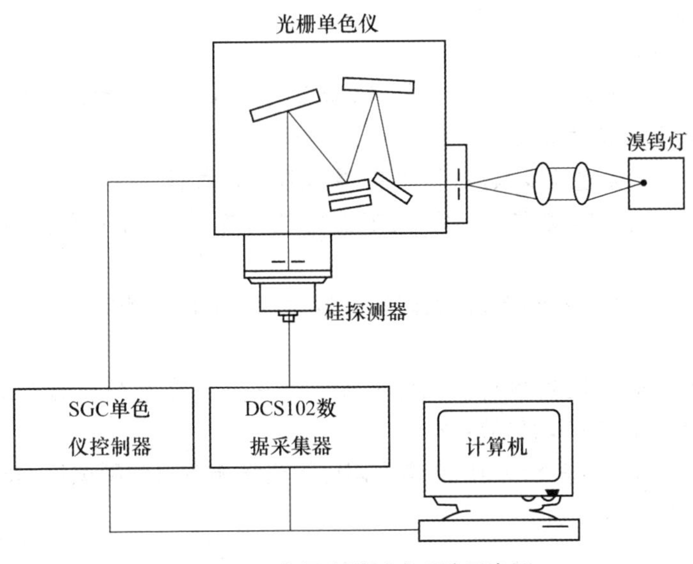

图 7-3-1　光源光谱测试系统示意图

(2)将硅探测器轻轻取下,然后把硅太阳能电池固定在单色仪的光出射狭缝处,并保证整个光斑都照在硅光电池片上,保持其他装置不动。太阳能电池短路电流测试系统如图7-3-2所示。

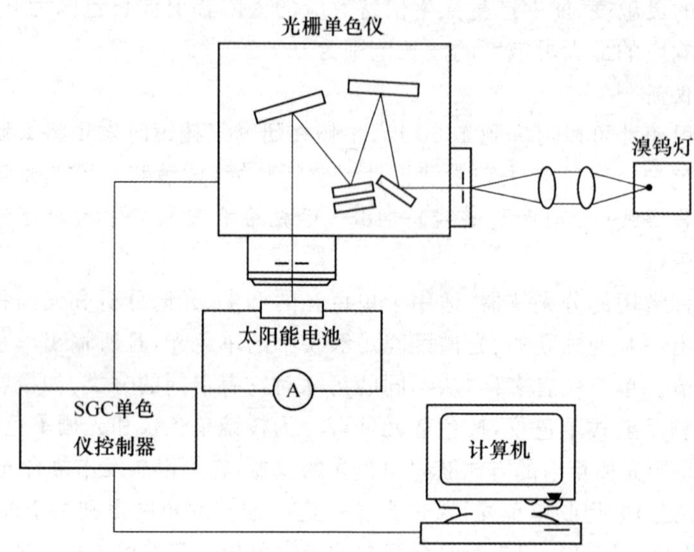

图 7-3-2 太阳能电池短路电流测试系统示意图

(3)通过光栅单色仪控制软件,选择光栅(600线/mm,闪耀波长750 nm),分别将光栅单色仪的输出光调节到规定波长,并分别测得硅太阳能电池相应波长下的短路电流。

(4)将测得的溴钨灯光源的光谱数据用硅探测器的光谱响应曲线进行校正,然后将短路电流与校正后的光源光谱数据相除,并考虑到不同波长光的光子能量,将其转换成以A/W为单位的数据,即可获得电池的绝对光谱响应曲线,然后再进行归一化处理,便可获得电池的相对光谱响应曲线。

五、实验仪器提示

硅太阳能电池、光栅单色仪、溴钨灯光源、紫敏硅探测器、凸透镜组、数字式万用表。

六、参考文献及阅读材料推荐

[1] 黄锡坚. 硅太阳电池及其应用. 北京:中国铁道出版社,1985.

[2] 茅倾青,潘立栋,陈骏逸,等. 太阳能电池基本特性测定实验. 物理实验,2004,24(11):6-9.

[3] 王殿元,王庆凯,彭丹,等. 硅太阳能电池光谱响应曲线测定研究性实验. 物理实验,2007,27(9):8-10.

[4] 姜琳. 太阳能电池基本特性测定实验——一个与能源利用有关的综合设计性实验. 大学物理,2005,24(6):52-55.

[5] 王世昌,刘湘生,等. SSAM-30型太阳电池光谱响应自动测试仪. 太阳能学报,1998,19(3):442-443.

实验 7-4 微弱信号检测实验研究

一、研究内容

利用电容电压法测量 P-N 结的杂质浓度分布和 P-N 结电容。

二、实验要求

1. 研究锁相放大器输出与输入信号和参考信号的相位差之间的关系。
2. 研究噪声对锁相放大器的输出影响。
3. 研究利用锁相放大器实现对微弱信号检测的方法。
4. 给出利用电容电压法测量 P-N 结势垒电容的方法并测量势垒电容。
5. 给出利用电容电压法测量 P-N 结的杂质浓度的方法并测量杂质浓度。
6. 写出本研究的论文。

三、实验背景资料

1. 微弱信号检测的发展背景

随着科学技术的发展,使测量技术得到日趋完善的发展,同时也提出更高要求。尤其是一些极端条件下的测量已成为现代认识自然的主要手段,由于微弱信号检测(weak signal detection)能测量传统观念认为不能测量的微弱量,所以才获得迅速的发展和普遍的重视,微弱信号检测已逐渐形成一门边缘科学。锁相放大器(lock-in Amplifier,LIA)就是检测淹没在噪声中的微弱信号的仪器,它可用于测量交流信号的幅度和相位,有极强的抑制干扰和噪声的能力,有极高的灵敏度,可测量毫微伏量级的微弱信号,自 1962 年美国 PARC 第一个相干检测的锁相放大器问世以来,锁相放大器有了迅速的发展,性能指标有了很大的提高,现已被广泛应用于科学技术的很多领域。

2. P-N 结电容

P-N 结是由 P 型和 N 型半导体"接触"形成的,交界之处的杂质浓度可以是突变的,或是缓慢的,在结的界面处形成势垒区,也称空间电荷区,如图 7-4-1(a)、(b)所示。

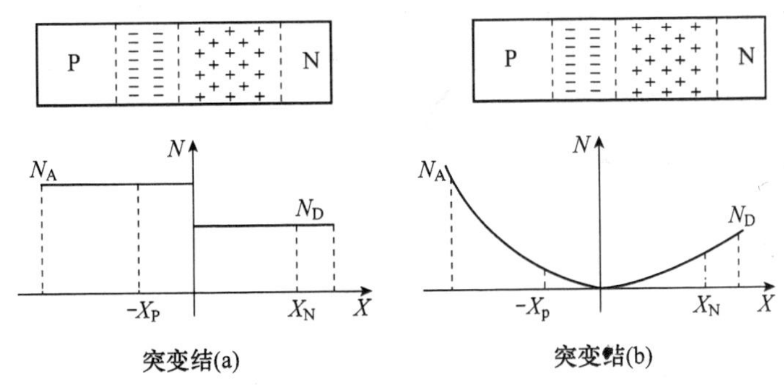

图 7-4-1 两种 P-N 结示意图

N 为掺杂浓度,N_A 为受主浓度,N_D 为施主浓度;X 为空间电荷区坐标,X_P 为 P 区空间电荷坐标,X_N 为 N 区空间电荷坐标。

当 P-N 结外加电压时,势垒区的空间电荷数量将随外加电压变化,与电容器的作用相同，这种由势垒区电荷变化引起的电容称为势垒电容：$C_T=\frac{dQ_T}{dV}$。另外，P-N 结加正向偏压时，P 区和 N 区的空穴和电子各自对各自向对方发散，并能在对方（扩散区）形成一定的电荷积累，积累电荷的多少也随外加电压而变化，称为扩散电容：$C_d=\frac{dQ_d}{dV}$。所以，P-N 结的电容与一般电容不同，不是恒定不变的，会随外加电压的变化而变化。利用 P-N 结势垒电容随外加电压变化这一特性可以制作变容二极管，并且利用 P-N 结电容随外加电压的变化规律可以非破坏性地测定其杂质浓度分布。

3. 锁相放大器基本工作原理

锁相放大器是采用相干技术制成的微弱信号检测仪器，其基本结构由信号通道、参考通道和相敏检波器等三部分组成。其测量微弱信号的原理简单概括如下：相关反映了两个函数有一定关系，如果两个函数的乘积对时间的积分不为零，则表明这两个函数相关。相关按概念分为自相关和互相关，微弱信号中一般采用抗干扰能力强的互相关检测。设信号 $f_1(t)$ 为被检信号 $V_s(t)$ 和噪声 $V_n(t)$ 的叠加，$f_2(t)$ 为与被检信号同步的参考信号 $V_r(t)$，二者的相关函数为

$$\begin{aligned}R_{12}(\tau)&=\lim_{T\to\infty}\frac{1}{2T}\int_{-T}^{T}f_1(t)f_2(t-\tau)\mathrm{d}t\\&=\lim_{T\to\infty}\frac{1}{2T}\int_{-T}^{T}[V_s(t)+V_n(t)]V_r(t-\tau)\mathrm{d}t\\&=R_{sr}(\tau)+R_{nr}(\tau)\end{aligned}$$

由于噪声 $V_n(\tau)$ 和参考信号 $V_r(\tau)$ 不相关，故 $R_{nr}(\tau)=0$，所以 $R_{12}(\tau)=R_{sr}(\tau)$。锁相放大器通过直接实现计算相关函数来实现从噪声中检测到淹没信号。

4. 电容电压法测量 P-N 结势垒电容原理

利用电容电压法测量 P-N 结势垒电容的原理如图 7-4-2 所示，图中 P-N 结反向偏压是电源 E 通过电阻 R_3、R_1 加压在 P-N 结上的，由于 P-N 结反向漏电流很小，所以在 R_3、R_1 上的压降也很小，可以认为 P-N 结势垒电容随反向偏压改变而变化。当 P-N 结上加上反向偏压后，再由交流信号源输出正弦信号加在电阻 R_1 和 R_2 上，从图可看到，由交流信号 V_1 加在 P-N 结 C_x 及 C_0 上，通过适当选取 C_0，可以做到与 C_0 相比，R_3 阻抗很大，C_1、C_2 的电容很小，使它们的分流作用可以忽略。

由图可计算出 $V_1=\frac{\frac{1}{j\omega C_0}}{\frac{1}{j\omega C_x}+\frac{1}{j\omega C_0}}$，其中 C_x 为 P-N 结 C_x 的势垒电容，当 $C_x\ll C_0$ 时，$V_1=V_E\frac{C_x}{C_0}$。在实际测量中，$C_x\ll C_0$ 的条件是满足的。测量电路中的 D_1、D_2 起限幅作用，避免过大的信号进入锁相放大器。由锁相放大器的输出电压 V_i 与 C_x 的关系可知，当 C_x 增大，锁相放大器输出 V_i 增大。因此，只要保持信号源输出不变，即 V_i 不变，改变直流电源输出电压，C_x 也随着改变，因而 V_i 就会改变，从而锁相放大器的输出 V_0 跟着改变。这样通过改变电源的输出电压，便能得到电容 C_x（即 C_T）与反向电压的关系曲线。如果将未知电容

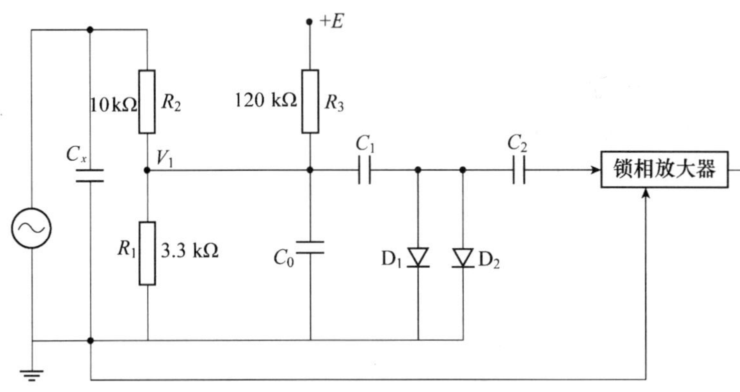

图 7-4-2　P-N 结势垒电容测量原理图

C_x 换成已知的电容，在保持 V_1 不变的情况下，可将表示电容数值的坐标进行定标，从而得到不同电压下的势垒电容 C_T。

四、实验仪器提示

锁相放大器、P-N 结电容、电阻、电压表、直流电源。

五、参考文献及阅读材料推荐

[1] 聂绍龙，黄旭初，王宣银. 微弱信号检测的原理及其实现. 电测与仪表，2002，39(1)：9-12.

[2] 于丽霞，王福明. 微弱信号检测技术综述. 信息技术，2007，2.

[3] 陈正涛. 微弱信号相关检测技术综述. 科技广场，2006(7).

实验 7-5　高压静电场对种子发芽的影响的研究

一、实验内容

研究高压静电场对种子发芽影响的规律。

二、实验要求

1. 研究高压静电场对不同种子发芽时间、发芽率的影响；
2. 研究不同的电压对相同种类的种子发芽时间、发芽率的影响；
3. 研究放在电场中不同的位置的种子发芽率的不同；
4. 通过查阅文献，研究电场对种子发芽的影响机制；
5. 写出该研究的论文。

三、实验背景资料

生物体内充满了电荷，绝大部分电荷以离子，离子基团和电偶极子的形式存在，组成蛋白质的 20 种氨基酸中有 13 种在水中能离解产生离子基团或表现电偶极子特性。DNA 大分子中的碱基和磷酸酯也存在离子基团和偶极子，生物水本身就有强烈的电偶极作用，还存在一些无机离子。因此，高压电场可对其生长产生一定的影响。另外，细胞膜电位瞬时改变可导致组织兴奋。已有实验证明，放置在高压芒刺静电场中的大豆种子的发芽率有所提高。直接用静电场处理种子，可以促使作物提高产量和质量，经生化测定其淀粉活性酶增加，脱氧酶活性提高。

四、实验仪器提示

正高压静电场(＜10^4 V),高压静电表,自耦变压器,种子。

五、参考文献及阅读材料推荐

[1] 张羽,孙英春.高压芒刺静电场对大豆种子发芽率的影响:[学位论文].长春:东北师范大学,2005.

[2] 丘冠英,彭银祥.生物物理学.武汉:武汉大学出版社,2000.

[3] 刘树铮.低水平辐射兴奋效应.北京:科学出版社,1996.

[4] 潘瑞炽,董愈得.植物生理学.北京:高等教育出版社,1995.

实验 7-6　混沌运动的力学碰撞实验研究

一、实验内容

建立一个力学碰撞系统研究混沌运动现象。

二、实验要求

1.自制一个力学实验系统,它能够展示混沌运动,并可以测量运动物体的位移随时间的变化关系;

2.研究影响混沌运动状态的因素;

3.测定系统由确定性运动转向混沌运动的临界点;

4.对该系统的运动进行理论研究,并与实验比较,分析理论与实验结果存在差异的原因;

5.写出研究的论文。

三、实验背景资料

混沌是指发生在确定系统中的貌似随机的不规则运动,一个确定性描述的系统,其行为却表现为不确定性。1963 年,美国气象学家洛伦兹在总结大气运动的规律时,得到了现称为洛伦兹方程组的关于温度、气压、湿度等的微分方程,他将初始的温度、气压、湿度等量代入,很精确地预言了 2～3 d 后的天气状况,然而,这个非线性方程的解对初始状态的变化极其敏感,而人们对当天的温度、气压、湿度等的测量又不可能没有误差,而非常微小的误差,经过 10 d、半个月的演化,误差会放大到与测量值相同的数量级,因此,对于长时间而言,天气预报已失去了"预报"的意义。洛伦兹形象地用"蝴蝶效应"来描述。比如说,今天杭州的气压由于一个蝴蝶翅膀的煽动,引起了局部区域的细微变化;虽然描述大气运动的非线性方程非常严格,但由于气压初始值小小的扰动,经过 10 d、半个月的演化后,会导致另一个城市(比方说北京)出现一场大风暴。

混沌现象在生产生活、科学研究中有着广泛的应用,如生命科学、流体力学,经济学等。

四、实验方法提示

两个倔强系数不同的弹簧振子的碰撞,其运动轨迹可出现混沌现象。

五、参考文献及阅读材料推荐

[1] 盛正卯,叶高翔.物理学与人类文明.杭州:浙江大学出版社,2000.

[2] 詹姆斯·格莱克.混沌开创新科学.张淑誉,译.上海:上海译文出版社,1990.

[3] 郝柏林.大学物理.北京:高等教育出版社,1996.

[4] 韩媛媛,贾玉江.简单力学碰撞系统中的混沌运动:[学位论文].长春:东北师范大学,2005.

Chapter 8 第8章

近代物理实验

Modern Physics Experiment

实验8-1 普朗克常数的测定

一、背景简介

19世纪末，经典物理学体系已经在几乎所有方面都取得了巨大的成功。当时在许多科学家心中普遍存在着一种乐观的情绪，认为宏伟的科学大厦已经基本建立起来了，后辈的物理学家只需要对现有的理论进行一些小小的补充和修正。的确，那时经典物理学已经成为一套相当完美的体系，人们能够用它来解释大到天体运行，小到烧一壶开水等形形色色的物理现象。但是，正如英国物理学家开尔文所说的，在物理学晴朗的天空的远处，还存在着两朵“乌云”。其中一朵指的是迈克尔逊-莫雷实验，它的结果否定了“以太”的存在，最终导致了相对论的诞生；另一朵指的就是“紫外灾难”，它使物理学家们最终建立了量子力学。

“紫外灾难”指的是，在研究黑体的热辐射问题时，许多物理学家都试图根据经典理论对黑体辐射的频率分布做出理论说明，其中最有代表性的是瑞利和金斯提出的瑞利-金斯公式，在低频部分，公式与实验符合得很好，但是在高频部分，却出现很大的分歧。对于温度给定的黑体，由瑞利-金斯公式得出辐射能量与频率的平方成正比，因此当波长接近紫外时，能量为无限大！即在紫色端发散。这一结果后来被称为“紫外灾难”，无法用经典理论给出解释。

直到1900年，德国理论物理学家普朗克用内插法得出了与实验曲线吻合的经验公式。为了寻求经验公式的理论依据，他提出了能量子假说：黑体腔壁中的电子振动可视为一维谐振子，这些谐振子的能量状态是分立的，相应的能量是某一最小能量的整数倍，即为 $\varepsilon, 2\varepsilon, 3\varepsilon, \cdots, n\varepsilon$，其中 n 为量子数，ε 称为能量子，与谐振子的频率 ν 成正比，即 $\varepsilon = h\nu$，h 叫做普朗克常数。

普朗克的能量子假说提出了原子振动能量只能取一系列分立值的能量量子化概念，这是与经典物理中能量可以连续取值完全不同的崭新概念。普朗克能量子假说完满解决了经典物理在黑体辐射问题上遇到的困难，并且为爱因斯坦光量子理论假说、玻尔氢原子理论假

说奠定了基础。普朗克是在1900年12月14日宣读的《关于正常光谱中能量分布律的理论》论文中提出能量量子化思想的，这一天被公认为量子理论的诞生日。普朗克常数也已经成为量子物理中最重要、最基本的常数。

二、与本实验相关的理论知识简介

光电效应简介

1. 光电效应的定义

当光照在物体上时，一部分光的能量以热的形式被物体吸收，而另一部分则转化为物体中电子的能量，使电子逸出物体表面，这种现象称为光电效应，逸出的电子称为光电子。

2. 光电效应的实验规律

光电效应实验原理如图8-1-1所示，其中S为真空光电管，K为阴极，A为阳极。当没有光照射到阴极上时，由于阳极与阴极是断路的，检流计G中无电流通过。当用一个波长比较短的单色光照射到阴极K上时，产生的光电子在电场的作用下向阳极A迁移形成光电流。光电流随加速电势差U变化的伏安特性曲线如图8-1-2所示。

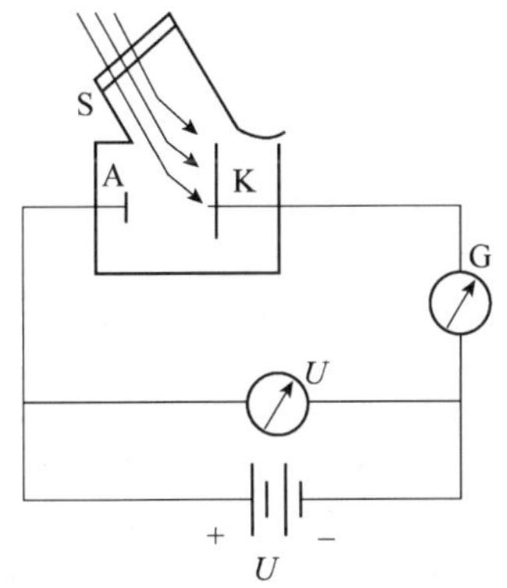

图8-1-1 光电效应实验原理图

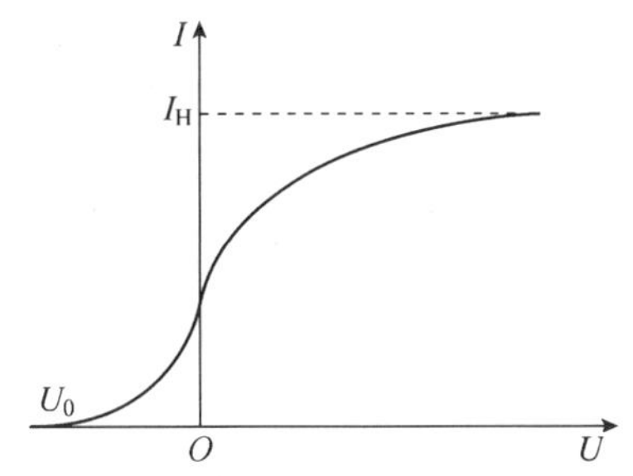

图8-1-2 光电管的伏安特性曲线

(1)光电流与入射光强度的关系　实验表明，对一定频率的入射光，光电流随加速电势差U的增加而增加，当加速电势差增加到一定量值后，光电流达到饱和值I_H，饱和光电流的大小与入射光的强度成正比。当$U_{AK}=U_A-U_K$变成负值时，光电流迅速减小。实验发现，存在一个遏止电势差U_0，当电势差达到该值时，光电流为零。对于不同频率的光，其遏止电势差的值不同。

(2)光电子的初动能与入射光频率之间的关系　当光电子从阴极逸出时，光电子具有初动能。实验表明，光电子的初动能只随入射光频率的增大而增大，与入射光的强度无关。

(3)光电效应中的光电阈值　实验指出，存在一个特定的频率ν_0，只有当入射光的频率大于ν_0时，电子才能从金属表面逸出，电路中才有光电流，这个频率ν_0称为截止频率(也称为红限)。

(4)光电效应的瞬时性　实验表明，无论入射光的强度如何，只要频率大于截止频率ν_0，照到金属表面时光电子的发射几乎是瞬时的，不超过10^{-9} s。

3. 经典理论在解释光电效应时遇到的困难

从光电效应实验中得到的规律，用经典电磁波理论解释时却遇到了困难。

(1)根据经典理论，入射光强越大，光能越大，飞出的光电子初动能就应越大。而事实是光电子的最大初动能仅与入射光频率有关。

(2)按照经典理论，无论什么频率的入射光，只要其强度足够大，就能使电子具有足够的能量逸出金属，而实验却指出，若入射光的频率小于截止频率，无论其强度有多大，都不能发生光电效应。

(3)按照经典理论，电子逸出金属所需要的能量，需要有一定的时间来积累，而实验却指出，光的照射和光电子的释放，几乎是同时发生的。

为了解决光电效应的实验规律与经典理论的矛盾，爱因斯坦在普朗克量子化理论的启发下，提出了光量子理论，成功地解释了光电效应。

4. 爱因斯坦光量子理论及对光电效应的解释

根据爱因斯坦关于光本性的假设，光是运动着的光子流，每一个光子的能量为 $E=h\nu$，其中 h 为普朗克常数，ν 为光波的频率。所以，不同频率的光波对应的光子能量是不同的。光电子吸收光子 $h\nu$ 之后，一部分光子能量用于电子克服金属表面的束缚而需要的逸出功 A，另一部分转换为逸出电子的初动能。由能量守恒定律可知

$$h\nu=\frac{1}{2}mv^2+A \tag{8-1-1}$$

式(8-1-1)称为爱因斯坦光电效应方程。由此可见，光电子的初动能与入射光频率 ν 呈线性关系，而与入射光的强度无关。

根据爱因斯坦光电效应方程，当光子的频率为 ν_0($A=h\nu_0$)时，电子的初动能为零，电子刚好能逸出金属表面，则 ν_0 即为截止频率，显然，如果入射光的频率小于 ν_0，电子吸收光子的能量小于逸出功，电子不能逸出。并且，入射到金属表面的光频率越高，逸出的电子的动能越大。所以即使阳极电位比阴极电位低时也会有电子落入阳极形成光电流，直至阳极电位低于遏止电势差，光电流才为零，阳极电位高于遏止电势差后，随着阳极电位的升高，阳极对阴极发射的电子的收集作用越强，光电流随之上升；当阳极电压高到一定程度，已把阴极发射的光电子几乎全收集到阳极，再增加 U_{AK} 时 I 不再变化，光电流出现饱和，饱和光电流的大小与入射光的强度成正比。

当光子照射到金属表面上时，一次为金属中的电子全部吸收，所以，只要 $\nu>\nu_0$，电子就能从金属中释放出来而不需要积累能量的时间，光电子的释放和光的照射几乎是同时发生的。

爱因斯坦光量子理论的重要意义，不仅在于对光电效应做出了正确的解释，更重要的是使关于光的本性的认识前进了一大步。历时 3 个多世纪的波动说和微粒说的争论，被光的波粒二象性的观点所代替，并为以后微观粒子波粒二象性的提出打下了坚实的基础。

5. 光电效应的应用

近年来，光电效应已经被广泛应用于工农业生产、科研和国防等各领域，特别是根据光电效应制成的各种光电器件(如光电管、光电池、光电倍增管等)在光信号记录、光功率测量、夜视器材、电影、电视、自动控制和自动计量等方面有着广泛的应用，光电功能材料也越来越受到人们的青睐。

三、实验任务

1. 了解光的量子性和光电效应的基本规律，加深对光量子性的理解。

2. 测定光电管的伏安特性曲线。

3. 验证光电效应中饱和光电流与入射光强成正比的变化关系。

4. 用光电效应方法测量普朗克常数。

四、实验物品、仪器及设备

汞灯电源(1)、汞灯(2)、滤光片(3)、光阑(4)、光电管(5)、基准平台(6)、普朗克常数测量仪(7)。

整体摆放如图 8-1-3 所示。

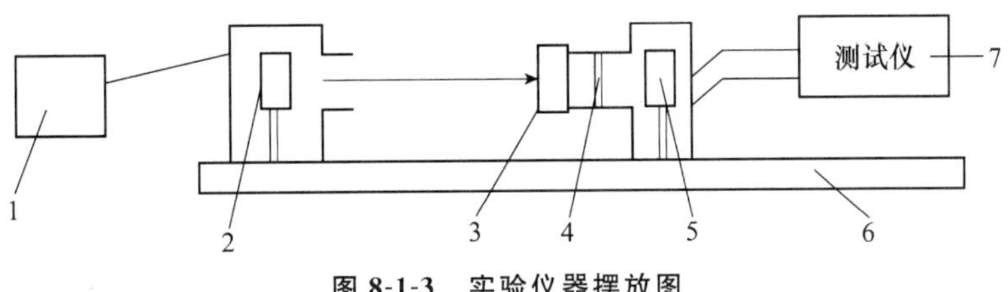

图 8-1-3 实验仪器摆放图

五、重要仪器、设备简介

1. 普朗克常数测试仪

普朗克常数测试仪如图 8-1-4 和图 8-1-5 所示。

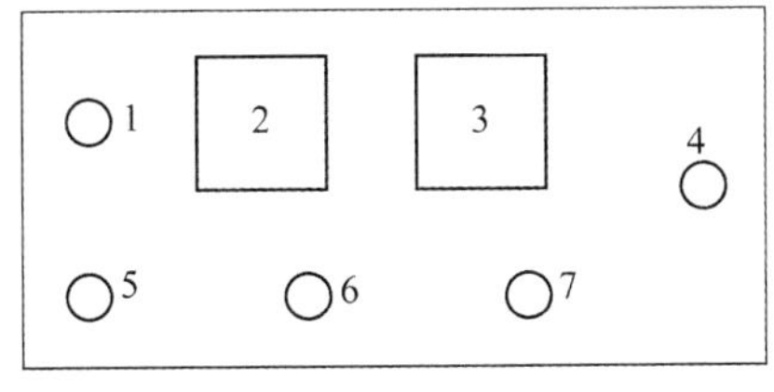

图 8-1-4 前面板图

1. 电压选择开关 2. 电压显示窗 3. 电流显示窗 4. 电流量程选择开关 5. 电源开关 6. 电压调节旋钮 7. 电流调零

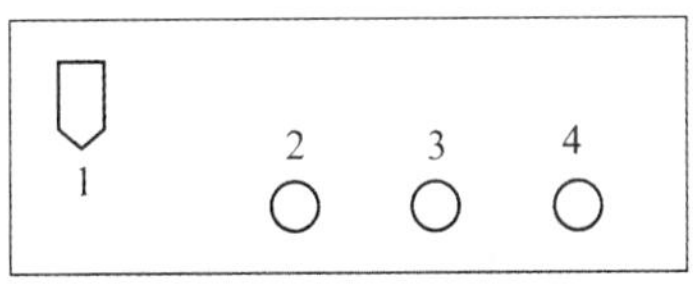

图 8-1-5 后面板图

1. 电源插座 2. 电压输入"+" 3. 电压输出"−" 4. 微电流输入端

普朗克常数测试仪提供了两组光电管工作电源(−2～+2 V，−2～+30 V)，连续可调，精度 0.1%，最小分辨率 0.01 V，电压值由三位半 LED 显示。

本实验在微电流测量中采用了高精度集成电路构成电流放大器。对测量回路而言，放大器近似于理想电流表，对测量回路无影响，使测量仪器具有较高的灵敏度(电流测量范围 10^{-8}～10^{-13} A)和较高的稳定性(零漂小于满刻度的 0.2%)，从而使测量精度和准确度大大提高。

2. 光源

用高压汞灯做光源，配以专用镇流器，光谱范围为 320.3～872.0 nm，可用谱线为 365.0 nm、404.7 nm、435.8 nm、546.1 nm、578.0 nm 共 5 条强谱线。

3. 滤光片

滤光片的主要指标是半宽度和透过率。本实验中使用的是一组高性能的滤光片，保证了在测量某一谱线时无其他谱线干扰，避免了谱线相互干扰带来的测量误差。在高压汞灯发出的可见光中，强度较大的谱线有 5 条，仪器配以相应的 5 种滤光片。

4. 光电管暗盒

本实验采用测定 h 专用的光电管。由于采用了特殊结构，使光不能直接照射到阳极，由阴极反射照到阳极的光也很少，加上采用新型的阴、阳极材料及制造工艺，使得阳极反向电流大大降低，暗电流也很低（$\leqslant 2\times10^{-12}$ A）。

六、实验原理与构思

（一）验证光电效应中饱和光电流与入射光强成正比的变化关系

实验构思

对一定频率的入射光，当光电流达到饱和时，通过改变光阑孔径来改变入射光光强，测量不同光阑孔径下相应的饱和光电流值。由于照到光电管上的光强与光阑面积成正比，因此饱和光电流应与光阑孔径的平方成正比。

（二）用光电效应方法测量普朗克常数

1. 实验原理

当光电子从阴极逸出时，光电子具有初动能。在减速电压下，光电子逆着电场力的方向由 K 极向 A 极运动。当 $U=U_0$ 时，光电子不能达到 A 极，光电流为零。此时有

$$\frac{1}{2}mv^2=eU_0 \tag{8-1-2}$$

即电子的动能可由截止电压求出，根据爱因斯坦光电效应方程，当用不同频率（$\nu_1,\nu_2,\nu_3,\cdots,\nu_n$）的单色光分别照射时，就有

$$h\nu_1=e|U_{01}|+A$$
$$h\nu_2=e|U_{02}|+A$$
$$\cdots\cdots$$
$$h\nu_n=e|U_{0n}|+A$$

联立其中任意两个方程就可得到

$$h=\frac{e(|U_{0i}|-|U_{0j}|)}{\nu_i-\nu_j} \tag{8-1-3}$$

2. 实验构思

本实验关键在于获得单色光和确定遏止电势差值。

在实验中，单色光可由汞灯光源经过滤光片选择谱线产生。汞灯是一种气体放电光源，当其点燃稳定后，在可见光区域内有几条波长相差较远的强谱线，如表 8-1-1 所示结合滤光片就可以产生需要的单色光。

表 8-1-1　可见光区汞灯的谱线

波长/nm	频率 /10^{14} Hz	颜色
579.0	5.179	黄
577.0	5.198	黄
546.1	5.492	绿
435.8	6.882	蓝
404.7	7.410	紫
365.0	8.216	近紫外

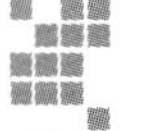

在理论上，测出各频率的光照射下阴极电流为零时对应的 U_{AK}，其绝对值即该频率的截止电压。

然而，在实际上，由于光电管的阳极反向电流、暗电流、本底电流等因素的影响，实测电流并非是阴极电流，实测电流为零时对应的 U_{AK} 也并非是截止电压。

反向电流的起因是：在光电管制作的过程中，阳极往往被污染，沾上少许的阴极材料；入射光照射到阳极或入射光从阴极反射到阳极之后都会造成阳极的光电子发射。当 U_{AK} 为负值时，阳极发射的电子向阴极迁移构成了阳极反向电流。

暗电流和本底电流是热激发产生的光电流与杂散光照射光电管产生的光电流。

对此，本实验可以由零电流法或补偿法来测量截止电压。

(1)零电流法　零电流法是直接将各谱线的单色光照射下测得的电流为零时对应的电压 U_{AK} 的绝对值作为截止电压 U_0。此法的前提是阳极反向电流、暗电流和本底电流都很小，用零电流法测得的截止电压与真实值相差很小，且各谱线的截止电压都相差 ΔU，对 U_0-ν 曲线的斜率无大的影响，因此对 h 的测量不会产生大的影响。本实验使用的光电管采用了特殊结构和新型阴、阳极材料，阳极反向电流、暗电流都很小，所以可以直接采用零电流法求出截止电压。

(2)补偿电流法　暗电流和本底电流产生的影响还可以用补偿法来消除。补偿法是调节电压 U_{AK} 使电流为零后，保持 U_{AK} 不变，遮挡汞灯光源，此时测得的电流 I_1 为电压接近截止电压时的暗电流和本底电流。然后，重新让汞灯照射光电管，调节电压 U_{AK} 使电流值至 I_1，将此时对应的电压 U_{AK} 的绝对值作为截止电压 U_0。

七、实验中要采集的数据及其处理

1. 测定光电管的伏安特性曲线

测量不同光强下光电流 I 随加速电势差 U_{AK} 的变化关系，填入表 8-1-2 中。

表 8-1-2　I-U_{AK} 关系记录

435.8 nm 光阑(2 mm)	U_{AK}/V									
	$I/10^{-11}$ A									
546.1 nm 光阑(4 mm)	U_{AK}/V									
	$I/10^{-11}$ A									

用表 8-1-2 的数据在坐标纸上作对应于以上两种波长及光强的伏安特性曲线。

2. 验证光电效应中饱和光电流与入射光强之间的变化关系

测量不同频率的光的饱和电流随光强的变化关系，填入表 8-1-3。

表 8-1-3　饱和光电流与入射光强的关系

435.8 nm	光阑孔径 ϕ/mm	2	4	8
	$I/10^{-10}$ A			
546.1 nm	光阑孔径 ϕ/mm	2	4	8
	$I/10^{-10}$ A			

U_{AK}=______V。

用表 8-1-3 的数据验证光电管的饱和光电流与入射光强成正比的关系。

3. 用光电效应方法测量普朗克常数

测量不同频率光的截止电压 U_0，填入表 8-1-4。

表 8-1-4　U_0-ν 关系

波长 λ/nm	365.0	404.7	435.8	546.1	578.0
频率 $\nu/10^{14}$ Hz	8.216	7.410	6.882	5.492	5.196
截止电压 U_0/V					

光阑孔径 ϕ=______ mm。

可以用以下三种方法之一处理表 8-1-4 的实验数据，得出 U_0-ν 直线的斜率 K。

方法一：根据线性回归理论，U_0-ν 直线的斜率 K 的最佳拟合值为：

$$K=\frac{\overline{\nu}\cdot\overline{U_0}-\overline{\nu\cdot U_0}}{\overline{\nu}^2-\overline{\nu^2}} \tag{8-1-4}$$

其中$\overline{\nu}=\frac{1}{n}\sum_{i=1}^{n}\nu_i$，$\overline{\nu^2}=\frac{1}{n}\sum_{i=1}^{n}\nu_i^2$，$\overline{U_0}=\frac{1}{n}\sum_{i=1}^{n}U_{0i}$，$\overline{\nu\cdot U_0}=\frac{1}{n}\sum_{i=1}^{n}\nu_i\cdot U_{0i}$。

方法二：根据 $K=\frac{\Delta U_0}{\Delta\nu}=\frac{U_{0i}-U_{0j}}{\nu_i-\nu_j}$，从表 8-1-4 的后四组数据中求出 3 个 K，将其平均值作为所求 K 的数值。

方法三：可用表 8-1-4 的数据在坐标纸上绘出 U_0-ν 直线，由图求出直线斜率 K。

求出直线斜率 K 后，由 $h=eK$ 求出普朗克常数。将实验值与 h 的公认值 h_0 比较求出相对误差 $\delta=\frac{h-h_0}{h_0}$。其中，$e=1.602\times10^{-19}$ C，$h_0=6.626\times10^{-34}$ J·s。

八、实验步骤提示

1. 测试前准备

（1）将测试仪及汞灯电源接通，预热 20 min。

（2）把汞灯和光电管暗箱遮光盖盖上，将汞灯暗箱光输出口对准光电管暗箱光输入口，调整光电管与汞灯距离为 40 cm，并保持不变。用专用连接线将光电管暗箱电压输入端与测试仪电压输出端（后面板上）连接起来（红—红，蓝—蓝）。

（3）将“电流量程”选择开关置于所选挡位。仪器在充分预热后进行测试前调零，旋转“调零”旋钮使电流指示为 000.0。用高频匹配电缆将光电管暗箱电流输出端 K 与测试仪的微电流输入端（后面板上）连接起来。

2. 测定光电管的伏安特性曲线

将电压选择按钮键置于−2～+30 V，将“电流量程”选择开关置于 10^{-11} A 挡；将直径 2 mm的光阑及 435.8 nm 的滤光片装在光电管暗箱光输入口上。

（1）从低到高调节电压，记录电流从零到非零点所对应的电压值，以此作为第一组数据，以后电压每变化一定值记录一组数据，将数据填入表 8-1-2 中。

（2）换上直径为 4 mm 的光阑及 546.1 nm 的滤光片，重复测量步骤（1）。

3. 验证光电效应中饱和光电流与入射光强之间的变化关系

调节电压 U_{AK} 为 30 V，将“电流量程”选择开关置于 10^{-10} A 挡。

(1)将 435.8 nm 的滤光片装在光电管暗箱光输入口上，记录光阑分别为 2 mm、4 mm 和 8 mm 时对应的电流值，将其填入表 8-1-3 中。

(2)换上 546.1 nm 的滤光片，重复测量步骤(1)。

4. 测量各谱线的截止电压 U_0 和普朗克常数 h

(1)将电压选择键置于 $-2\sim+2$ V 挡，将"电流量程"选择开关置于 10^{-13} A 挡。将测试仪电流输入电缆断开，调零后重新接上；将直径 4 mm 的光阑及 365.0 nm 的滤光片装在光电管暗箱光输入口上。

(2)从低到高调节电压，用"零电流法"或"补偿法"(见实验原理与构思)测量该波长对应的 U_0，并将数据记录在表 8-1-4 中，依次换上 404.7 nm、435.8 nm、546.1 nm、578.0 nm 的滤光片，重复以上测量步骤。

九、实验注意事项

(1)汞灯关闭后，不要立即开启电源，必须等灯丝冷却后，再开启电源，否则会影响汞灯寿命。

(2)应保持光电管清洁，避免用手触摸，而且应将其放置在遮光罩内，不用时禁止用光照射。

(3)要保持滤光片清洁，禁止用手触摸滤光片光学面。

(4)不使用光电管时，要断掉施加在光电管阳极与阴极之间的电压以保护光电管。

十、思考题

1. 当加在光电管两极间的电压 $U=0$ 时，光电流 $I\neq0$，为什么？

2. 如何根据 U_0-ν 关系曲线确定光电管阴极材料的红限波长和逸出功？

十一、参考文献及阅读材料推荐

[1] 马文蔚，周雨青，解希顺. 物理学教程. 北京：高等教育出版社，2006.

[2] 宋玉海，梁宝社. 大学物理实验教程. 北京：北京理工大学出版社，2006.

[3] 李敬林，王庆禄，蔡秀峰. 近代物理实验. 北京：北京交通大学出版社，2003.

实验 8-2　密立根油滴实验

一、背景简介

1. 电子的发现与研究

18 世纪以来，许多科学家都在研究电，他们认为电也有一种最小的粒子，并且取名叫做电子。1897 年，英国物理学家汤姆生(J. J. Thomson)设计了一个阴极射线管，对阴极通电加热后会发出一种阴极射线，通过进一步实验发现，即使使用不同的金属制作阴极，从中射出的带电粒子的电荷和质量的比值都是相同的，由此汤姆生得出了一个重要的结论：在各种物质中都有一种质量约为氢原子质量 1/2 000 的带负电粒子——电子，这是人们第一次发现电子的存在。

自电子被发现后，科学家们就开始致力于测量电子带电量的研究。电子是非常小的微观粒子，它所携带的电荷极其微小，因此要测量电子的电荷是很困难的，更有少数反原子论的物理学家坚持认为这不是单个粒子的恒量，而是各种电能的统计平均值。尽管如此，科学家们还是对测量电子电荷进行了多次尝试。在威尔逊发明了云室后，汤姆生便在英国剑桥大学的卡文迪许实验室利用威尔逊云室测量了电子所带的电荷"e"，但他测得的e值为1.03×10^{-19}C，比现在公认的值小35%。1903年，威尔逊利用自己发明的云室，测得的e值为$(0.67\sim1.4)\times10^{-19}$C，其平均值和汤姆生测得的$e$值差不多，误差都比较大。

2. 密立根对电子带电量的研究

密立根是在1907年在芝加哥大学任教时开始做测定基本电荷带电量的实验的。他在威尔逊实验的基础上进行了改进，首先测定荷电水蒸气云在重力作用下的下降速率，然后用电场的反向作用力修正这一速率，再利用斯托克斯黏性定律算出云雾的质量，这样在理论上就可以算出离子电荷。但是密立根发现这种方法存在许多不确定性，例如云雾表面的蒸发对下降速度的测定的干扰等。为此他加大了所施加的电场强度，使得大部分的云雾消失，而在原来有云雾的地方只留下少数水滴。密立根很快认识到，测定单个水滴上的电子电荷比测定云雾中大量粒子的电荷要精确得多，于是他设计了一种研究单个水滴在电场力和重力作用下的运动的方法。但即便如此，由于水滴的快速蒸发，对水滴的测量时间仍无法超过1 min。后来密立根进一步改进实验，利用油滴代替水滴，由于油滴挥发性较小，使得测定时间提高到了4.5 h。密立根经过了近十年的时间和无数次的实验，终于取得了具有重大意义的结果：①证明了电荷的不连续性，即所有电荷都是基本电荷的整数倍；②测量并得到了基本电荷即为电子电荷，其值为$e=4.891\times10^{-10}$静电单位（1静电单位$=3\times10^{-9}$C）。

密立根油滴实验设计巧妙、原理清晰、设备简单、结果精确，其结论却具有不容置疑的说服力，因此堪称为物理实验的精华和典范，是在近代物理学发展史上具有非常重要意义的实验。由于这一实验成就，密立根荣获了1923年度的诺贝尔物理学奖。

二、实验任务

1. 通过使用OM99 CCD微机密立根油滴仪了解CCD图像传感器的原理与应用，学习电视显微测量方法。

2. 测量电子的基本电荷，验证电荷的不连续性。

三、实验物品、仪器及设备

OM99 CCD微机密立根油滴仪一台，玻璃喷雾器1个，上海产中华牌701型钟表油1瓶。

四、重要仪器、设备简介

OM99 CCD微机密立根油滴仪主要由油滴盒、CCD电视显微镜、电路箱、监视器等组成。

1. 油滴盒

油滴盒是个重要部件，加工要求很高，其结构如图8-2-1所示。

(1)油滴盒上下电极直接用精加工的平板垫在胶木圆环上，保持极板间的不平行度、极板间的间距误差在0.01 mm以下。在上电极板中心有一个0.4 mm的油滴落入孔，在胶木圆环上开有显微镜观察孔和照明孔。

(2)在油滴盒外套有防风罩，罩上放置一个可取下的油雾杯，杯底中心有一个落油孔及一个挡片，用来开关落油孔。

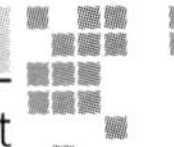

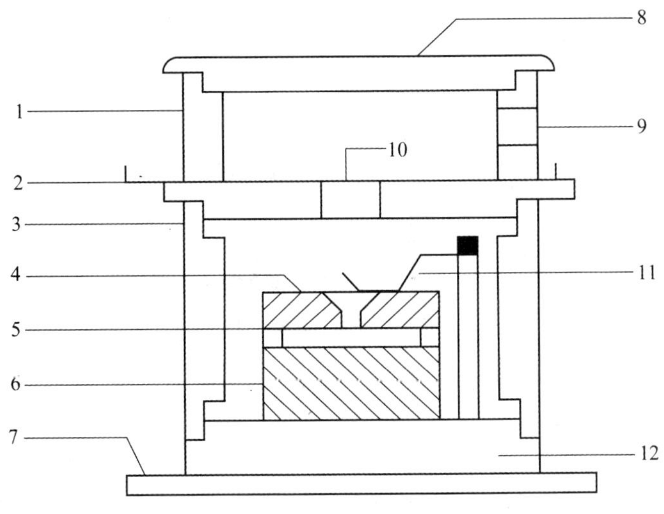

图 8-2-1 油滴盒的剖面图

1.油雾杯 2.油雾孔开关 3.防风罩 4.上电极 5.油滴盒 6.下电极 7.座架 8.上盖板 9.喷雾口 10.油雾孔 11.上电极压簧 12.油滴盒基座

(3)在上电极板上方有一个可以左右拨动的压簧，只有将压簧拨向最边位置时方可取出上极板。

(4)照明灯安装在照明座中间位置。根据散射理论，油滴仪的照明光路与显微光路间的夹角为150°～160°，这时，油滴的像特别明亮。照明灯采用了带聚光的半导体发光器件，其使用寿命长。

2. CCD 电视显微镜

专门设计的 CCD 电视显微镜的光学系统体积小巧，成像质量好。由于 CCD 摄像头与显微镜是整体设计的，无须另加连接圈就可方便地装上拆下，使用可靠、稳定，不易损坏 CCD 器件。

3. 电路箱

电路箱体内装有高压产生、测量显示等电路。底部装有三只调平手轮，面板结构如图8-2-2所示。由测量显示电路产生的电子分划板刻度与 CCD 摄像头的行扫描严格同步，相当于刻度线做在 CCD 器件上。这样做不管监视器的大小，或监视器本身是否有非线性失真，其刻度值都不会改变。

(1)油滴仪备有两种分划板：分划板 A 和分划板 B。标准分划板 A 是8×3 结构，垂直线视场为 2 mm，分八格，每格值为 0.25 mm。为观察油滴的布朗运动，设计了另一种 X、Y 方向各为 15 小格的分划板 B，用随机配备的标准显微物镜时，每格为 0.08 mm。要进入或退出分划板 B 时，按住“计时/停”按钮 5 s 以上即可进行两种分划板间的切换。

(2)在面板上有两只控制平行极板电压的三挡开关，K_1 控制上极板电压的极性，K_2 控制极板上电压的大小。当 K_2 处于中间位置即“平衡”挡时，可用电位器调节平衡电压。打向“提升”挡时，自动在平衡电压的基础上增加 200～300 V 的提升电压，打向“0 V”挡时，极板上电压为 0 V。

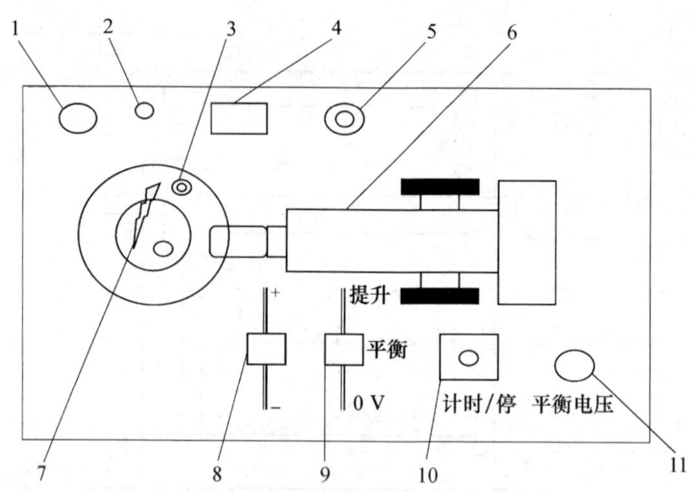

图 8-2-2 OM99 油滴仪电路箱的面板结构图

1. 电源线 2. 指示灯 3. 调平水泡 4. 电源开关 5. 视频电缆线 6. 显微镜 7. 上电极压簧 8. K_1 9. K_2 10. K_3 11. 平衡电压调节钮

(3)为了提高测量精度，油滴仪将 K_2 的“平衡”、“0 V”挡与计时器的“计时/停”联动。在 K_2 由“平衡”打向“0 V”，油滴开始匀速下落的同时开始计时，当油滴下落到预定距离时，迅速将 K_2 由“0 V”挡打向“平衡”挡，在油滴停止下落的同时停止计时。这样，在屏幕上显示的是油滴的实际运动距离及对应的时间。

(4)油滴仪的计时器采用“计时/停”方式，即按一下开关，清 0 的同时立即开始计数，再按一下，停止计数，并保存数据。

4. 玻璃喷雾器

玻璃喷雾器是利用虹吸原理，使用时要注意以下几点：

(1)用滴管从油瓶里吸取油，由灌油处滴入喷雾器里时，油不要太多。油的液面为 3～5 mm 高就足够了，千万不可高出气管。

(2)喷雾器的喷雾出口比较脆弱，一般将其置于油滴仪的油雾杯圆孔外 1～2 mm 即可，不必将其伸入油雾杯内喷油。

(3)如果喷雾器里还有剩余的油，不用时将喷雾器垂直放置，否则，油会泄漏在实验台上。

五、实验原理与构思

(一)实验原理

1. 油滴的运动状态分析

一个质量为 m，带电量为 q 的油滴处在两块平行电极板之间，当平行极板未加电压时，油滴受重力 G 的作用而加速下降。油滴下降一段距离后，同时受到一个向上的空气黏滞阻力 F_A 的作用(空气浮力忽略不计)，当重力与阻力平衡时，油滴做匀速运动，速度为 v_g，如图 8-2-3 所示。根据斯托克斯定律，黏滞阻力为 $F_A=6\pi a\eta v_g$。其中 η 是空气的黏滞系数，a 是油滴的半径，这时有

$$6\pi a\eta v_g = mg \tag{8-2-1}$$

当在两平行极板之间加上电压 U 时，油滴处在场强为 E 的静电场中。若电场力 F_E 与重力相反，如图 8-2-4 所示，则油滴受电场力的作用加速上升，此时空气阻力的方向向下。油滴上升一段距离后，其所受的空气阻力、重力与电场力达到平衡（空气浮力忽略不计），油滴将匀速上升。设此时油滴的上升速度为 v_e，则有

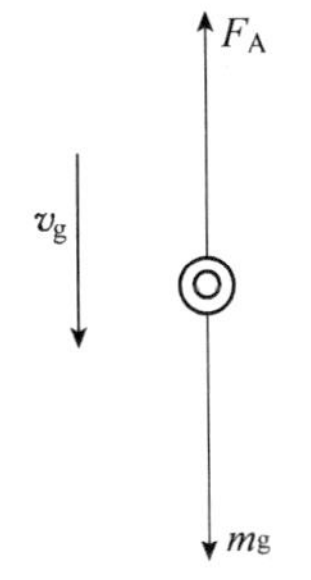

图 8-2-3　油滴在重力场中的运动

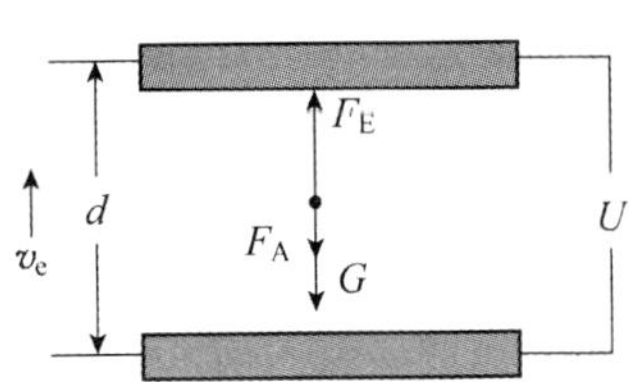

图 8-2-4　油滴在电场中的运动

$$6\pi a\eta v_e = qE - mg \tag{8-2-2}$$

由于

$$E = \frac{U}{d} \tag{8-2-3}$$

由式(8-2-1)至式(8-2-3)可以解出

$$q = mg\,\frac{d}{U}\left(\frac{v_g + v_e}{v_g}\right) \tag{8-2-4}$$

在式(8-2-4)中，为了得到油滴所带电荷 q，除了应测出 U、d 和速度 v_e、v_g 外，还需知道油滴的质量 m。由于油滴表面张力的作用，可将油滴看作圆球，其质量为：

$$m = \frac{4}{3}\pi a^3 \rho \tag{8-2-5}$$

式中 ρ 是油滴的密度。

2. 油滴半径 a 的测量

由式(8-2-1)和式(8-2-5)，得油滴的半径为：

$$a = \left(\frac{9\eta v_g}{2\rho g}\right)^{\frac{1}{2}} \tag{8-2-6}$$

3. 空气黏滞系数的修正

由于实验中选择的油滴非常小（半径在 $10^{-7} \sim 10^{-6}$ m 范围内），其线度和空气分子的平均自由程可以相比拟，因此空气已不能视为连续介质。在这种情况下，对油滴的运动来说，空气的真实黏滞系数将比以连续介质为前提的斯托克斯定律所提供的黏滞系数要小，因此黏滞系数 η 应修正为：

$$\eta'=\frac{\eta}{1+\frac{b}{pa}} \tag{8-2-7}$$

其中 b 为修正常数，p 为空气压强，a 为未经修正过的油滴半径。

(二)实验构思

1. 动态法测量油滴电荷

实验时取油滴匀速下降和匀速上升的距离相等，设为 l，测出油滴匀速下降的时间 t_g，匀速上升的时间 t_e，则

$$v_g=\frac{l}{t_g},\quad v_e=\frac{l}{t_e} \tag{8-2-8}$$

将式(8-2-5)至(8-2-8)代入式(8-2-4)，可得

$$q=\frac{18\pi}{\sqrt{2\rho g}}\left(\frac{\eta l}{1+\frac{b}{pa}}\right)^{\frac{3}{2}}\cdot\frac{d}{U}\left(\frac{1}{t_e}+\frac{1}{t_g}\right)\left(\frac{1}{t_g}\right)^{\frac{1}{2}}$$

令 $K=\frac{18\pi}{\sqrt{2\rho g}}\left(\frac{\eta l}{1+\frac{b}{pa}}\right)^{\frac{3}{2}}\cdot d$，则

$$q=K\left(\frac{1}{t_e}+\frac{1}{t_g}\right)\left(\frac{1}{t_g}\right)^{\frac{1}{2}}/U \tag{8-2-9}$$

式(8-2-9)是动态(非平衡)法测定油滴电荷的公式。

2. 静态法测量油滴电荷

下面导出静态(平衡)法测油滴电荷的公式。

调节平行极板间的电压，使油滴不动，$v_e=0$，即 $t_e\to\infty$，由式(8-2-9)可得

$$q=K\left(\frac{1}{t_g}\right)^{\frac{3}{2}}\cdot\frac{1}{U}$$

或者

$$q=\frac{18\pi}{\sqrt{2\rho g}}\left[\frac{\eta l}{t_g\left(1+\frac{b}{pa}\right)}\right]^{\frac{3}{2}}\cdot\frac{d}{U} \tag{8-2-10}$$

该式为静态法测油滴电荷的公式。

为了得到电子电荷 e，对实验测得的各个电荷 q 求最大公约数，就是基本电荷 e 的值，也就是电子电荷 e。

3. 电量改变法测量油滴电荷

测得同一油滴所带电荷的改变量 Δq(可以用紫外线或放射源照射油滴，使它所带电荷改变)，这时 Δq 应近似为某一最小电量的整数倍，此最小电量即为基本电荷 e 的电量。

本实验采用静态法测量不同油滴的带电量，求最大公约数的办法测量基本电荷量 e。

六、实验中要采集的数据及其处理

1. 数据记录

实验中测量不同的带电油滴下降一定高度所需的时间，将测量值填在表 8-2-1 中。

表 8-2-1 数据记录表格

油滴	平衡电压 U/V				下落时间 t_g/s			
	1	2	3	平均	1	2	3	平均
1								
2								
3								
4								
5								

2. 数据处理

(1)用平衡法计算各油滴的电荷量，平衡法的依据公式为式(8-2-10)，式中

$$a=\sqrt{\frac{9\eta l}{2\rho g t_g}} \tag{8-2-11}$$

其中 t_g 为测量数次时间的平均值，p 为实际大气压，可由气压表读出。

油滴的密度 ρ=__________(____℃)

本实验选用上海产中华牌 701 型钟表油，其密度随温度的变化如表 8-2-2 所示。

表 8-2-2 701 型钟表油密度随温度的变化

T/℃	0	10	20	30	40
$\rho/(\mathrm{kg\cdot m^{-3}})$	991	986	981	976	971

本实验用到的各种参数如下：

重力加速度 $g=9.788\ \mathrm{m\cdot s^{-2}}$(广州)

空气黏滞系数 $\eta=1.83\times10^{-5}\ \mathrm{kg\cdot m^{-1}\cdot s^{-1}}$

油滴匀速下降距离 $l=1.5\times10^{-3}\ \mathrm{m}$

修正常数 $b=8.2\times10^{-3}\mathrm{m\cdot Pa}$

大气压强 $p=1.0\times10^5\ \mathrm{Pa}$

平行极板间距离 $d=5.00\times10^{-3}\ \mathrm{m}$

(2)图解法　计算出各油滴的电荷后，可采用图解法求 e 值。设实验得到 m 个油滴的带电量分别为 $q_1,q_2,\cdots,q_m$，用倒过来验证的方法，用各个 q_m 去除标准电子电荷 e_0 并取整数，即 $n_m=[q_m/e_0]$，由于电荷的量子化特性，应有 $q_m=n_m e$，此为一直线方程，n_m 为自变量，q 为因变量，e 为斜率。因此，用 m 个油滴对应的数据在 q-n_m 坐标中将在同一条直线上，找到满足这一关系的直线，就可用斜率求得 e 值。

(3)拟合法　用最小二乘拟合法求出直线方程 $q_m=n_m e$ 的斜率 e。

(4)求 e 的标准偏差 S 以及 e 的实验值与公认值($e_0=1.60\times10^{-19}$ C)之间的相对误差 E_x,将测量结果表示为 $e=\bar{e}\pm S$。

表 8-2-3　电子电荷的测量结果

油滴	1	2	3	4	5
电荷量/C					
电荷数取整 n_m					
电子的电荷 e/C					
$\bar{e}$/C					
S(标准偏差)/C			E_x(相对误差)		
结果表示:$\bar{e}\pm S$/C					

(5)计算机处理　OM99 油滴仪附有一套用平衡法的快速数据处理软件(平衡法),只要设定好实验的有关参数,然后依次输入 U、t 即可得 q、n、e 及相对误差,并可将姓名、学号、日期和实验数据一并打印出来(使用说明见本实验后附录)。

七、实验步骤提示

1. 仪器连接与调整

将 OM99 油滴仪面板上最右边的视频电缆线接至监视器后背下部的插座上。调节仪器底座上的三只调平手轮,将水泡调平。照明光路不需调整,CCD 显微镜对焦只需将显微镜筒前端和底座前端对齐,然后喷油。若发现油滴变模糊时微调显微镜使之清晰;当遇到油滴突然消失时,也可通过显微镜调焦使其重新显现。在使用中,前后调焦的范围不要过大,取前后调焦 1 mm 内的油滴较好。

2. 仪器使用

打开监视器和油滴仪的电源,在监视器上先出现“OM99 CCD 微机密立根油滴仪”字样,5 s 后自动进入测量状态,显示出标准分划板刻度线及 U 值和 t 值。开机后如想直接进入测量状态,按一下“计时/停”按钮即可。

如开机后屏幕上的字很乱或字出现重叠,可先关掉油滴仪的电源,过一会再开机。

面板上 K_1 用来选择平行电极上极板的极性,实验中将其置于“+”位或“−”位置即可,一般不常变动。使用最频繁的是 K_2、W 及“计时/停”(K_3)。

监视器门前有一个小盒,压一下小盒盒盖就可打开,内有 4 个调节旋钮。对比度一般置于较大位置(顺时针旋到底或稍退回一些),亮度不要太亮。如发现刻度线上下抖动,这是“帧抖”,微调左边第二个旋钮即可解决。

3. 测量练习

测量练习是顺利做好实验的重要一环,其中包括练习选择合适的油滴、练习控制油滴运动和练习测量油滴运动时间。

将“平衡电压”和“升降电压”两开关均置于“0”位置,用喷雾器往油雾室喷油(喷一次即可),微调显微镜的调焦手轮,使视场中出现大量清晰的油滴。

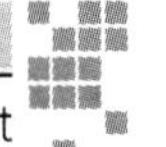

(1)练习选择合适的油滴。选择一颗合适的油滴十分重要。通常选择平衡电压为200～300 V,匀速下落1.5 mm的时间在8～20 s的油滴较适宜。喷油后,将K_2置于“平衡”挡,调节W使极板电压为200～300 V,注意几颗运动缓慢、较为清晰明亮的油滴。试将K_2置于“0 V”挡,观察各颗油滴下降的大概速度,从中选一颗作为测量对象。对于9英寸(1in=2.54 cm)的监视器,目视直径在0.5～1 mm的油滴较为适宜。过小的油滴观察困难,布朗运动明显,会引入较大的测量误差。大而亮的油滴必然质量大,所带电荷也多,匀速下降的时间也很短,增大了测量误差,并给数据处理带来困难。

(2)练习控制油滴运动。平行极板加上200 V左右的平衡电压(“+”或“−”随意),可看到多数油滴很快地上升或下降,然后在显示屏上消失,选择一个因加电压而运动缓慢的油滴,仔细调节平衡电压使油滴平衡。判断油滴是否平衡要有足够的耐性。用K_2将油滴移至某条刻度线上,仔细调节平衡电压。如此反复操作几次,经过一段时间观察油滴确实不再移动才可认为油滴平衡了。

(3)练习测量油滴运动的时间。将“升降电压”开关置于“提升”位置,把选中的油滴移到电场的最上方,然后去掉全部电压,待油滴速度稳定并降落一定距离时,将“升降电压”开关置于“平衡”位置,使油滴静止,记录降落该段距离所用的时间,并及时把油滴控制在视场内不要丢失。

要测准油滴上升或下降某段距离所需的时间,一是要统一油滴到达刻度线什么位置时才可认为油滴已踏线;二是眼睛要平视刻度线,不要有夹角。反复练习几次,使测出的各次时间的离散性较小。

4. 正式测量

本实验采用平衡法测量油滴带电量。将已调平衡的油滴用K_2控制移到“起跑”线上,按K_3(计时/停),让计时器停止计时,然后将K_2拨向“0 V”。在油滴开始匀速下降的同时,计时器开始计时。当油滴到“终点”时迅速将K_2拨向“平衡”,油滴立即停止运动,计时也立即停止。油滴的运动距离一般取1～1.5 mm。

对同一个油滴进行3次测量,而且每次测量都要重新调整和记录平衡电压,以减少偶然误差和因油滴挥发而使平衡电压发生变化。用同样方法分别对4～5颗油滴进行测量,将测量结果填入表8-2-1中。

八、实验的注意事项

(1)视频电缆线一定要插紧在监视器后背下部的插座上,保证接触良好,否则监视器中会出现紊乱的图像或只有一些长条纹。

(2)使用喷雾器往油雾室喷油时,不要连续喷多次,一般喷一次即可,以防堵塞极板上的小孔。

(3)喷油时喷雾器不要深入喷油孔内,防止大颗粒油滴落堵塞落油孔。

九、思考题

1. 对实验结果造成影响的主要因素有哪些?

2. 一个油滴下落太快,说明了什么?若平衡电压太小,又说明了什么?

3. 对油滴进行跟踪测量时,有时油滴逐渐变得模糊,为什么?应如何避免在测量过程中丢失油滴?

十、参考文献及阅读材料推荐

[1]习岗,杨初平.大学物理实验.北京:中国农业出版社,2006.

[2]高立模.近代物理实验.天津:南开大学出版社,2006.

[3]梅山孩,倪小静,来娴静. 大学物理实验教程.北京:中国水利水电出版社,2008.

附录 OMWIN Ver1.4 使用说明

(1)选取“文件”中的“新报告”菜单命令,在弹出的对话框中输入学生姓名与学号,此时,将开始此学生的数据处理,而前一个学生的数据处理工作结束后,与之相关的一切数据将全部清除。

(2)选取“实验”中的“第一个油滴数据”菜单命令,根据具体情况设定各参数,按“确定”命令后设置情况将被保存到 PRESET.INI 中。

(3)选取“实验”中的“第一个油滴数据”菜单命令,在表格中输入电压值和时间值数据,当然,并不一定要录入 10 次测量的数据。按“计算”按钮,表格中其他空格的值将被计算并显示。按“确定”键,第一个油滴的数据处理完毕。

(4)依次处理其他各个油滴,同样,不需严格按 1,2,3,…的顺序进行,每个油滴的各次平均值将显示在主窗口内。

(5)选取“实验”中的“数据处理 & 生成报告”菜单命令,自动计算本次实验的最终结果,并显示在主窗口内。同时,实验报告将自动生成。实验报告包含了学生姓名、学号、日期、各项数据及结果。

(6)用“文件”中的“打印”命令打印实验报告,报告每页的行数可以在“页面设置”中调整。用“打印预览”或打开油滴数据表格观察实验报告,也可用“保存”命令将报告存盘。保存时,将学号.rst 作为默认文件名,如果重复,将会弹出一个对话框要求指定文件名。如果没有输入学生姓名与学号,将以 NONAME.RST 保存。这一保存会被下一个 NONAME.RST 覆盖。

(7)指导老师如欲批改学生的实验报告,可以选取“文件”中的“调入报告”菜单命令,如果报告在下一页里显示不下,可以用“文件”中的“上一页”或“下一页”(或用 Pageup 及 Pagedown)翻动。

实验 8-3 塞曼效应

一、背景简介

19 世纪最伟大的实验物理学家法拉第除了在电机原理、电磁感应及电解定律等领域的研究成就之外,还研究了电场和磁场对光的影响。他在发现了磁场能改变偏振光的偏振面的取向(法拉第旋光效应)之后,继而研究磁场对谱线的影响,但是没有成功。1896 年,荷兰著名物理学家塞曼在洛伦兹学说的影响下,使用比法拉第实验中更强的磁场,研究磁场对谱线的影响,结果发现钠双线光谱 D_1 和 D_2 都有增宽现象,后来使用分辨率较高的半径为 10 英尺(1 ft=0.304 8 m)的罗兰光栅光谱仪观察钠火焰发出的光谱线,发现每一条变宽的谱线实际上都是由几条单独的谱线组成的,这就是塞曼效应现象。因此塞曼效应就是指当光

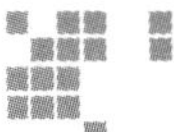

处于足够强度的磁场中时，原来的一条光谱线分裂为几条偏振的光谱线的现象，其中谱线分裂的条数随能级的不同而不同。由于研究这一效应，塞曼和洛伦兹在1902年共同获得诺贝尔物理学奖。它与1845年的法拉第效应和1875年的克尔效应一样，是当时实验物理学家的重要成就之一。

塞曼效应实验有力地支持了光的电磁理论，使我们对物质的光谱、原子和分子的结构有了更多的了解。同时塞曼效应实验与史特恩-格拉赫实验及碱金属光谱中的双线一样，有力地证明了电子自旋假设是正确的，能级的分裂是由于电子的轨道磁矩与自旋磁矩相互作用的结果。塞曼效应的重要性在于由此可以得到有关能级的数据，进而可计算原子总角动量量子数 J 和朗德因子 g，因此，至今塞曼效应仍然是研究能级结构的重要方法之一。

本实验用高分辨率的分光仪器法布里-珀罗标准具观察低压汞灯的谱线在磁场中的塞曼分裂谱线，并测定它们的裂距和偏振态。从谱线的塞曼裂距可以确定原子能级的 J 值及相应的 g 值。如果原子遵从自旋-轨道(L-S)耦合，则可由 g 值判断该能级的 L 和 S 值。

二、与本实验相关的理论知识简介

1. 角动量和磁矩的关系、L-S 耦合的朗德因子 g

按照原子物理学的相关理论，原子中的电子运动包括轨道运动和自旋运动，因此电子除了轨道磁矩 $\boldsymbol{\mu}_L$ 之外还有自旋磁矩 $\boldsymbol{\mu}_S$，由此产生轨道角动量 $\boldsymbol{P}_L$ 和自旋角动量 $\boldsymbol{P}_S$，它们之间存在着如下关系：

$$\boldsymbol{\mu}_L=-\frac{e}{2m_e}\boldsymbol{P}_L \tag{8-3-1}$$

$$\boldsymbol{\mu}_S=-\frac{e}{m_e}\boldsymbol{P}_S \tag{8-3-2}$$

式中 m_e 和 e 分别为电子的质量和电荷，负号表示电子磁矩方向与角动量方向相反。而 $\boldsymbol{P}_L$ 与 $\boldsymbol{P}_S$ 的总角动量 $\boldsymbol{P}_J$ 引起相应的电子总磁矩为

$$\boldsymbol{\mu}_J=-g\,\frac{e}{2m_e}\boldsymbol{P}_J \tag{8-3-3}$$

式中 g 为朗德因子。

按照量子理论，在电子的 L-S 耦合中，朗德因子

$$g=1+\frac{J(J+1)+S(S+1)-L(L+1)}{2J(J+1)} \tag{8-3-4}$$

式中的 J、S、L 分别为电子运动的总量子数、自旋量子数和轨道量子数。

2. 在磁场中原子能级的分裂

设原子某一能级的能量为 E。在外磁场 B 的作用下，原子将获得附加能量 ΔE，其值为

$$\Delta E=Mg\mu_B B \tag{8-3-5}$$

其中 M 为磁量子数，当总量子数 J 一定时，$M=J,J-1,\cdots,-J$，所以原子在外磁场中每个能级都分裂为 $2J+1$ 个子能级；μ_B 为玻尔磁子，它是量度原子磁矩的自然单位，其值由下式决定：

$$\mu_B=\frac{eh}{4\pi m_e}=0.578\,8\times10^{-4}\,\text{eV/T} \tag{8-3-6}$$

设频率为 ν 的谱线是由原子的上能级 E_2 跃迁到下能级 E_1 时所产生的，则

$$h\nu = E_2 - E_1 \tag{8-3-7}$$

在磁场中，能级 E_2 和 E_1 分别分裂为 $(2J_2+1)$ 和 $(2J_1+1)$ 个子能级，附加的能量分别为 ΔE_2 和 ΔE_1，设新谱线频率为 ν'，则

$$h\nu' = (E_2 + \Delta E_2) - (E_1 + \Delta E_1) \tag{8-3-8}$$

分裂后的谱线与原谱线的频率差为

$$\Delta\nu = \nu' - \nu = (\Delta E_2 - \Delta E_1)/h = (M_2 g_2 - M_1 g_1) eB/(4\pi m_e) \tag{8-3-9}$$

用波数差来表示，则

$$\Delta\nu = \Delta\nu/c = (M_2 g_2 - M_1 g_1) eB/(4\pi m_e c) = (M_2 g_2 - M_1 g_1) L \tag{8-3-10}$$

该式中的 $L = eB/(4\pi m_e c) = 0.467B$，称洛伦兹单位。若 B 的单位用 T(特斯拉)，则 L 的单位为 cm^{-1}。

按照原子物理学的相关理论，原子跃迁时按 ΔM 的取值分三组，$\Delta M = M_2 - M_1 = 0, \pm 1$，每组形成一条谱线。其中，$\Delta M = 0$ 的谱线称为 π 光，其波长未变；$\Delta M = \pm 1$ 的谱线称为 σ 光，其中一个波长增加，另一个波长减小。

3. 正常塞曼效应与反常塞曼效应

塞曼效应是弱磁场($B \approx 1\text{T}$)对原子作用产生的效应，这样的磁场强度不足以破坏原子的 L-S 耦合，它分为正常塞曼效应和反常塞曼效应。

(1)若原子磁矩完全由轨道磁矩所贡献，即 $S_1 = S_2 = 0$，$g_1 = g_2 = 1$，称为正常塞曼效应，其波数差为

$$\Delta\tilde{\nu} = \frac{eB}{4\pi mc} = 0.467B(\text{cm}^{-1}) \tag{8-3-11}$$

(2)若两种磁矩同时存在，即 $S_1 = S_2 \neq 0$，$g_1 \neq 1$，$g_2 \neq 1$，称为反常塞曼效应，其波数差为

$$\Delta\tilde{\nu} = (M_2 g_2 - M_1 g_1)\frac{eB}{4\pi mc} \tag{8-3-12}$$

三、实验任务

1. 了解塞曼效应的有关理论，确定能级的量子数与朗德因子，绘出跃迁的能级图。
2. 掌握法布里-珀罗标准具的原理及使用。
3. 熟练掌握光路的调节。
4. 了解线阵 CCD 器件的原理和应用。

四、实验物品、仪器及设备

笔形汞灯(1)、聚光透镜(2)、固体 F-P 标准具(3)、光具座(4)、磁铁移动手轮(5)、永磁铁(6)、偏振片(7)、滤光片(8)、虚线框内为 ZM2000A CCD 采集分析系统(包括 CCD 采集盒、计算机数据采集盒和成像透镜部分三个部分)(9)。

整体摆放简图见图 8-3-1。

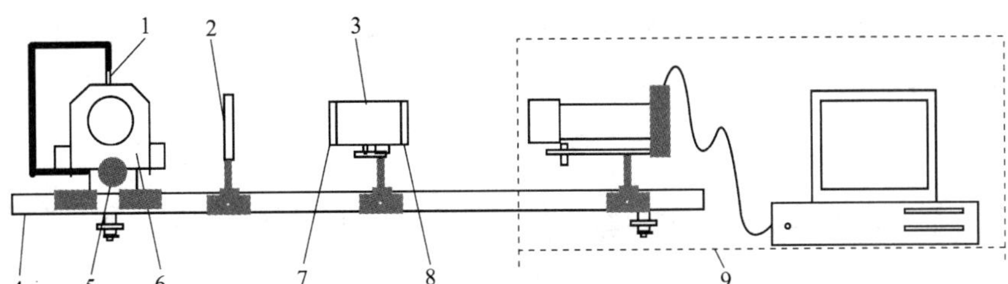

图 8-3-1　塞曼效应实验仪

五、重要仪器、设备简介

1. ZM2000A CCD 采集分析系统

ZM2000A CCD 采集分析系统包括 CCD 采集盒、计算机数据采集盒和成像透镜部分三个部分。

(1)CCD 采集盒的核心器件是一个数千像元的 CCD 线阵，它可以将照射在其上的光强信号转化为模拟电信号，实时送往计算机数据采集盒。

(2)计算机数据采集盒将由 CCD 采集盒送来的光强模拟电信号经 12 位 A/D 转换后量化为 4096 级数字信号，交给 ZEEMAN 软件处理。它通过 USB 接口与计算机相连。

(3)成像透镜部分由遮光罩和成像透镜组成。前端仪器产生的光信号经过成像透镜的会聚，在 CCD 线阵上产生实像，从而进行光/电变换。

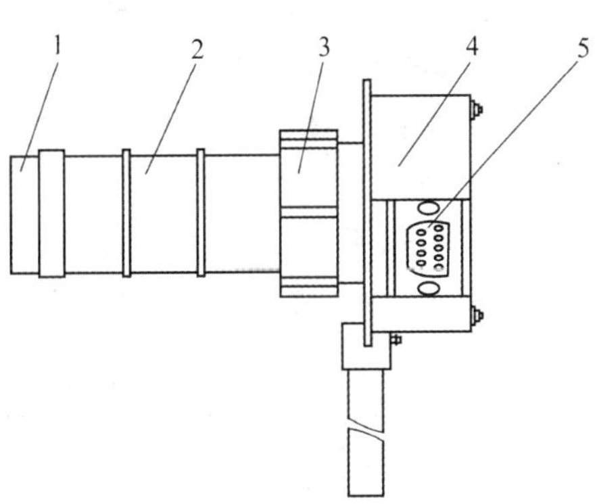

图 8-3-2　CCD 采集盒和成像透镜部分

(4)CCD 采集盒和成像透镜部分如图 8-3-2 所示。其中，1 为成像透镜(与遮光筒为一体结构，可调节以聚焦)；2 为遮光筒，其可以从遮光筒连接座(3)上旋下；3 为遮光筒连接座；4 为电路盒，在电路盒上有 1 只 DIP 开关，改变这个时钟频率 DIP 开关的设置就改变了 CCD 器件对光信号的积分时间。积分时间越长，光电灵敏度越高，时钟频率 DIP 开关有 6 挡，每挡间是二进制关系，积分时间按 1、2、4、8、16、32 倍增加。第 1 挡频率最高(每秒 10 帧)，一般放在 3 挡上。5 为 B9 插座，经电缆线与计算机数据采集盒相连。

注意：连接杆的直径为 10 mm。在电路盒上有 1 个调整扫描基线上下位置的小孔，扫描基线调整孔内有一只小电位器，用于调整“零光强”时扫描线在显示器上的位置，调整时用小螺丝刀细心慢慢旋转。顺时针转动时，扫描线将向上移动。

2. F-P 标准具

塞曼效应造成的谱线分裂很小，用棱镜光谱仪或光栅光谱仪难以观测，因此一般用标准具来观测塞曼效应。F-P标准具是由两块平面玻璃板和夹在中间的一个间隔环组成。平面玻璃板内表面上镀有反射率高于 90% 的高反射膜，两平面玻璃板的内外表面之间一般有几分的小角度，以消除外表面的反射光产生的干扰。在图 8-3-3 中，当

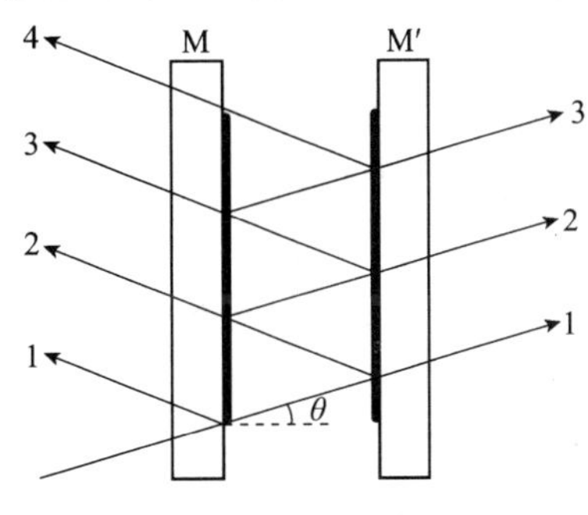

图 8-3-3　F-P 标准具

单色光入射时，光束在F-P标准具的两内表面上多次反射和透射，形成多光束干涉。相邻光束的光程差 Δl 为

$$\Delta l = 2nd\cos\theta \qquad (8\text{-}3\text{-}13)$$

其中 d 为F-P标准具的间距，θ 为光束折射角，n 为两平面玻璃板之间的介质折射率，空气中 $n=1$。

透射的平行光束或反射的平行光束都在无限远处或在会聚透镜的焦平面上形成干涉条纹，形成亮条纹的条件为

$$2d\cos\theta = k\lambda \qquad (8\text{-}3\text{-}14)$$

其中 k 为整数。由于标准具的间隔 d 是固定的，在波长不变的条件下，同一级次 k 对应相同的入射角 θ，产生等倾干涉，形成一个亮环。当中心亮环 $\theta=0$ 时，$\cos\theta=1$ 的级次最大，$k_{max}=2d/\lambda$。不同直径的亮纹形成一套同心圆环。

六、实验原理与构思

（一）实验原理

1. 谱线分裂

本实验以汞(546 nm)光谱线的塞曼分裂为例，该谱线是原子在能级 $6S7S^3s_1$ 到 $6S6P^3p_2$ 之间跃迁产生的，表8-3-1给出了两个能级的各量子数。

表8-3-1　$^3s_1$ 和 $^3p_2$ 能级的各量子数

	L	J	S	g	M_J	M_Jg_J
初 $^3s_1$	0	1	1	2	1,0,−1	2,0,−2
末 $^3p_2$	1	2	1	$\frac{3}{2}$	2,1,0,−1,−2	$3,\frac{3}{2},0,-\frac{3}{2},-3$

在外磁场作用下能级间的跃迁如图8-3-4所示。在与磁场垂直的方向上可观察到9条塞曼分裂谱线，而沿磁场方向可观察到6条谱线。

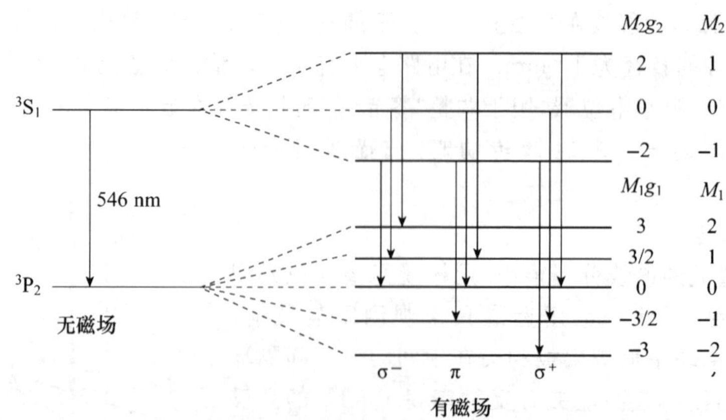

图8-3-4　汞谱线的塞曼分裂示意图

2. 光的偏振与角动量守恒

在微观领域，光的偏振情况是与角动量相关联的。在跃迁过程中，对原子与光子组成的体系，除能量守恒外，还必须满足角动量守恒。$\Delta M=0$，说明原子跃迁时在磁场方向角动量不变。因此，π 光是沿磁场方向振动的线偏振光。$\Delta M=+1$，说明原子跃迁时在磁场方向角动量减少了一个 $\hbar$，而光子获得了在磁场方向的一个角动量 $\hbar$，因此，沿磁场方向观察，可观测到反时针的左旋圆偏振光 σ^+。同理，$\Delta M=-1$ 可得顺时针的右旋圆偏振光 σ^-。

当垂直于磁场方向观察时（横效应），如偏振片平行于磁场，将观察到 $\Delta M=0$ 的 π 分支线，如偏振片垂直于磁场，将观察到 $\Delta M=\pm1$ 的 σ 分支线。而沿磁场方向观察时，将只能观察到 $\Delta M=\pm1$ 的左右旋圆偏振的 σ 分支线，如图 8-3-5 所示。

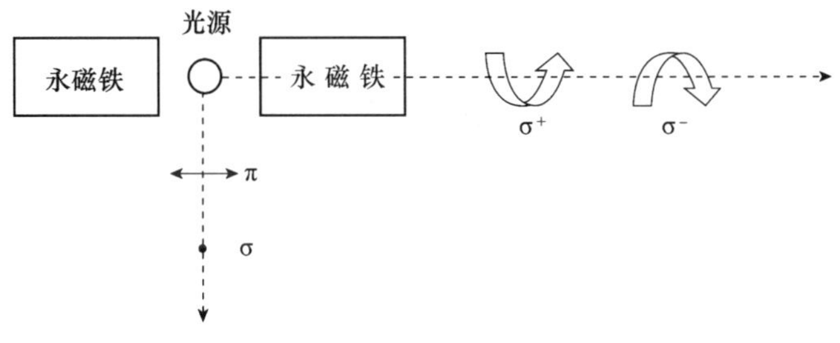

图 8-3-5 观察塞曼效应偏振状态图

（二）实验构思

用 F-P 标准具测量波数差。在图 8-3-6 中，

$$\cos\theta=f/[f^2+(D/2)^2]^{\frac{1}{2}}\approx1-D^2/(8f^2) \tag{8-3-15}$$

将其代入式(8-3-14)可得

$$2d[1-D^2/(8f^2)]=k\lambda \tag{8-3-16}$$

其中 D 为干涉环的直径，f 为标准具的焦距，d 为标准具的间距。该式表明：

(1)干涉级次 k 与圆环直径的平方呈线性关系，随着圆环直径的增大，条纹越来越密；

(2)左边第二项的负号表明，直径越大则干涉环的干涉级次越小，中心圆环的干涉级最大。同理，对同一干涉级的干涉圆环，直径大则波长小。

对同一波长 λ 的相邻第 k 和第 $k-1$ 级两个圆环，其直径的平方差为

$$D^2_{(k-1),\lambda}-D^2_{k,\lambda}=4f^2\lambda/d \tag{8-3-17}$$

由此可见，它是一个与干涉级次 k 无关的常量。

在图 8-3-7 中，对同一干涉级中不同波长的干涉圆环有

$$\lambda_{k,\mathrm{a}}-\lambda_{k,\mathrm{b}}=\frac{d(D^2_{k,\mathrm{b}}-D^2_{k,\mathrm{a}})}{4f^2k}=\frac{\lambda(D^2_{k,\mathrm{b}}-D^2_{k,\mathrm{a}})}{k[D^2_{(k-1),\lambda}-D^2_{k,\lambda}]} \tag{8-3-18}$$

其中 $D^2_{k,\mathrm{b}}-D^2_{k,\mathrm{a}}$ 为同一干涉级 a、b 两谱线各自干涉圆环的直径平方差。

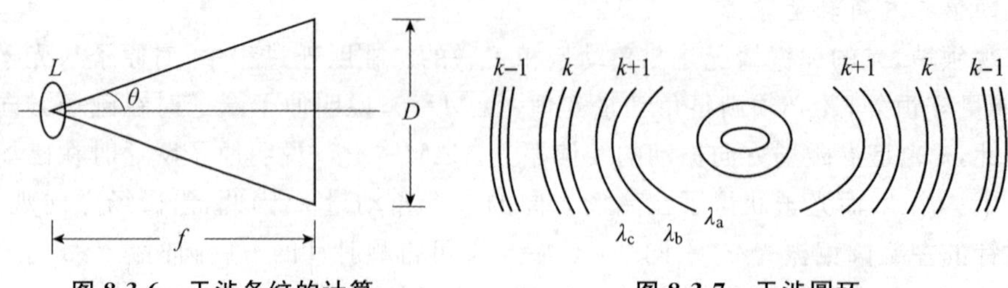

图 8-3-6　干涉条纹的计算　　　　图 8-3-7　干涉圆环

因为标准具间隔圈的厚度比波长大得多，中心圆环的干涉级次是很大的，所以用中心圆环的干涉级次代替被测圆环的干涉级次，引入的误差可以忽略。

因为

$$k=2d/\lambda$$

$$\Delta\lambda=\lambda_{k,a}-\lambda_{k,b}=\frac{\lambda^2(D_{k,b}^2-D_{k,a}^2)}{2d[D_{(k-1),\lambda}^2-D_{k,\lambda}^2]} \tag{8-3-19}$$

波数差为

$$\Delta\tilde{\nu}=\frac{1}{2d}\left[\frac{D_{k,b}^2-D_{k,a}^2}{D_{(k-1),\lambda}^2-D_{k,\lambda}^2}\right] \tag{8-3-20}$$

实验中，F-P 标准具的 $d=2.09$ mm。

七、实验中要采集的数据及其处理

1. 数据记录

实验中的 π 光结果数据记录在表 8-3-2 中，其中 K、$K-1$、$K-2$ 为干涉圆环级数。

表 8-3-2　数据记录表

π 光	里圈左值	里圈右值	里圈直径	中圈左值	中圈右值	中圈直径	外圈左值	外圈右值	外圈直径
第 K 级									
第 $K-1$ 级									
第 $K-2$ 级									

$B=$______ T。

2. 数据处理

(1)利用式(8-3-20)计算波数差 $\Delta\tilde{\nu}$，其中的分母 $D_{(k-1),\lambda}$ 和 $D_{k,\lambda}$ 分别取第 $K-1$ 级和第 K 级圆环的中圈直径。每一级 $\Delta\tilde{\nu}$ 的结果有两组，第一组结果为圆环的中圈与里圈的计算值，第二组结果为圆环的中圈与外圈的计算值，所有结果取平均，得到 $\Delta\tilde{\nu}$ 的平均值，从而得到 $M_2g_2-M_1g_1$，再与理论值(0.5)比较求相对误差 E，填入表 8-3-3。

表 8-3-3　数据处理表

π 光	第一组	第二组	$\Delta\tilde{\nu}$ 平均	$M_2g_2-M_1g_1$	相对误差 E
$\Delta\tilde{\nu}$					
$\Delta\tilde{\nu}$					

(2)计算电子的荷质比。对于正常塞曼效应,分裂谱线的波数差为:

$$\Delta\tilde{\nu}=L=\frac{eB}{4\pi mc}$$

将上面计算得到的波数差代入计算即可得到电子的荷质比

$$\frac{e}{m}=\frac{4\pi c}{B}\Delta\tilde{\nu}$$

(3)利用塞曼效应数据处理软件,进行数据采集和处理,计算波数差。

八、实验步骤提示

(1)参照图 8-3-1 安装好各个器件,打开笔形汞灯的电源,前后移动磁铁并上下移动汞灯使其恰好在磁场的正中间。

(2)调节光路,使各光学器件同轴、等高,并使光线能完全进入目视测量望远镜,在目视测量望远镜里能观察到各分裂圆环。调节时要注意以下几点:

①要使各器件的轴心等高,并注意各器件之间要保持平行,而且不要让各器件的横向位置相互错开。

②可用一张白色纸片作为接收屏,通过调节聚光镜使汞灯发出的光线恰好会聚在标准具的正中间。

③通过目镜将看到干涉环,调节聚光透镜使视场均匀,并具有最大的照度。

④调节标准具的俯仰钮和转动标准具,让干涉环的中心位于视场中心。

⑤将摄像头通过固定螺钉连接在目镜处,摄像头紧贴目镜最后一枚镜片,微调目镜并观察显示器使分划处的十字线最清晰。

⑥各器件在光具座上的位置可参考以下各值:a. 汞灯与聚光透镜立杆的距离一般在 180 mm左右,此值如越小,则观察到的分裂级次减少而信号较强,如增大,则相反;b. 汞灯与标准具立杆的距离一般在 390 mm 左右。

(3)转动偏振片,分别用监视器观察 π 光和 σ 光分裂曲线,并用目视测量望远镜测量 π 光各分裂圆环对应的直径,用数字毫特斯拉计测出永磁铁中间的磁场强度 B。

如果使用计算机处理数据,在以上(1)~(3)步的实验步骤基础上再继续以下操作:

(4)打开计算机的电源,运行 ZEEMAN 软件。

(5)将目视测量望远镜换上 ZM2000A,ZM2000A 的镜头紧靠标准具(加遮光罩)。移动 ZM2000A 的镜头以调节焦距,并调整 ZM2000A 采集系统在光具座上的位置,使接收到的曲线幅度最大、细节最清晰(即投在线阵 CCD 器件上的像最清晰)。调节时要注意以下几点:

①成像透镜的位置要恰当,要缓慢地调节透镜直至采集到的曲线幅值最大、细节最清晰为止。

②如果曲线的幅度较小,可以考虑如下两种方法:一是将 CCD 采集盒的积分时间 DIP 作适当的调整;另一是将软件的增益加大,有时也可以考虑减小 FP 标准具与 CCD 成像透镜的距离。

③如果采集到的曲线为幅度很高的一条直线,这是环境光过强所致,此时要减弱环境光。

(6)转动偏振片,分别得到 π 光和 σ 光分裂曲线。

(7)测量 π 光分裂

①进入 ZEEMAN,选定采样点长度及增益值(一般取默认值),点击“开始采集”,根据接收到的图像调整光路。正确的光路应使图像类似于图 8-3-8 中的最上一条。

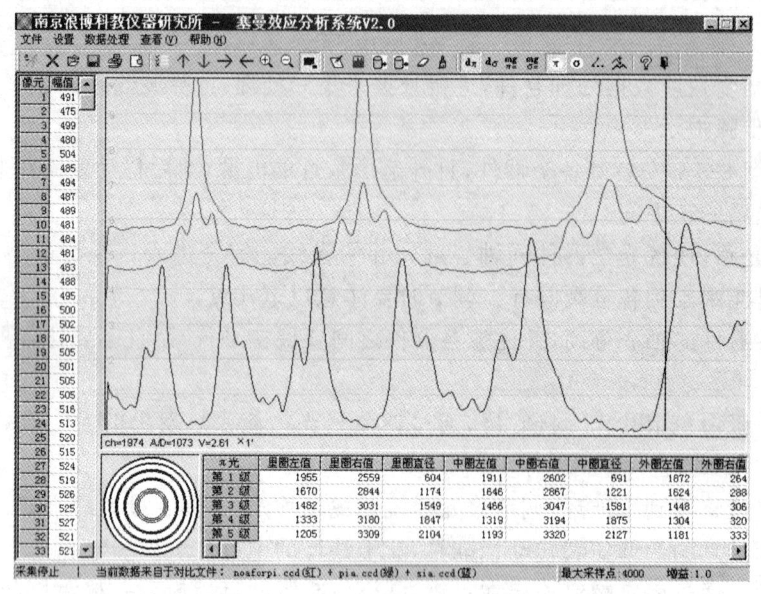

图 8-3-8 局部视窗里显示的分裂前、π 光分裂和 σ 光分裂的曲线

②加磁场,进行 π 光分裂,根据需要微调光路,此时应得到类似于图 8-3-8 中的中间曲线。

③点击“停止采集” 命令,将得到的曲线冻结以利于稳定测量。将鼠标移到局部视窗中(或点击“局部视窗放大”以扩大局部视窗的观察范围),用鼠标、左右键(适用于微调)或 PageUp/PageDown 将拾取线压在待测点上,单击鼠标左键或回车键(较单击鼠标左键稳定),在弹出的对话框里输入数据。重复此操作以完成全部的数据录入。

④单击“参数预设”命令,填入各项参数。

⑤选择“查看数据表格内容”里的“π 光直径”,在实验数据表格里检查直径数据,无误后点击“计算”。

⑥选择“查看数据表格内容”里的“π 光结果”,在实验数据表格里查看最后的计算结果。同时,可选择“查看分裂圆环”里的“π 环”,观察直观的图像。

(8)测量 σ 光分裂。由于在 σ 光的计算过程中要用到未分裂前的直径位置数据,因此,在数据录入过程中,除了要录入 σ 光的直径外,还需录入未分裂前的原直径数据。

首先得到未分裂时的曲线,将这些未分裂的直径数据录入为 π 光的中圈直径(这样处理是因为 π 光的中圈位置就是分裂前的原位置),π 光的其余直径数据可忽略。然后,参照前面测量 π 光的步骤进行 σ 光的测量。

建议先做同一条件下的 σ 光实验,这样可免去未分裂曲线的处理。

图 8-3-9 中的左图演示了如何录入 π 光的数据,右图演示了如何录入 σ 光的数据。

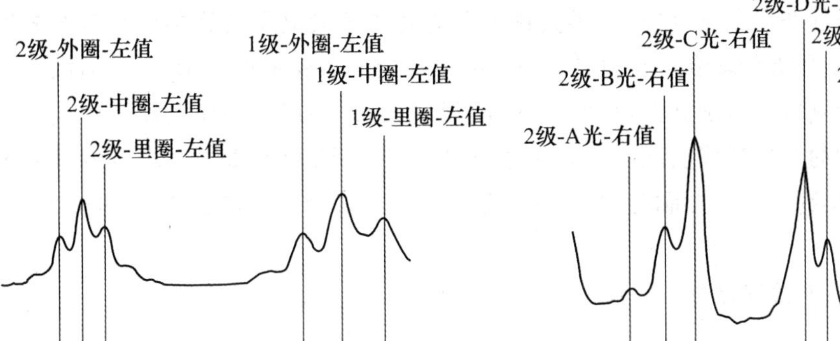

图 8-3-9 π光和σ光数据的录入

九、实验注意事项

(1)ZM2000A 的镜头筒上有一道细刻线,转动镜头与之平齐就可大致调到焦距的位置,再略做细致即可。

(2)磁铁两极中间强度最大,越远离此位置,磁场强度越小,均匀性也越差。

(3)ZM2000A 中的线阵 CCD 器件沿竖直方向安装,故对左右位置敏感,要仔细调节。

(4)用 ZM2000A 采集测量时,如无暗室环境,请用遮光罩连接标准具座和 ZM2000A 的镜头座,否则信号会饱和,曲线将呈现为计算机屏幕顶部的一条直线。

(5)聚光透镜的位置对分裂曲线的影响很大,建议将聚光透镜安放在横向可调的马鞍座上。

(6)汞灯对眼睛有害,实验中请勿直视汞灯。

十、思考题

1. 在使用 F-P 标准具观察塞曼分裂时,你是如何识别属于同一干涉级次光谱的?

2. 实验中如何观察和鉴别塞曼分裂谱线中的 π 光和 σ 光?

十一、参考文献及阅读材料推荐

[1] 习岗,杨初平. 大学物理实验. 北京:中国农业出版社,2006.

[2] 陈玉林,李传起. 大学物理实验. 北京:科学出版社,2007.

[3] 高立模. 近代物理实验. 天津:南开大学出版社,2006.

[4] 戴道宣,戴乐山. 近代物理实验. 北京:高等教育出版社,2006.

实验 8-4 微波电子自旋共振

一、背景简介

1924 年英国物理学家 Pauli 首先提出了电子自旋的概念。自旋是一种相对论效应。1925 年,S. A. Goudsmit 和 G. Uhlenbeck 成功地用电子自旋解释某种元素的光谱精细结构。Stern 和 Gerlaok 观测到原子能级的劈裂,从而由实验直接证明了电子自旋的存在。

电子自旋共振(简称 ESR)是 1944 年由柴伏依斯基(E. K. Zaboŭckuŭ)首先观察到的。按使用的电磁波的波段来分,电子自旋共振可分为射频波段电子自旋共振和微波波段电子自旋共振两大类,后者较前者结构复杂,但性能好,多用于研究工作和精密测量,故本实验采用微波波段来检测电子自旋共振信号。目前,ESR 已经发展成对物质微观结构及运动状态进行分析和探索的一种现代实验技术。由于 ESR 技术是测量物质中未成对电子的唯一的直接方法,具有很高的灵敏度和分辨率,并且不破坏样品,因此,被广泛应用于物理、化学、生物、医学和生命科学等领域。

二、电子自旋共振基本知识

1. 原子中的磁矩

由量子力学可知,假设电子的总角动量为 $\boldsymbol{P}_j$,则电子的磁矩可以表达为

$$\boldsymbol{\mu}_j = -g\frac{q}{m_e}\boldsymbol{P}_j \tag{8-4-1}$$

其中 m_e 为粒子的质量,q 为粒子所带的电量。我们可以定义玻尔磁子 μ_B,

$$\mu_B = \frac{q\hbar}{m} \tag{8-4-2}$$

其中 $\hbar$ 为约化普朗克常量。原子中的磁矩可以分为两部分:一部分是原子核的磁矩,另一部分是电子磁矩。由于玻尔磁子和核磁子之比等于质子质量和电子质量之比1 836.152 710 (37)(1986 年国际推荐值),因此,在相同磁场下核塞曼能级裂距较电子塞曼能级裂距小三个数量级。因此在讨论电子自旋共振现象时,我们只考虑电子自旋磁矩。

2. 塞曼效应

由于电子具有自旋磁矩,当原子放在强磁场 B 下的时候,电子磁矩就会和磁场相互作用,在原子原有能级的基础上会附加一个能级。这一能级是

$$\Delta E = Mg\mu_B B \tag{8-4-3}$$

其中 M 为磁量子。$M=J, J-1, \cdots, -J$,共有$(2J+1)$个值,g 为朗德因子。观察这个时候的原子的光谱线,我们可以看到谱线的分裂情况。这一效应叫做塞曼效应。这一效应是塞曼 1896 年发现的。

三、实验任务

1. 学习调试电子自旋共振谱仪,观察共振吸收信号和色散信号。

2. 测定二苯基-苦基肼基(DPPH)的 g 因子、饱和特性和横向弛豫时间,并分析其线型。

四、实验物品、仪器及设备

二苯基-苦基肼基(DPPH) 标准样品、微波 ESR 谱仪(电磁铁、固态微波源和微波电路、带有待测样品的谐振腔以及 ESR 信号的检测和显示系统等)。

整体摆放简图见图 8-4-1。

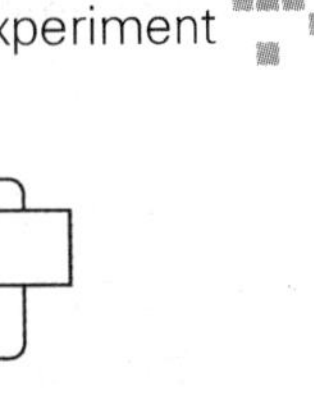

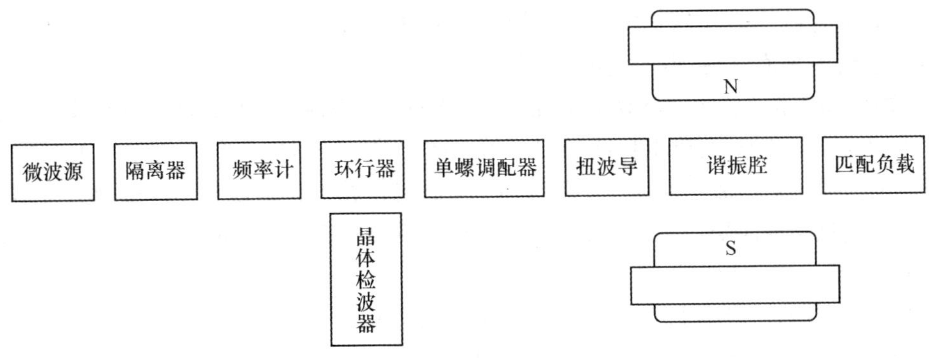

图 8-4-1 微波 ESR 谱仪的方框图

五、重要仪器、设备简介

1. 电磁铁

电磁铁是 ESR 谱仪中最重要、最贵重的部件，它所产生的磁场要求具有极高的稳定性和均匀性，样品处磁场的空间不均匀性要求小于 10^{-5}。电磁铁除了有一对直流励磁线圈外，在电磁铁两磁头上还绕有一对线圈，前者提供与谱仪工作频率相匹配的样品磁能级分裂时所必需的恒定磁场（中心磁场 340 mT，上下 50 mT 可调），后者可接音频励磁电源产生调制磁场。在恒定磁场上叠加一个幅度大于谱线宽度的交流磁场，反复地扫过共振区，在示波器上便可观测到 ESR 信号。

2. 固态微波源

微波源采用反射速调管微波源或固态微波源。目前实验室常用的是产生微波频率较稳定的固态微波源，它由体效应管矩形波导谐振腔提供，它的振动频率（8.8～9.8 GHz）可通过改变变容二极管的偏压进行电调谐，也可用螺丝钉在外部进行机械调谐。

3. 微波电路

微波电路包括下列 7 种器件：

（1）隔离器　它是一种单向传输器件，能阻断微波传输回路中的反射波进入微波源，一般接在微波源与负载之间，以保证微波源不受负载功率的影响。

（2）微波频率计　微波频率计用以测定微波的工作频率，它在一个很小的波段内吸收电磁波，通过调节尺寸可以改变共振腔的共振频率，当固态微波源的输出频率在其吸收范围内时会在示波器上产生一个吸收倾斜。微波频率的正确读数应处于上/下红线中间与垂直红线的相交点上，单位为 GHz。

（3）环行器　它类似于隔离器的不可逆器件，一般为三臂，如图 8-4-2所示。外壳上的箭头方向代表其环行方向。当各臂匹配时，从臂“1”输入的微波能量按环行方向只能在相邻的臂“2”输出，其衰减量甚小，但在其下一个臂“3”则无输出；类似地，臂“2”输入的功率只能在臂“3”输出，而在臂“1”无输出。如此类推，其相邻两臂之间相当于一个隔离器。在本实验中，用环行器把微波能量耦合到谐振腔再把反射能量引出，有利于在较低微波功率下工作。

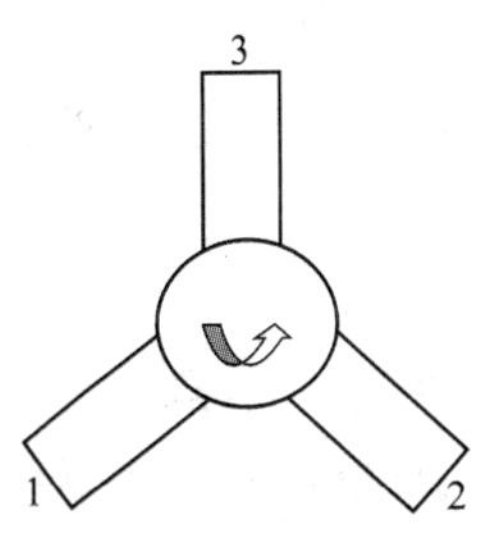

图 8-4-2 环行器

（4）晶体检波器　它是一个与环行器的一个臂相连的微波二极管

整流器。测量时要反复调节波导终端的短路活塞的位置以及输入前端三个螺钉的深度，使检波电流达到最大值，以获得较高的测量灵敏度。

(5)单螺调配器　它是一个双臂微波元件，接于微波系统中，通过对它的调节可把后面的微波部件调成匹配状态，所以也称匹配器。单螺调配器由一段宽壁中部开窄槽的矩形波导和插入槽内的金属螺钉组成。通过反复用旋钮调节螺钉沿槽的位置以及用顶部螺旋调节螺钉进入波导的深度来实现匹配。螺钉沿槽的位置和螺钉深度可以从相应的游标刻度直接读出。

(6)扭波导　扭波导用于改变波导的取向。

(7)样品谐振腔　谐振腔与微波传输线的耦合如图 8-4-3 所示，它既为样品提供线偏振磁场，同时又将样品吸收偏振磁场能量的信息传递出去。

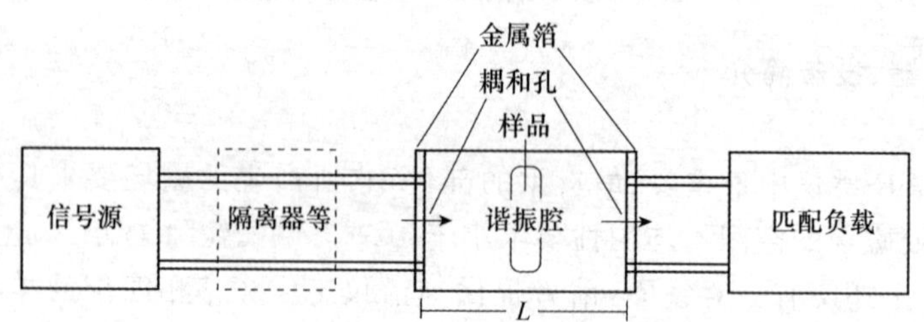

图 8-4-3　谐振腔与微波传输线的耦合

六、实验原理与构思

(一)实验原理

原子中的磁矩可以分为两部分：一部分是原子核的磁矩，另一部分是电子磁矩。由于玻尔磁子和核磁子之比等于质子质量和电子质量之比 1 836.152 710(37)(1986 年国际推荐值)，因此，在相同磁场下核塞曼能级裂距较电子塞曼能级裂距小三个数量级。这样在通常磁场条件下 ESR 的频率范围落在了电磁波谱的微波段，所以在弱磁场的情况下，可以观察电子自旋共振现象。因此对于原子的磁矩的贡献主要来自于电子磁矩。电子磁矩包括了电子的轨道磁矩和电子的自旋磁矩。按照原子物理学的有关理论，电子的总磁矩 $\boldsymbol{\mu}_J$ 与总角动量 $\boldsymbol{P}_J$ 之间满足如下关系：

$$\boldsymbol{\mu}_J = -g\frac{\mu_B}{\hbar}\cdot\boldsymbol{P}_J = \gamma\boldsymbol{P}_J \tag{8-4-4}$$

其中 γ 为回旋磁比，

$$\gamma = -g\frac{\mu_B}{\hbar} \tag{8-4-5}$$

按照量子理论，对电子的 L-S 耦合，朗德因子为

$$g = 1 + \frac{J(J+1) + S(S+1) - L(L+1)}{2J(J+1)} \tag{8-4-6}$$

由此可见，精确测定 g 的数值便可判断电子的运动情况。若原子的磁矩完全由电子自旋所贡献($L=0, S=J$)，则 $g=2$，反之，若磁矩完全由电子的轨道磁矩所贡献($L=J, S=0$)，则 $g=1$。若两者都有贡献，则 g 的值在 1 与 2 之间。

在外磁场中，$\boldsymbol{\mu}_J$ 与 $\boldsymbol{P}_J$ 的空间取向都是量子化的。$\boldsymbol{P}_J$ 在外磁场方向(Z)上的投影为

$$P_z = m\hbar \quad (m = j, j-1, \cdots, -j+1, -j)$$

相应的磁矩 $\boldsymbol{\mu}_J$ 在外磁场方向上的投影为

$$\mu_z = \gamma P_z = -mg\mu_B$$

由于总磁矩 $\boldsymbol{\mu}_J$ 的空间取向是量子化的，磁矩与外磁场 $\boldsymbol{B}$ 的相互作用能也是不连续的，其相应的能量为

$$E = -\boldsymbol{\mu}_J \cdot \boldsymbol{B} = -\gamma m\hbar B = -mg\mu_B B \tag{8-4-7}$$

不同磁量子数 m 所对应的电子具有不同的能量，各磁能级是等距分裂的，两相邻磁能级之间的能量差为

$$\Delta E = g\mu_B B = \gamma\hbar B \tag{8-4-8}$$

当在垂直于恒定磁场 $\boldsymbol{B}$ 的平面上同时存在一个交变磁场 $\boldsymbol{B}'$，且其角频率 ω 满足条件 $\hbar\omega = \Delta E = \gamma\hbar B$，即

$$\omega = \gamma B \tag{8-4-9}$$

时，电子在相邻的磁能级之间将发生共振跃迁，这种现象称为电子自旋共振，又叫电子顺磁共振。在顺磁物质中，由于电子受到原子外部电荷的作用，使电子轨道平面发生旋进，电子的轨道角动量量子数 L 的平均值为 0。当作一级近似时，可以认为电子轨道角动量近似为零。因此，顺磁物质中的磁矩主要是电子自旋磁矩。

本实验采用的样品为二苯基-苦基肼基(DPPH)，其分子结构式为$(C_6H_5)_2N\text{-}NC_6H_2(NO_2)_3$，如图 8-4-4 所示。它的第二个氮原子上存在一个未成对的电子，形成自由基，实验观测的就是这类电子的磁共振现象。

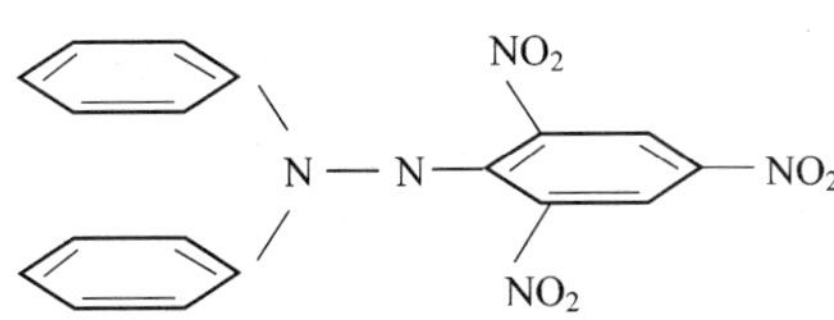

图 8-4-4 DPPH 的结构

实际上，样品是一个含有大量不成对的电子自旋所组成的系统，它们在磁场中只分裂为两个塞曼能级。根据跃迁的选择定则，电子自旋在静磁场方向的磁量子数变化 $\Delta m_s = \pm 1$，正号和负号分别对应于电子吸收和发射一个 $\hbar\omega$ 量子，它们的跃迁概率是相等的。由于热平衡时电子遵循玻尔兹曼统计分布，即低能级上的粒子数总比高能级的多一些，因此，即使粒子数因感应辐射由高能级跃迁到低能级的概率和粒子数因感应吸收由低能级跃迁到高能级的概率相等，但由于低能级的粒子数比高能级的多，使得观测样品的磁共振统计结果为吸收信号。随着高低能级上粒子差数的减少，吸收信号将趋于零，此时在理论上就不会发生共振现象，形成了所谓的饱和，但实际上仍可观察到共振现象，这是因为弛豫过程在起作用，弛豫过程使整个系统有恢复到玻尔兹曼分布的趋势。两种作用的综合结果使自旋系统达到动态平衡，电子自旋共振现象就能维持下去。

弛豫过程的机制比较复杂，但可简单地在宏观运动方程中引入两个时间常数来描述其规律。对于一个宏观自旋体系，在外磁场作用下可以导出有名的描述单位体积内磁化强度 $\boldsymbol{M}$ 运动的布洛赫方程，其分量形式为

$$\begin{cases}\dfrac{\mathrm{d}\boldsymbol{M}_x}{\mathrm{d}t}=\gamma(\boldsymbol{B}\times\boldsymbol{M})_x-\dfrac{\boldsymbol{M}_x-0}{T_2}\\[2ex]\dfrac{\mathrm{d}\boldsymbol{M}_y}{\mathrm{d}t}=\gamma(\boldsymbol{B}\times\boldsymbol{M})_y-\dfrac{\boldsymbol{M}_y-0}{T_2}\\[2ex]\dfrac{\mathrm{d}\boldsymbol{M}_z}{\mathrm{d}t}=\gamma(\boldsymbol{B}\times\boldsymbol{M})_z-\dfrac{\boldsymbol{M}_z-\boldsymbol{M}_z^0}{T_1}\end{cases}\tag{8-4-10}$$

式中 $\boldsymbol{B}$ 为 z 方向的外部恒定磁场 $\boldsymbol{B}_z$ 和与其垂直的交变横向磁场 $2\boldsymbol{B}_1\cos\omega t$ 之和，γ 为回磁比，M_z^0 为沿 z 方向磁化强度的热平衡值，T_1 和 T_2 分别代表磁化强度的纵向分量 $\boldsymbol{M}_z$ 和横向分量 $\boldsymbol{M}_\perp$（由 $\boldsymbol{M}_x$ 和 $\boldsymbol{M}_y$ 组成）返回热平衡值时所需的弛豫时间，分别称为纵向和横向弛豫时间。由于纵向弛豫起因于自旋体系与它所依附的晶格之间以非辐射形式交换能量，所以，T_1 又称为自旋-晶格弛豫时间，它与体系的温度密切相关。横向弛豫则是由于自旋体系内部自旋与自旋之间交换能量，所以，T_2 也称为自旋-自旋弛豫时间，它与自旋浓度密切相关。

（二）实验构思

当在垂直于恒定磁场 $\boldsymbol{B}$ 的平面上同时存在一个交变磁场 $\boldsymbol{B}'$，且其角频率 ω 满足条件 $\hbar\omega=\Delta E=\gamma\hbar B$时，电子在相邻的磁能级之间将发生共振跃迁，出现电子自旋共振。

共振条件是采用固定微波频率 ν，而改变磁场强度来达到的。磁场是由两部分组成的，一部分是恒定的磁场，另一部分是交变磁场。恒定磁场 $\boldsymbol{B}$ 是由 ESR 谱仪中电磁铁产生的。它所产生的磁场要求具有极高的稳定性和均匀性，样品处磁场的空间不均匀性要求小于 10^{-5}。交变磁场 $\boldsymbol{B}'$ 是由 ESR 谱仪中电磁铁中的扫场线圈产生。固态微波源产生微波频率较稳定的微波，微波的传输需要在波导管内传输。理论分析表明，在波导中只能存在下列两种电磁波：TE 波，即横电波，它的电场只有横向分量而磁场有纵向分量；TM 波，即横磁波，它的磁场只有横向分量而电场存在纵横分量，在实际使用中，总是把波导设计成只能传输单一波形。TE_{10} 波是矩形波导中最简单和最常使用的一种波型，也称为主波型。通过扭波导使得交变磁场垂直于恒定磁场。当 ω 满足条件 $\hbar\omega=\Delta E=\gamma\hbar B$ 时，出现电子自旋共振现象，信号发生共振吸收，共振吸收信号传输经晶体检波器后，一路直接接到示波器的 Y_1 通道，另一路则经微分放大器接到示波器的 Y_2 通道。通过示波器可以观察样品的吸收、过饱和和色散图形。用数字毫特斯拉计测量出共振信号等间隔时的磁场 B 就可以求出 DPPH 样品的 g 因子。配合其他一起还可以做一些其他的观测和测量。

七、实验中要采集的数据及其处理

1. 求出 DPPH 样品的 g 因子

用数字毫特斯拉计测量共振信号等间隔时的磁场 B，并利用公式 $hf=g\mu_B B$，其中 $h=6.626\times10^{-34}$ J · s，$\mu_B=9.274\times10^{-24}$ J · T^{-1}，求出 DPPH 样品的 g 因子磁场 B：$B=$________(Gs)，$g=$________。

2. 观测样品的吸收、过饱和和色散图形

观测样品的吸收、过饱和和色散图形，如图 8-4-5 所示。

记录图 8-4-5(1)、(2)、(3)、(4)中各图形对应的横坐标 $X_1\sim X_4$(mm)和频率 $f_1\sim f_4$(GHz)的各数据。

(1)吸收　$X_1=$________(mm)，$f_1=$________(GHz)。

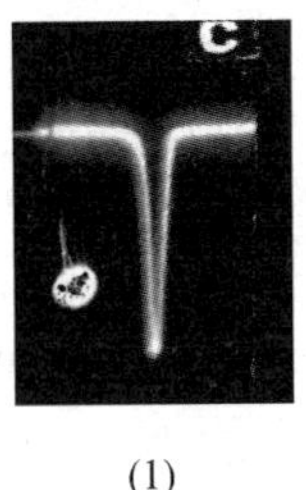

(1)

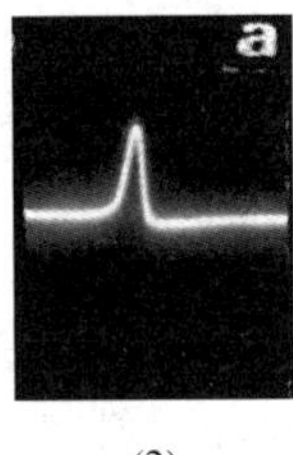

(2)

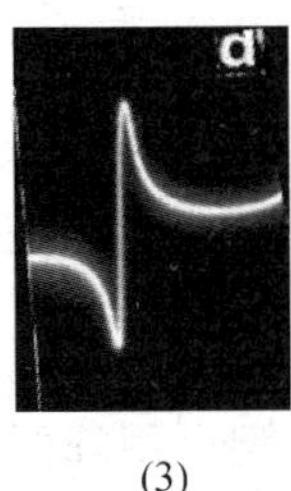

(3)

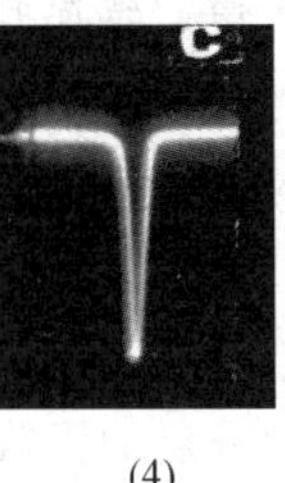

(4)

图 8-4-5 样品的吸收、过饱和和色散图形

(2)过饱和 X_2=________(mm),f_2=________(GHz)。

(3)色散 X_3=________(mm),f_3=________(GHz)。

(4)吸收 X_4=________(mm), f_4=________(GHz)。

3. 计算扫场幅度 $\Delta B=B(D_2-D_1)/D_1$

利用公式计算 λ_g 和 f_0(λ_g 是波导波长,即在波导中 z 方向相邻的两个同位点之间的距离,见图 8-4-6;$c=2.997\ 92\times10^{10}\ \text{cm}\cdot\text{s}^{-1}$,$a=2.3$ cm)。

$$\lambda_g=2|X_4-X_1|;\lambda=\frac{\lambda_g}{\sqrt{1+\left(\frac{\lambda_g}{2a}\right)^2}};f_0=\frac{c}{\lambda}$$

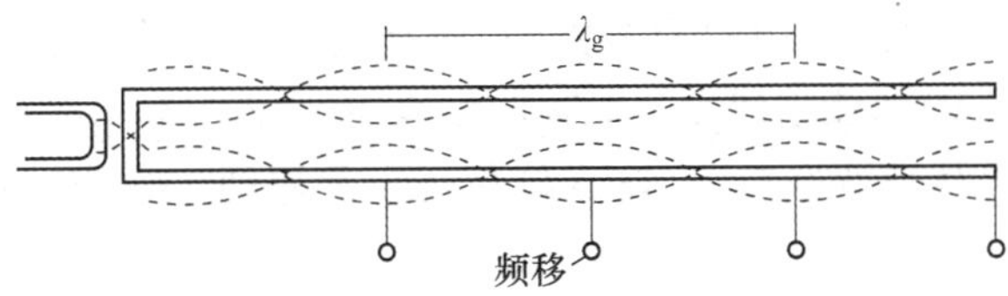

图 8-4-6 传输线波导相波长的测量方法

计算扫场幅度 $\Delta B=B(D_2-D_1)/D_1$,其中 D_1 为三峰等间隔磁极距离,D_2 为两峰合一时的磁极距离。电子自旋共振一次微分信号、两峰合一信号和三峰等间隔信号分别如图8-4-7至图 8-4-9 所示。

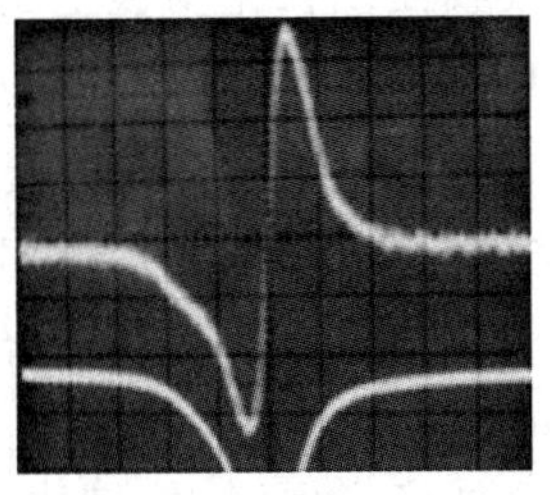

图 8-4-7 电子自旋共振一次微分信号

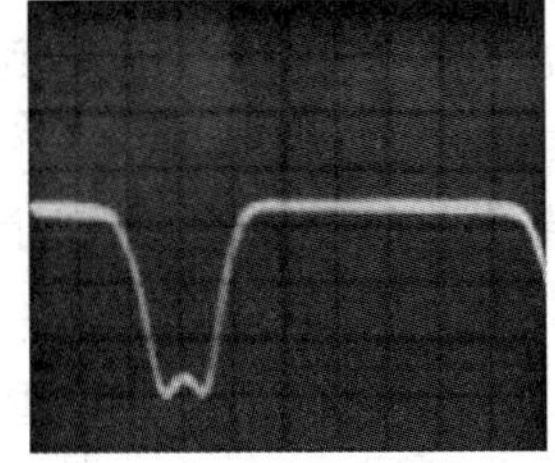

图 8-4-8 电子自旋共振两峰合一信号

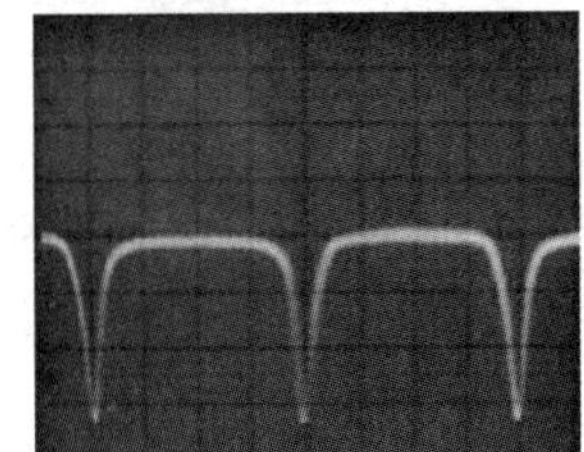

图 8-4-9 电子自旋共振三峰等间隔信号

4. 计算横向弛豫时间

$$T_2=\frac{B}{(2\pi)^2\times f\times f_{扫}\times\Delta t\times\Delta B}$$

其中 $f_{扫}=50$ Hz，Δt 为三峰等间隔半高宽。

5. 区分 DPPH 吸收信号的微分图形属于高斯型(Gauss)还是洛仑兹型(Lorentz)

对于微分后的吸收曲线，线型可用峰两侧曲线的最大斜率比来判定。$K_{右侧}/K_{左侧}=4$ 为洛仑兹型，$K_{右侧}/K_{左侧}=2.2$ 为高斯型。

6. 计算微波介质腔的 H_{102} 的介质腔(矩形)l 值

介质腔的尺寸为 $a\times b\times l$，两边贴金属箔，腔中心开有 $\phi=3.5$ mm 的圆孔盛放样品 DPPH。将介质腔安放在波导管处，就构成一个微波谐振腔。被测样品放在磁场最大处，供样品共振时吸收。其中 $a=2.3$ cm。m,n,p 分别代表谐振腔三边所含的半波数目，$m=1$，$n=0$，$p=2$，决定了谐振腔的 H_{102} 谐振波模。$E=2.00$（聚四氟乙烯介电常数）。由

$$\lambda=\frac{2\sqrt{E}}{\sqrt{(m/a)^2+(n/b)^2+(p/l)^2}}=\frac{c}{f}$$

可以算出 l。

八、实验步骤提示

1. 测试前准备

(1)了解和熟悉各仪器的使用和调节方法，检查实验装置并连接好线路。提供扫场的 50 Hz交流电源(0～10 V)的输出端在仪器背后接线柱上，连接到电磁铁的交流扫场输入端。共振吸收信号传输经晶体检波器后，一路直接接到示波器的 Y_1 通道，另一路则经微分放大器接到示波器的 Y_2 通道。

(2)开启电源后，微波固态源工作电压和电容电压应由零缓慢升到预定的工作范围，关机时应先将其调至零，然后关闭电源（变容二极管工作电压 1～5 V；耿氏二极管工作电压 10 V，工作电流 120 mA）。

2. 观察电子自旋共振并测量

(1)先把扫场 50 Hz 调至最大，再轻轻调节电磁铁的磁场调节大小转动轮，并慢慢旋转频率计，如发现示波器上的信号有上下激烈跳跃，即为频率计的吸收曲线在振荡模上出现。继续转动频率计，直至频率计上吸收曲线的尖端向下延伸到最长的瞬间，读出频率计指示的频率 f，该频率即为粗测样品的谐振腔的谐振频率。

(2) 轻轻调节电磁铁的磁场调节大小转动轮，观测三个或三个以上等间隔的共振信号。用数字毫特斯拉计测量共振信号等间隔时的磁场 B，并利用公式($hf=g\mu_B B$，其中 $h=6.626\times10^{-34}$ J·s，$\mu_B=9.274\times10^{-24}$ J·T^{-1})求出 DPPH 样品的 g 因子。

(3)改变单螺调配器的横向位置，再仔细调节晶体检波器以得到峰形尖锐、信噪比好的信号。分别记录图 8-4-5(1)、(2)、(3)、(4)中各图形对应的横坐标 $X_1\sim X_4$(mm)和频率 $f_1\sim f_4$(GHz)的各数据，观测样品的吸收、过饱和和色散图形。

九、实验注意事项

(1)晶体检波器是一个微波二极管整流器，由于点接触微波二极管的功率承受能力极

差，使用中要特别注意不要使信号过大，否则，微波二极管极易因过载而烧毁。

(2)固态微波源使用时要特别注意体效应管和变容二极管工作电压的极性及范围，以免损坏。

十、思考题

1. 实验中应如何选择样品尺寸及安放样品的位置？

2. 在调试样品谐振腔的吸收曲线时，应考虑哪些因素？为什么说出现共振信号时的微波频率与样品谐振腔的谐振频率相同？

3. 分析标准样品 DPPH 谱线增宽的原因。

十一、参考文献及阅读材料推荐

[1] 浦天舒. 微波电子自旋共振谱仪的调试. 大学物理实验，2002(4)，6-7，15.

[2] 王盛，李清毅，朱永强，等. 微波波段电子自旋共振实验的教与学——教学改革尝试之一. 物理实验，1994(4)，174-177.

实验 8-5 核磁共振——稳态吸收

一、背景简介

(一)什么是核磁共振

核磁共振技术来源于 1939 年美国物理学家拉比(I. I. Rabi)所创立的分子束共振法。拉比首次在高真空中的氢分子束实验中观察到磁共振现象(这种共振若为原子核磁矩的能级跃迁便是核磁共振；若为电子自旋磁矩的能级跃迁则为电子自旋共振)，并由此测量了核磁矩。为此，他获得了 1944 年诺贝尔物理学奖。1946 年，伯塞尔(E. M. Purcell)和布洛赫(F. Bloch)领导的两个小组独立地用吸收法和感应法分别在石蜡和水这类一般状态的物质中观察到氢核(^1H，质子)的核磁共振，这项发明使他们分享了 1952 年诺贝尔物理学奖。此后，核磁共振技术得到迅速发展。1977 年，人体核磁共振断层扫描仪(NMR-CT)研制成功，由此可以获得人体软组织的清晰图像。目前，核磁共振技术正向多功能、综合性、高性能、多维化和专用化的方向发展，已被广泛用于固体物理学、分析化学、分子生物学、医药学和地学等领域。

(二)核磁共振的应用

1. 在医学中的应用

20 世纪 60 年代中期，人们开始利用核磁共振技术对人体一些器官组织(如肝、肾、心、脾、肺、肌肉等)的自由基进行测试，得到 NMR 波谱。1969 年，McCord 等在哺乳动物的血液中发现 Cu/Zn-SOD(超氧化物歧化酶)，1970 年，在大肠杆菌中发现含锰的 Mn-SOD，同时报道出它的 NMR 谱图。迄今为止，核磁共振技术在医学中得到了广泛地应用。

2. 在无机材料中的应用

核磁共振可以用来研究半导体表面和体相的缺陷，它是研究太阳能电池光劣化的重要手段。另外，它还可以研究多晶硅生成的最佳温度、多晶硅氮化膜生成的最佳调价等。在工业生产领域，如石墨、碳纤维的加工，功能陶瓷材料的烧制，氧化物高温超导材料的制备，核反应堆材料的处理，天然矿物和化石的甄别以及无机催化剂的合成中都有重要的应用。

3. 在有机材料中的应用

在高分子合成,磁性有机高分子的加工和导电有机高分子材料的研究中,核磁共振技术都已经发挥了重要作用,并且随着研究的深入,它的重要性还将进一步体现。

二、与本实验相关的理论知识简介

1. 处于恒定磁场中的磁矩

由原子物理学可知,原子核和原子一样具有自旋。设原子核的角动量为 $\boldsymbol{P}_I$,它的自旋磁矩为 $\boldsymbol{\mu}_I$,则

$$\boldsymbol{\mu}_I = g_N \cdot \frac{e}{2m_p} \cdot \boldsymbol{P}_I \tag{8-5-1}$$

式中 g_N 为朗德因子,其值因原子核不同而异。m_p 是原子核的质量,e 是原子核电荷。由于原子核的质量比电子的质量大 1 836 倍,所以,原子核的磁矩比电子磁矩小三个数量级。为了讨论方便,令

$$\mu_N = \frac{e\hbar}{2m_p}$$

μ_N 称核磁子,则式(8-5-1)可改写为

$$\boldsymbol{\mu}_I = g_N \cdot \mu_N \cdot \frac{\boldsymbol{P}_I}{\hbar} \tag{8-5-2}$$

若把微观粒子的磁矩与角动量之比用一个称之为旋磁比的系数 γ 表示,则式(2)可简写为

$$\boldsymbol{\mu}_I = \gamma \boldsymbol{P}_I \tag{8-5-3}$$

比较上述三个式子,便可得到原子核的朗德因子与旋磁比之间的关系,知道了其中一个的数值,便可确定另一个的数值。

由核磁共振知识我们知道,在恒定磁场 $\boldsymbol{B}_0$ 中,并在垂直于的方向施加一频率为 ω 的交变磁场,若满足

$$\omega = \gamma B_0 \tag{8-5-4}$$

便发生核磁矩赛曼能级的共振跃迁。γ 朗德因子密切相关,关系如下:

$$\gamma = g_N \frac{\mu_N}{\hbar} \tag{8-5-5}$$

而核磁矩在磁场方向的投影

$$\mu_z = \gamma m \hbar \tag{8-5-6}$$

式中磁量子数 $m = I, I-1, \cdots, -I$。I 是核自旋量子数。

2. 磁矩在磁场中的能量

由量子力学可知,原子核自旋角动量和自旋磁矩在空间的取向是量子化的,$\boldsymbol{P}_I$ 在外磁场方向(z 方向)的分量 $\boldsymbol{P}_{Iz} = m\hbar$,只能取 $m = I, I-1, \cdots, -I+1, -I$ 等 $2I+1$ 个值,I 为表征粒子性质的自旋量子数,m 称为磁量子数。在外磁场 $\boldsymbol{B}_0$ 中,磁矩 $\boldsymbol{\mu}_I$ 与 $\boldsymbol{B}_0$ 的相互作用能为:

$$E=-\boldsymbol{\mu}_I\cdot\boldsymbol{B}_0=-\mu_{Iz}B_0=-\gamma P_{Iz}B_0=-\gamma m\hbar B_0 \tag{8-5-7}$$

由于对应于不同的 m 值，E 不同，因而一个能级分裂为 $2I+1$ 个次能级，每个次能级与磁矩在空间的不同取向相对应。对于最简单的氢核^{1}H，其 $I=\frac{1}{2}$，$S=\frac{1}{2}$，则 $m=\pm\frac{1}{2}$，故有两个次能级，其磁矩取向及其能级示意如图 8-5-1 所示，两个能级的能量差为

$$\Delta E=\gamma\hbar B_0=\omega_0\hbar \tag{8-5-8}$$

$\omega_0=\gamma B_0$ 称为拉莫尔（Larmor）频率。

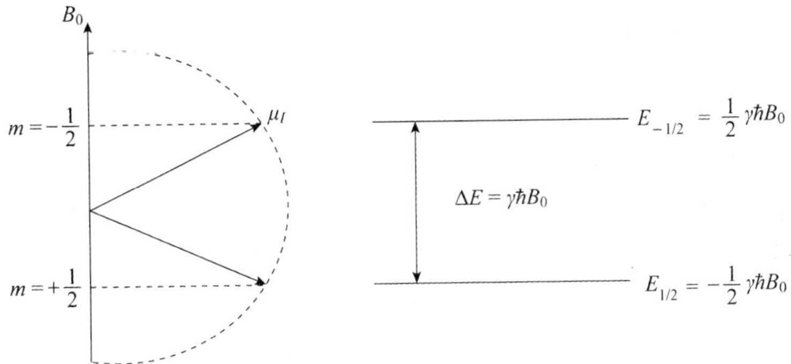

图 8-5-1　$I=1/2$ 的原子核磁矩在 B_0 中的取向及相应的能级示意图

3. 辐射场的作用与磁共振跃迁

若在 xy 平面（即垂直 B_0 的平面）内施加一个旋转磁场 $\boldsymbol{B}_1$，其旋转频率为 ω，旋转方向与 $\boldsymbol{\mu}_I$ 进动方向一致，则 $\boldsymbol{B}_1$ 对 $\boldsymbol{\mu}_I$ 的作用恰似一个恒定磁场，$\boldsymbol{\mu}_I$ 也会绕 $\boldsymbol{B}_1$ 进动，结果使夹角 θ 增大，如图 8-5-2 和图 8-5-3 所示，表明原子核从 $\boldsymbol{B}_1$ 中获得能量。当交变电磁场的频率 ν 满足 $h\nu=\Delta E$，而 $\omega=\omega_0$ 时，会发生原子核对电磁场能量的吸收或辐射，从而引起原子核在次能级之间的跃迁。

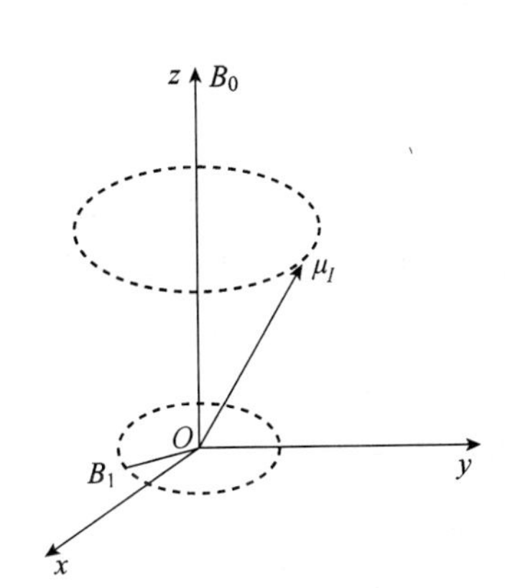

图 8-5-2　xy 平面内加进 B_1 示意图

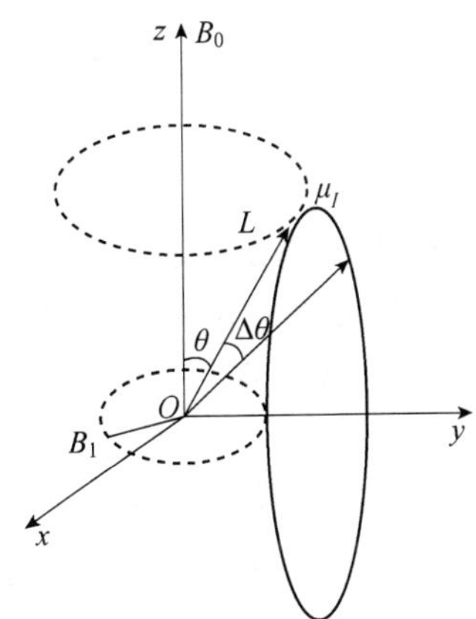

图 8-5-3　存在 B_1 时磁矩进动情况

共振跃迁会破坏粒子间的热平衡分别，使吸收过程趋于饱和，为了有效地检测 NMR 信

号，要避免饱和现象的出现。为此，一方面要采用适当的弱射频作用于样品上，另一方面使样品的弛豫时间不能过长。比如在样品中加入适量含顺磁离子的物质以减小弛豫时间，这样跃迁到高能级的粒子很快就能回到低能级，以保持高低能级上粒子数之差，从而在实验中能够连续地观察到NMR的信号。

4. 弛豫过程与弛豫时间

由于实际研究的样品是由许多元磁矩 $\boldsymbol{\mu}_i$ 组成的系统，引入磁化矢量 $\boldsymbol{M}$，其意义为单位体积内元磁矩的矢量和，即

$$\boldsymbol{M}=\sum_i \boldsymbol{\mu}_i$$

在外磁场 $\boldsymbol{B}_0$ 中，$\boldsymbol{M}$ 受到力矩的作用，则

$$\frac{\mathrm{d}\boldsymbol{M}}{\mathrm{d}t}=\gamma(\boldsymbol{M}\times\boldsymbol{B}_0) \tag{8-5-9}$$

$\boldsymbol{M}$ 以角频率 $\omega_0=\gamma B_0$ 绕 $\boldsymbol{B}_0$ 进动。

事实上，用上述方程描述系统的运动是不完全的，还必须考虑周围环境的作用。对处于恒定外磁场中的原子核，其元磁矩 $\boldsymbol{\mu}_i$ 都绕 $\boldsymbol{B}_0$ 进动，但它们进动的初始相位是随机的，可得

$$\boldsymbol{M}_z=\sum_i \boldsymbol{\mu}_{iz}=\boldsymbol{M}_0$$
$$\boldsymbol{M}_x=\sum_i \boldsymbol{\mu}_{ix}=0$$
$$\boldsymbol{M}_y=\sum_i \boldsymbol{\mu}_{iy}=0$$

即磁化矢量只有纵向分量，横向分量相互抵消。当在 xy 平面内加进 $\boldsymbol{B}_1$ 时，各 $\boldsymbol{\mu}_i$ 也绕 $\boldsymbol{B}_1$ 进动，使 $\boldsymbol{M}_z\neq\boldsymbol{M}_0$，$\boldsymbol{M}_x\neq 0$，$\boldsymbol{M}_y\neq 0$。去掉 $\boldsymbol{B}_1$ 后，这种不平衡的状态将不能维持下去，而是自动地向平衡状态恢复，这个过程称为弛豫过程。

设 $\boldsymbol{M}_z$ 和 $\boldsymbol{M}_{xy}$ 向平衡状态恢复的速度与它们离开平衡状态的程度成正比，则

$$\begin{aligned}\frac{\mathrm{d}M_z}{\mathrm{d}t}&=\gamma(\boldsymbol{B}\times\boldsymbol{M})_z-\frac{M_z-M_0}{T_1}\\ \frac{\mathrm{d}M_{xy}}{\mathrm{d}t}&=\gamma(\boldsymbol{B}\times\boldsymbol{M})_{xy}-\frac{M_{xy}-0}{T_2}\end{aligned} \tag{8-5-10}$$

T_1 称纵向弛豫时间，它是描述自旋原子核系统与周围物质晶格交换能量使 $\boldsymbol{M}_z$ 恢复平衡状态的时间常数，故又称自旋-晶格弛豫时间。T_2 称横向弛豫时间，它是描述自旋原子核系统内部的能量交换使 $\boldsymbol{M}_{xy}$ 消失过程的时间常数，故又称自旋-自旋弛豫时间。

5. 共振信号的线宽

共振时原子核在能级间反复跃迁而不是长期停留在某一个能级上，因此，它们处于某一个能级上的时间是一个有限值。据量子力学的不确定关系

$$\delta E\cdot\tau=\hbar \tag{8-5-11}$$

其中 δE 为能级宽度，τ 为能级寿命。由此产生的谱线宽度为 $\delta\omega=\frac{\delta E}{\hbar}=\frac{1}{\tau}$，即能级是有宽

度的，如图 8-5-4 所示。由此可知，共振不仅发生在 $\omega=\omega_0$ 处，在 $\omega_1\approx\omega_2$ 范围内也会发生。共振信号有一定宽度，它可归结为原子核处于能级上的平均寿命 τ，而 τ 受 T_1、T_2 和 B_1 的影响。在 B_1 很弱、系统不饱和的情况下，共振信号宽度为

$$\Delta\omega=\frac{2}{T_2} \tag{8-5-12}$$

它是共振信号最大幅度降到一半处对应的频率间隔。若用磁场表示，则为

$$\Delta B=\frac{2}{\gamma T_2} \tag{8-5-13}$$

因此，当不考虑磁场非均匀度的影响时，共振信号宽度主要由 T_2 决定。

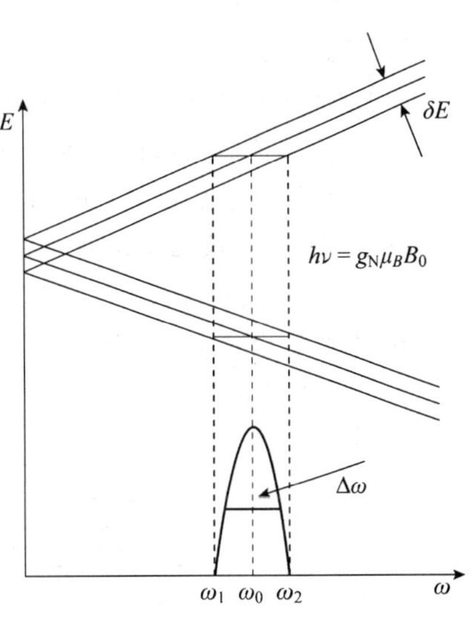

图 8-5-4　能级宽度引起共振信号变宽

6. 共振信号的检测

由于谱线有宽度，检测信号时就不能只满足某一个共振点的条件，而是要设法扫过整个谱线区域。为此可采用两种方法：①扫频法，即恒定磁场 B_0 固定不变，连续改变辐射的频率 ω，当 $\omega=\omega_0=\gamma B_0$ 时便出现共振峰；②扫场法，即在恒定磁场 B_0 上叠加一个交变低频调制磁场 $\widetilde{B}=B_m\sin 2\pi ft$，使样品所在的实际磁场即扫场磁场为 $B_0+\widetilde{B}$，如图 8-5-5(a)所示。这样，相应的进动频率 $\omega_0=\gamma(B_0+\widetilde{B})$ 也发生周期性地变化。如果射频场的角频率 ω 在 ω_0 的变化范围内，则当 $\widetilde{B}$ 变化使 $B_0+\widetilde{B}$ 扫过 ω 所对应的共振磁场 $B'=\frac{\omega}{\gamma}$ 时，则发生共振，从示波器上可观察到如图 8-5-5(b)所示的共振信号。

若改变 B_0 或 ω 都会使信号位置相对移动。当共振信号间距相等且重复频率为 $2\pi f$ 时，表示共振发生在扫场磁场 $2\pi ft=0,\pi,2\pi,\cdots$ 处，如图 8-5-6 所示，此时

$$B_0+\widetilde{B}=B_0=\frac{\omega}{\gamma}=\frac{2\pi\nu}{\gamma} \tag{8-5-14}$$

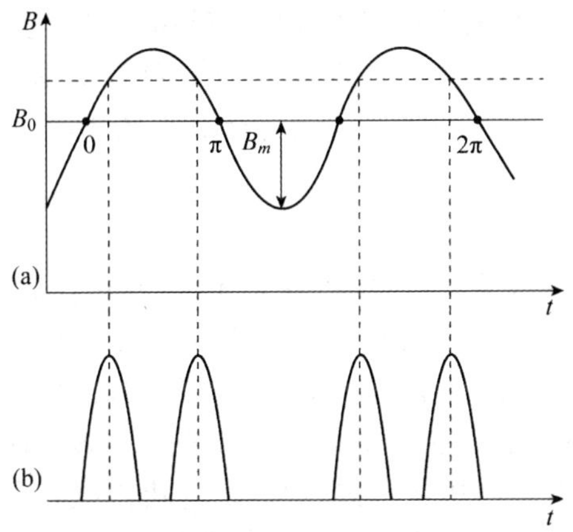

图 8-5-5　扫场信号(a)和共振信号(b)

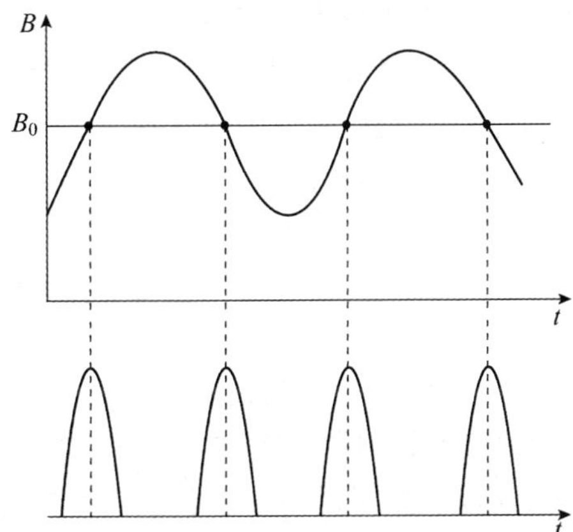

图 8-5-6　等间距共振信号

三、实验任务

1. 了解核磁共振的原理和实验方法。

2. 观察^{1}H 核磁共振稳态吸收现象。

3. 测量 $CuSO_4$ 水溶液样品的横向弛豫时间 T_2。

四、实验物品、仪器及设备

NMR-Ⅱ核磁共振仪、示波器、频率计、电源、50 Hz 交流调制扫场、移相器、永磁铁。

五、重要仪器设备、简介

本实验装置如图 8-5-7 所示。

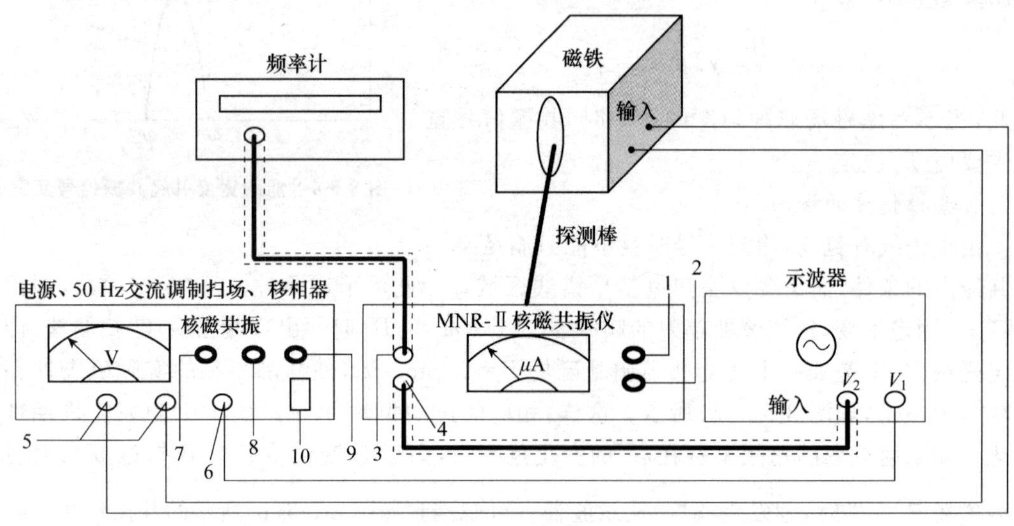

图 8-5-7　核磁共振实验装置及其连接图

1. 射频频率调节　2. 射频幅度调节　3. 射频频率输出　4. 共振信号输出　5. 扫场输出
6. X 轴输出　7. 扫场调节　8. X 轴调幅　9. X 轴移相　10. 电源开关

1. 恒定磁场系统

恒定磁场系统是由电磁铁或永久磁铁提供实验所需的稳定而均匀的恒定磁场。本实验中是由永磁铁提供稳定而均匀的恒定外磁场 $\boldsymbol{B}_0$。由永磁铁产生的恒定磁场系统比较简单，磁场的稳定性也较好，并且方便学生观测样品在磁场中的位置，但磁场的可调范围受到限制。本实验仪器的永磁铁中心磁感应强度 B 约为 0.55 T。永磁铁外绕着扫场线圈，扫场线圈通以 50 Hz 交流电流产生扫场磁场 $\widetilde{B}$。

2. 射频发射与接收系统

这部分统称 NMR 探头。它包括边限振荡器、高频放大器、检波和低频放大器等，如图 8-5-7 所示。边限振荡器和探头产生射频场，其用于提供一个垂直于恒定外磁场的交变电磁场。本实验采用的边限振荡器经过特殊设计，具有与一般振荡器不同的输出特性，其输出幅度随外界吸收能量的轻微增加而明显下降，当吸收能量大于某一个阈值时即停止振荡。因此，振荡器通常被调整在振荡与不振荡的边缘状态，故称之为边限振荡器。仪器中采用单一的线圈作为发射线圈，也作为接收线圈。样品放置在振荡线圈中，其轴线垂直于恒定磁场 $\boldsymbol{B}_0$。当不发生共振时，振荡线圈内样品不吸收射频能量，振荡回路具有较高

的品质因数。而共振时，由于样品从射频场吸收能量，振荡回路品质因数下降。由于射频振荡幅度与回路的品质因数成正比，因此，振荡幅度随之下降。经检波和放大后，在示波器上可以看到共振吸收信号。在图8-5-7中，边限振荡器和探头由MNR-Ⅱ型核磁共振仪和探测棒组成。调节射频频率和幅度调节旋钮可以改变输出的射频频率和边限电流。共振信号输出连接到示波器上，射频频率输出连接到频率计上。实验中，学生必须仔细调节边限振荡器的工作状态、样品位置和扫场磁场，才可获得灵敏度较高、分辨率较好的稳定共振吸收信号。

3. 扫场系统

(1)电源和50 Hz交流调制扫场，为磁感应线圈提供0～5 V/AC、50 Hz的扫场电压，由电压表指示。扫场线圈固定在永磁铁的两个磁极上。交流50 Hz、220 V市电经变压器降压至0～8 V/AC，输出引线位于永磁铁下端的两个接线柱上。

(2)移相器，用于采用移相法观察共振信号。内扫法和移相法是用示波器观察核磁共振信号的两种常用的实验方法。前者的磁场用音频正弦波扫描，而示波器用内部锯齿波扫描，调节外磁场，示波器上可出现等间隔的共振信号。后者的磁场和示波器都用同一音频正弦波进行同步扫描，示波器上看到的是李萨如图形。但由于接在Y轴的共振信号直接和扫场磁场的电流变化有关，扫场磁场线圈两端的电压与其电流间有一定的相位差，故在示波器上出现两个分离的不重合的共振信号。若用移相器恰当调节相移来抵消电流相位的滞后，可使示波器上的两个共振信号重合。实验中首先缓慢调节扫场磁场，当观察到两个分立的共振信号后，先调节X轴移相旋钮使两者重合，再仔细调节频率，使重合的共振信号处在示波器中央。

4. 数字频率计

数字频率计用于读取射频场的频率。

5. 示波器

示波器用于在内扫法和移相法中观察共振信号。

六、实验原理与构思

本实验中我们观察含有顺磁离子的$CuSO_4$水溶液中^1H的核磁共振信号。前面核磁共振的基础知识里面已经讲到，把磁矩不为零的样品置于恒定磁场B_0中，并在垂直于的方向施加一角频率为ω的交变磁场B_1，若满足

$$\omega=\gamma B_0$$

则低能级核磁矩可吸收射频场能量而跃到高能级上，这叫共振吸收。共振吸收会破坏能级间粒子数的热平衡分布，这将导致吸收逐渐趋于饱和，它有赖于弛豫过程使粒子数恢复平衡分布。室温时在热平衡状态下核磁矩能级的粒子数分布相差甚微，一般在10^{-6}数量级，而正是靠这一点差别来检测NMR信号，因此当射频场引起磁能级共振跃迁时，能级的粒子数分布很容易趋于饱和。为了避免饱和现象的出现，一方面要采取适当的弱射频场作用于样品；另一方面要使样品的弛豫时间不能太长，一般的做法是在样品中加入适量的顺磁离子($CuSO_4$)。

由于吸收谱线具有宽度，因此要采用扫场法(连续地改变B_0)或扫频法(连续地改变ω)来检测信号，并且要缓慢地通过共振区才能满足稳态条件，从而观测到NMR共振吸收的

信号。

为了得到 $CuSO_4$ 水溶液样品的横向弛豫时间 T_2，我们使用两种方法：

(1)内扫描法　根据公式 $T_2=\frac{2}{(\omega_1-\omega_2)\omega_{扫}\Delta t}$计算横向弛豫时间 T_2。其中，$\omega_1=2\pi\nu_1$，ν_1 为三峰等间隔共振频率，$\omega_2=2\pi\nu_2$，ν_2 为二峰合一刚消失一瞬间时的频率，$\omega_{扫}=2\pi\nu=100\pi$ (rad/s)，Δt 为共振信号半高宽。

(2)移相法　将移相器 X 轴输出连接到示波器的 CH_1 端，核磁共振仪的共振信号输出连接到示波器的 CH_2 端，示波器 TIME 旋钮旋到 X-Y 挡。在找到两个分离的共振信号后，调节移相器 X 轴振幅和 X 轴移相，使两分离的共振信号重叠形成蝶形，调节射频频率使蝶形的共振信号移到李萨如图形中心，这时频率计的读数为 ν_1。继续调节频率，当二峰一起移动到李萨如图形的边缘刚要消失时，频率为 ν_2，Δt 为二峰重叠在李萨如图形中心时半高宽的平均值。

最后我们还需要估算磁场的不均匀性，移动探测棒在测量磁铁中的位置(前、中、后移动约1 cm)，用三峰等间隔法测量(B_0^1、B_0、B_0^2)共振信号，分析磁场分布，估算 ΔB 磁场的不均匀性。

$$\Delta B_1=\frac{|B_0^1-B_0|}{B_0}=\frac{\nu_1-\nu_0}{\nu_0}$$

$$\Delta B_2=\frac{|B_0^2-B_0|}{B_0}=\frac{\nu_2-\nu_0}{\nu_0}$$

$$\Delta B=\frac{|\Delta B_1-\Delta B_2|}{B_0}=\frac{\nu_1-\nu_2}{\nu_0}$$

注意：这里的 ν_0、ν_1 和 ν_2 分别为探测棒在中、后、前位置时所对应的 B_0、B_0^1 和 B_0^2 的情况下出现等间隔三峰时的频率。

七、实验中要采集的数据及其处理

(1)记录两种方法下 $CuSO_4$ 水溶液样品的横向弛豫时间 T_2(表 8-5-1)。

表 8-5-1　两种方法下 $CuSO_4$ 水溶液样品的横向弛豫时间 T_2

测量次数	$\nu_1(\omega_1=2\pi\nu_1)$		$\nu_2(\omega_2=2\pi\nu_2)$		Δt	
	内扫描法	移相法	内扫描法	移相法	内扫描法	移相法
1						
2						
3						
4						
5						
6						

由表格中的数据，根据相应的公式，计算出横向弛豫时间。

(2)测量永磁铁中样品放置处的磁场 B_0(表 8-5-2)。

表 8-5-2 测量永磁铁中样品放置处的磁场 B_0

测量次数	1	2	3	4	5	6
B_0						
$\gamma=\frac{\omega}{B_0}$						
g(朗德因子)						

根据测得的 B_0,求出旋磁比 γ 和朗德因子 g。

(3)估算磁场的不均匀性(表 8-5-3)。

表 8-5-3 估计磁场的不均匀性

测量次数	1	2	3
ν_1			
ν_0			
ν_2			
ΔB_1			
ΔB_2			
ΔB			

求出表格中的 ΔB,并根据其大小评估磁场的均匀性。

八、实验步骤提示

(1)选用制备好的含有顺磁离子的 $CuSO_4$ 水溶液中 ^1H 样品,利用特斯拉计把磁场调至共振值 B_0 附近,观察含有顺磁离子的 $CuSO_4$ 水溶液中 ^1H 的核磁共振信号。具体步骤如下:

①如图 8-5-7 连接仪器,将样品 $CuSO_4$ 水溶液放入振荡线圈中。

②缓慢改变射频频率 ν,找出三峰等间隔共振信号。

③移动探测棒上射频线圈在磁场前、中、后的位置,观测信号的变化,并使共振信号处于最佳位置上。

④调节射频电流的大小和改变扫场电压幅度,观测共振信号与它们的关系。

(2)用内扫描法和移相法测 $CuSO_4$ 水溶液样品的横向弛豫时间 T_2。

(3)用 HF 样品分别观察 ^1H、^{19}F 的共振信号,并比较它们的幅度大小。

(4)观察 ^1H、^{19}F 的共振信号,用数字毫特斯拉计测量永磁铁中样品放置处的磁场 B_0,根据公式 $\gamma=\frac{\omega}{B_0}$,计算它们的旋磁比 γ 和朗德因子 g。

(5)观察纯水样品的共振信号,并与含有顺磁离子 $CuSO_4$ 水溶液的核磁共振信号进行比较,观察顺磁离子对共振信号的影响和分析它们信号幅度的差异。

(6)估算磁场的不均匀性,移动探测棒在测量磁铁中的位置(前、中、后移动约 1 cm),用三峰等间隔法测量(B_0^1、B_0、B_0^2)共振信号,分析磁场分布,估算 ΔB 磁场的不均匀性。

九、实验注意事项

(1)磁场由永磁铁产生,永磁铁选用高性能永磁材料,其有体积小、场强大和性能稳定等优点。磁铁二边有六颗调节螺丝,出厂前已经严格调整,以得到最佳的信噪比,一般情况下学生不必加以调整。

(2)边限电流取最大限度后再调小 1μA,如果边限电流过大(信号有饱和现象)或过小(边限振荡器停振),都会导致没有信号。^{19}F 信号比^{1}H 信号边限电流略小 2～4 μA。一般在有信号的情况下调整边限电流为好,这样能观测到信号随边限电流大小而产生的变化。

(3)调节边限电流会对频率产生影响。因此,在调节边限电流后,再调节频率进行补偿,使每一次测量频率保持一致。

(4)频率调节应参考实验老师提供的^{1}H、^{19}F 频率,使用电位器时应慢慢旋转旋钮,若速度过快,核磁共振信号会在瞬间闪失。

(5)必须将样品安置在磁场的均匀区内,因为一般永磁铁产生的磁场比较稳定,但是它的均匀性都比较差,如果将样品安置在均匀区域内,信号会十分明显。所以,样品在磁场中的位置尤为重要,必须认真仔细观测信号随样品位置上下、左右的变化,力求取得最佳效果。

(6)^{1}H 信号的扫场电压一般取 1～2 V/AC 即可,^{19}F 信号扫场电压取 3 V/AC 左右。由于^{19}F 核的弛豫时间较长,信号相对灵敏度较低,增加扫场可以得到一个较稳定的信号。

(7)为减少各类干扰,本机电源插座必须有良好的接地措施。由于射频振荡器的射频线圈既是信号发生器又是信号接收器,容易受空间环境的影响,所以,实验室周围环境应无明显的高频信号和无线电干扰源,学生应把通信工具关闭。

十、思考题

1. 观测 NMR 吸收信号时要提供哪几种磁场?它们各起什么作用?各有什么要求?
2. NMR 稳态吸收有哪两个过程?实验中怎样才能避免饱和现象出现?
3. 测 γ 时,为什么要使共振信号等间距?怎样使信号等间距?
4. 比较移相法和内扫法的异同和各自的特点。
5. 扫场磁场的作用是什么?不用它能否观察到共振现象?

十一、参考文献及阅读材料推荐

[1] 梁晓天. 核磁共振. 北京:科学出版社,1976.
[2] 赵天增. 核磁共振氢谱. 北京:北京大学出版社,1983.
[3] Harris R K. Nuclear Magnetical Resonance, A Physcochemical View. New York: Langman Scientific& Techical,1986.
[4] Macomber R S. Nuclear Magnetical Resonance, Basic Principles and Application. San Dioego: HBJ Publishers,1998.
[5] 沙振舜. 新编近代物理实验. 南京:南京大学出版社,2002.
[6] 林木欣. 近代物理实验教程. 北京:科学出版社,2008.

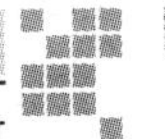

实验 8-6　夫兰克-赫兹实验

一、背景简介

1.原子结构模型的发展

1897 年,J·J·汤姆逊在研究阴极射线的时候,发现了原子中电子的存在。这打破了从古希腊人那里流传下来的"原子不可分割"的理念,明确地向人们展示:原子是可以继续分割的,它有着自己的内部结构。那么,这个结构是怎么样的呢?汤姆逊那时完全缺乏实验证据,他于是展开自己的想象,勾勒出这样的图景:原子呈球状,带正电荷。而带负电荷的电子则一粒粒地"镶嵌"在这个圆球上。这样的一幅画面,也就是史称的"葡萄干布丁"模型,电子就像布丁上的葡萄干一样。

但是,1910 年,卢瑟福和他的学生们用 α 粒子(带正电的氦核)来轰击一张极薄的金箔,想通过 α 粒子的散射来确认 J·J·汤姆逊的"葡萄干布丁"的大小和性质。但是,极为不可思议的情况出现了:有少数 α 粒子的散射角度是如此之大,以致超过 90°。对于这个情况,卢瑟福自己描述得非常形象:"这就像你用十五英寸的炮弹向一张纸轰击,结果这炮弹却被反弹了回来,反而击中了你自己一样"。

于是卢瑟福决定修改汤姆逊的葡萄干布丁模型。他认识到,α 粒子被反弹回来,必定是因为它们和金箔原子中某种极为坚硬密实的核心发生了碰撞。这个核心应该是带正电,而且集中了原子的大部分质量。但是,从 α 粒子只有很少一部分出现大角度散射这一情况来看,那核心占据的地方是很小的,不到原子半径的万分之一。卢瑟福在次年(1911)发表了他的这个新模型。在他描述的原子图像中,有一个占据了绝大部分质量的"原子核"在原子的中心,而在这原子核的四周,带负电的电子则沿着特定的轨道绕着它运行。这很像一个行星系统(比如太阳系),所以这个模型被理所当然地称为"行星系统"模型。在这里,原子核就像是太阳,而电子则是围绕太阳运行的行星们。

但是,这个看来完美的模型却有着自身难以克服的严重困难。因为物理学家们很快就指出,带负电的电子绕着带正电的原子核运转,这个体系是不稳定的。两者之间会放射出强烈的电磁辐射,从而导致电子一点点地失去自己的能量。作为代价,它便不得不逐渐缩小运行半径,直到最终"坠毁"在原子核上为止,整个过程用时不过一眨眼的工夫。换句话说,就算世界如同卢瑟福描述的那样,也会在转瞬之间因为原子自身的坍缩而毁于一旦,原子核和电子将不可避免地放出辐射并互相中和。

2.玻尔的量子化原子模型

卢瑟福的"行星系统"模型中所存在的困难被他的学生玻尔解决了。1912 年,玻尔在他的原子结构方面的第一篇论文中,开始试图把量子的概念结合到卢瑟福模型中去,以解决经典电磁力学所无法解释的难题。他以一种深刻的洞察力预见到,在原子这样小的层次上,经典理论将不再成立,新的革命性思想必须被引入,这个思想就是普朗克的量子以及他的 h 常数。原子内部只能释放特定量的能量,说明电子只能在特定的"势能位置"之间转换。也就是说,电子只能按照某些"确定的"轨道运行,这些轨道必须符合一定的势能条件,从而使得电子在这些轨道间跃迁时,只能释放出一些特定的能量来。在这一过程中，电子只能释放或吸收特定的能量（由光谱的巴尔末公式给出），而不是连续不断的。玻尔做出了合理的推断：如果把这些轨道比喻为台阶，电子所攀登的“台阶”，必须符合一定的高度条件，而不能像经典理论所假设的那样，是连续而任意的。连续性被破坏，量子化条件必须成为原子理论的主宰。玻尔发展了原子模型理论，提出了原子能级的存在。玻尔原子模型理论的直接实验基础，是氢原子光谱实验，氢原子光谱学的研究证明了原子能级的存在，原子光谱中的每条谱线都相应表示了原子从某一较高能级向另一较低能级跃迁时的辐射氢原子的光谱线，代表了电子从一个特定的台阶跳跃到另外一个台阶所释放的能量。因为观测到的光谱线是量子化的，所以电子的“台阶”（或者轨道）必定也是量子化的，它不能连续而取任意值，而必须分成“底楼”、“一楼”、“二楼”等，在两层“楼”之间，是电子的禁区，它不可能出现在那里。

3. 夫兰克-赫兹实验对玻尔原子模型的证明

原子能级的存在除了可有光谱研究推得外，还有夫兰克-赫兹实验。1914 年，夫兰克(J. Frank)和赫兹(G. Hertz)用慢电子与稀薄气体原子碰撞的方法，使原子从低能级激发到高能级。通过测量电子和原子碰撞时交换某一定量的能量，观察测量到汞的激发电位和电离电位，直接证明了原子内部量子化能级的存在，也证明了原子发生跃迁时的确会吸收和辐射能量，且吸收和辐射的能量是不连续的，为玻尔原子结构理论的假设提供了有力的实验证据。为此，他们共享了 1925 年的诺贝尔物理学奖。夫兰克和赫兹的实验方法至今仍是探索原子结构的重要手段之一。

二、与本实验相关的理论知识简介

1. 玻尔原子模型理论

根据玻尔原子模型理论，原子一定轨道上的电子具有一定的能量，当同一原子从低能量轨道跃迁到较高能量轨道时，就称原子处于受激状态。如果电子是从第一轨道跃迁到第二轨道，称为第一受激态，从第二轨道跃迁到第三轨道称为第二受激态，如此等等。玻尔理论的前提是玻尔提出的两条基本假设。

(1)原子的量子化定态假设　原子只能处于一些不连续的稳定状态中（简称定态），其中每一个状态相对应于一定的能量 $E_i(i=1,2,3,\cdots)$，原子处于这些状态时，既不发射也不吸收能量。

(2)辐射的频率定则　当原子从一个稳定状态跃迁到另一个稳定状态时，就吸收或辐射一定频率的电磁波，电磁波频率 ν 的大小决定于原子所处的两个稳定状态之间的能量差，并满足以下关系：

$$h\nu=|E_m-E_n| \tag{8-6-1}$$

式中 $h=6.63\times10^{-34}\,\text{J}\cdot\text{s}$，称为普朗克常量。

2. 电子与原子的碰撞理论

原子状态的改变通常在两种情况下发生，一是原子本身吸收或者放出电磁辐射，二是原子与其他粒子发生碰撞而交换能量。能够控制原子所处状态的最方便的方法是用电子轰击原子，电子的动能可以通过改变加速电压的方法加以调节。

在实验中，电子在真空中与汞蒸气原子相碰撞。设汞原子的基态能量为 E_1，第一级激发态的能量为 E_2，于是汞原子从基态跃迁到第一激发态所需要的能量为 E_2-E_1。由于初速度为零的电子在电位差为 U 的加速电场作用下具有的能量为 eU，若 eU 小于(E_2-E_1)，则电子与汞原子只能发生弹性碰撞，电子与原子之间几乎没有能量转移。当 $eU \geqslant (E_2-E_1)$时，电子与汞原子会发生非弹性碰撞，汞原子将从电子的能量中吸收相当于(E_2-E_1)的能量，使自己从基态跃迁到第一激发态，而多余的能量仍保留给电子。设使电子具有能量所需的加速电场的电位差为 U_g，则使原子激发时满足

$$eU_g = E_2 - E_1 \tag{8-6-2}$$

一般情况下，原子在激发态所处的时间不会很长，短时间后将回到基态，并以电磁辐射的形式释放出所获得的能量，其辐射频率满足

$$h\nu = eU_g \tag{8-6-3}$$

其中 U_g 为汞原子的第一激发电位。所以，当电子的能量等于或大于第一激发态的能量时，原子就开始发光。

三、实验任务

1. 用实验方法测定汞原子的第一激发电位和较高能级的激发电位，证明原子分立态的存在。

2. 分析温度、灯丝电压等因素对夫兰克-赫兹实验曲线的影响。

四、实验物品、仪器及设备

本实验仪器由夫兰克-赫兹(F-H)管电源组、扫描电源和微电流放大器、F-H 管、加热炉、控温装置(使用充氩的 F-H 管则不用加热控温部分)等组成。

五、重要仪器、设备简介

1. F-H 管电源组

F-H 管电源组用来提供 F-H 管各极所需要的工作电压。电源输出分为三组，均可调节。其中一组 0～5 V 电源作为灯丝电压，另一组 0～5 V 电源作为控制栅电压，而 0～15 V 电源作为减速电压。图 8-6-1 为其面板简图。

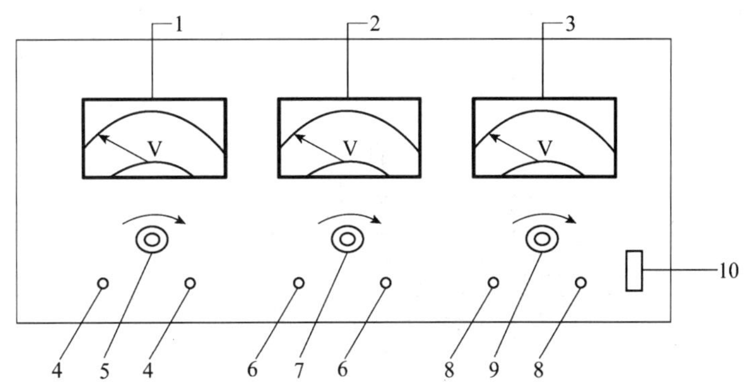

图 8-6-1　F-H 管电源组面板简图

1. 灯丝电压表头　2. 控制栅电压表头　3. 减速电压表头　4. 灯丝电压输出接线柱　5. 灯丝电压调节电位器　6. 控制栅电压输出接线柱　7. 控制栅电压调节电位器　8. 减速电压输出接线柱　9. 减速电压调节电位器　10. 电源开关及指示灯

2. 扫描电源和微电流放大器

图 8-6-2 为扫描电源和微电流放大器面板简图。

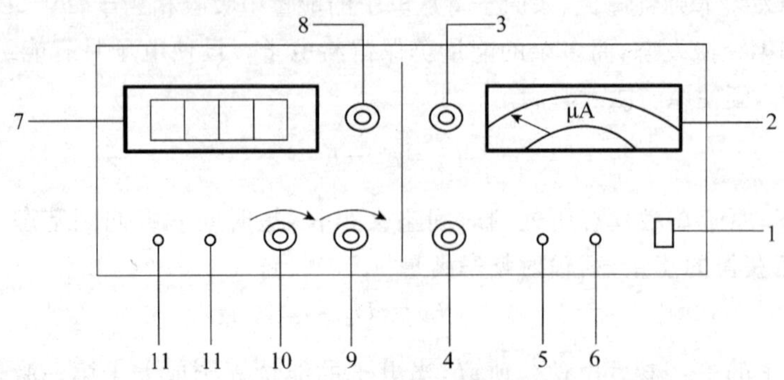

图 8-6-2 扫描电源和微电流放大器面板简图

1. 电源开关及指示灯 2. 微电流指示表头 3. 微电流放大器量程选择开关 4. 极性选择开关 5. 微电流放大器输入电缆 BNC 插座 6. 微电流放大器输出电缆 BNC 插座 7. 数字电压表 8. 扫描选择开关 9. 手动调节电位器 10. 自动上限调节电位器 11. 加速电压输出接线柱

3. F-H 管、加热炉及控温装置

实验中使用的 F-H 管是一种充有汞或充有氩气的特殊真空管，其安装于加热炉内。图 8-6-3 为 F-H 管及控温装置面板示意图。F-H 管内各电极已引到前面板的接线柱和 BNC 插头上。面板上还有温度控制部分，通过按三位数字温度指示上方或下方的小按钮，可以改变所设定的温度值，温度控制范围为 120～200℃。

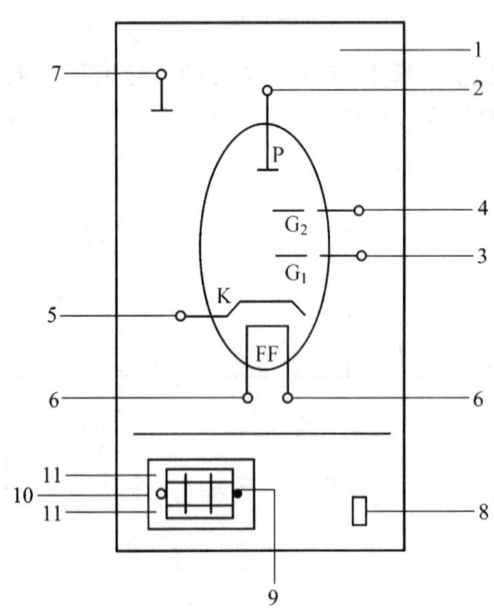

图 8-6-3 F-H 管及控温装置面板简图

1. F-H 管面板 2. F-H 管板极 P BNC 插座 3. F-H 管第一栅极 G_1 接线柱 4. F-H 管第二栅极 G_2 接线柱 5. F-H 管阴极 K 接线柱 6. F-H 管灯丝电极 F 接线柱 7. 接地接线柱 8. 电源开关及指示灯 9. 温度示值 10. 温度指示灯 11. 温度调节按钮

六、实验的原理与构思

(一)实验原理

1. 第一激发电位的测量

夫兰克-赫兹实验的原理可用图8-6-4说明。F-H管是一个具有双栅极结构的柱面型充汞四极管。第一栅极 G_1 的作用主要是消除空间电荷对阴极电子发射的影响,提高发射效率。第一栅极 G_1 与阴极K之间的电位差由控制栅电压 U_{KG_1} 提供。灯丝电压 U_F 加热灯丝,使旁热式阴极K被加热,从而产生慢电子。扫描加速电源 U_{KG_2} 加在阴极K和栅极 G_2 之间,建立一个加速电场,使得从阴极发出的电子被加速,穿过管内汞蒸气向栅极 G_2 运动。由于阴极到栅极之间的距离比较大,在适当的汞蒸气下,这些电子与汞原子可以发生多次碰撞。反向电压 U_{G_2P} 在板极P和栅极 G_2 之间建立一个减速场,到达 G_2 附近而能量小于 eU_{G_2P} 的电子不能到达板极。板极电路中电流强度 I_P 用微电流放大器A来测量,其值大小反映了从阴极到板极的电子数。在实验中保持 U_{G_2P} 和 U_{KG_1} 不变,直接测量板极电流 I_P 随加速电压 U_{KG_2} 变化的关系。

当加速电压 U_{KG_2} 刚开始升高但小于汞原子的第一激发电位时,电子与汞原子的碰撞是弹性的,因此,电子几乎没有能量损失,电子可以克服板栅间的减速场到达板极。此时,I_P 主要受空间电荷的限制。随着 U_{KG_2} 的增大,板极电流 I_P 也随之升高,直到加速电压 U_{KG_2} 等于或稍大于汞原子的第一激发电位。这时,在栅极 G_2 附近的电子与汞原子发生非弹性碰撞,把几乎全部的能量交给汞原子,使汞原子激发。由于这些损失了能量的电子不能超过 U_{G_2P} 产生的减速场,到达板极的电子数减少,所以,电流开始下降。继续增加 U_{KG_2},电子与汞原子碰撞后还能在到达 G_2 前被加速到足够的能量,克服减速场的阻力而达到板极P,这时,电流又开始上升。当 G_2F 间的电压两倍于汞原子的第一激发电位时,电子在 G_2 附近又会因与汞原子进行两次非弹性碰撞而失去能量,而且,由于受到减速场的阻挡而不能到达板极P,此时电流将再度下降。同样道理,随着加速电压 U_{KG_2} 的增加,电子会在栅极附近与汞原子发生三次、四次……非弹性碰撞,因而,板极电流会相应下跌,形成具有规则起伏的 I_P- U_{KG_2} 曲线即夫兰克-赫兹曲线。图8-6-5是利用微电流放大器测得的汞原子的实验曲线示意图,两峰之间的电位差等于汞原子第一激发电位。

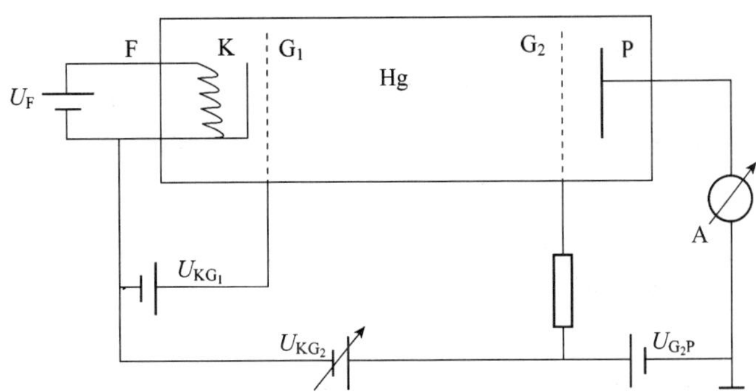

图8-6-4 夫兰克-赫兹实验原理图

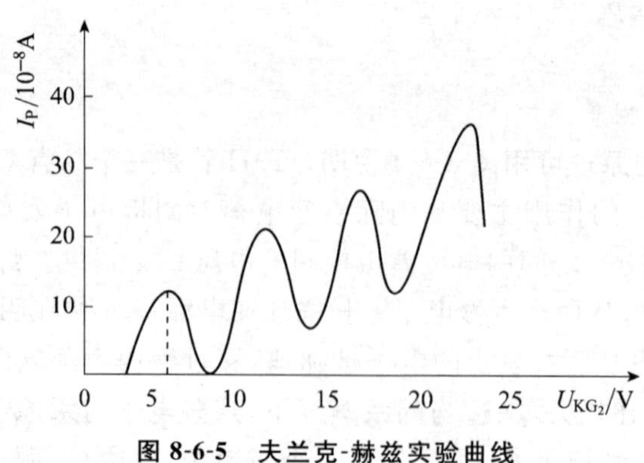

图 8-6-5　夫兰克-赫兹实验曲线

2. 较高能级激发电位的测量

在F-H管中要实现较高能级的激发，首先要获得较高能量的电子，其次要提高电子在碰撞区内与汞原子发生碰撞的概率。为此，将管内分成三个区域：加速区(K-G_1)、碰撞区(G_1-G_2)及收集区(G_2-P)。在加速区中，由于路径短，有较多的电子不与汞原子发生碰撞，这样电子进入碰撞区时能有高于 4.9 eV 的能量。为了提高电子在碰撞区内与汞原子碰撞的概率，在设计时，使第一栅极 G_1 与第二栅极 G_2 的间距大于电子的平均自由程。实验时，把它们连接在一起，形成一个等势区。

(二)实验构思

本实验的主要任务就是要测出夫兰克-赫兹曲线，并由此定出原子的第一激发电位。由实验原理知道，当加速电压逐渐增大时，电子会与原子发生多次非弹性碰撞，形成板极电流随加速电压增大而规律起伏的夫兰克-赫兹曲线。对于不同的气体，第一激发电位都不相同，几种常见元素的第一激发电位如表 8-6-1 所示。本实验采用充汞的 F-H 管。

表 8-6-1　常见元素的第一激发电位

元素名称	钠(Na)	钾(K)	镁(Mg)	汞(Hg)	氩(Ar)	氖(Ne)
第一激发电位/V	2.12	1.63	3.20	4.90	13.1	18.6

在实验过程中通常要测量 8～10 个 I_P 电流峰值，而灯丝的温度对阴极的发射系数有很大的影响，因此，调节灯丝电压 U_F 可改变板极电路中电流 I_P。一般在第十个峰到来时应控制 I_P 在 0.4～0.45 μA。若 I_P 在第十个峰到来时超过量程，可减小灯丝电压 U_F，反之，可适当增加灯丝电压 U_F。

控制栅电压 U_{KG_1} 用于消除电子在阴极附近的堆积效应，控制阴极发射的电子流的大小。一般在“手动”测量时，寻找到第一个峰后，调节控制栅电压 U_{KG_1} 使 I_P 值达到最大，这时的控制栅电压为合适电压。

减速电压 U_{G_2P} 使能量较低的电子不能到达板极，减速电压越大，板流越小。一般控制在充汞管 0.5～2 V，充氩管 2～8 V。

本实验可用“手动”、“快扫”和“慢扫”三种工作方式。增大加速电压，逐点测量板极电流的峰谷信号。对于充汞管，当加速电压达到 50～60 V 时，约有 10 个峰出现；对充氩管，当

加速电压达到 90 V 左右时，可有 6～7 个峰。

注意：实验中板极电流 I_P 的下降并非突然，其峰值总有一定的宽度，这是由于从阴极发出的电子初始能量不完全一样，服从一定的统计规律。另外，由于电子与汞原子碰撞有一定的概率，当大部分电子恰好在栅极前使汞原子激发而损失能量时，显然会有一些电子逃避了碰撞而直接到达板极，因此，板极电流并不降到零。

七、实验中要采集的数据及其处理

1. 数据记录

(1)测量汞原子的第一激发电位。选择合适的电压和温度参数，分别用"手动"、"快扫"和"慢扫"三种工作方式，测量在汞原子的 I_P-U_{KG_2} 曲线，将测量结果分别填入表 8-6-2 中。

表 8-6-2 汞原子的 I_P-U_{KG_2} 关系记录表

序号		1	2	3	4	5	6	7	8	9	10
U_{KG_2}/V	峰值										
	谷值										
$I_P/\mu A$	峰值										
	谷值										

测量条件：U_F=____ V；U_{G_1}=____ V；U_P=____ V；t=____ ℃。

(2)测量汞原子的较高能级激发电位(选做)。改变汞蒸气的温度、灯丝电压、等势区内的电场梯度与减速电压，确定最佳工作条件，测量较高能级激发电位的 I_P-U_{KG_2} 曲线。将测量结果填入表 8-6-2 中。

2. 数据处理

(1)用坐标纸作出 I_P-U_{KG_2} 曲线。

(2)由前面讨论可知，I_P-U_{KG_2} 曲线上相邻两峰值之间的电位差就是汞原子的第一激发电位 U_g。在得到 I_P-U_{KG_2} 曲线后，从曲线上确定出 I_P 的峰值和谷值所对应的 U_{KG_2} 值，把两组数据分别用"逐差法"求出汞原子的第一激发电位 U_g，并与标准值 4.9 V 进行比较求出百分误差。

峰值电压的平均间距：

$$U_{g峰}=\frac{(U_{峰10}-U_{峰5})+(U_{峰9}-U_{峰4})+(U_{峰8}-U_{峰3})+(U_{峰7}-U_{峰2})+(U_{峰6}-U_{峰1})}{5\times5}$$

谷值电压的平均间距：

$$U_{g谷}=\frac{(U_{谷10}-U_{谷5})+(U_{谷9}-U_{谷4})+(U_{谷8}-U_{谷3})+(U_{谷7}-U_{谷2})+(U_{谷6}-U_{谷1})}{5\times5}$$

汞原子的第一激发电位：

$$U_g=\frac{(U_{g峰}+U_{g谷})}{2}=\_\_\_\_\_\_\ \text{V}$$

(3)根据 I_P-U_{KG_2} 曲线，用最小二乘法，得出峰位 U_{KG_2} 与对应的峰位序数 n 之间的关系

$$U_{KG_2}=a+nb$$

式中 a 为接触电位差，b 为汞的第一激发电位。用最小二乘法计算出汞原子第一激发电位 U_g。

八、实验步骤提示

1. 测定汞原子的第一激发电位

(1)F-H 管预热和连接线路。将 F-H 管加热炉和温控装置的电源插头插入电源插座，打开电源，指示灯亮。按动三位数字上方或下方的按钮，设置所需要的温度(一般设置 160～180℃)，让加热炉升温约 20 min，待温控部分的温度指示灯由绿向红跳变时，即达到预定温度。在加热过程中，参考图 8-6-4 给仪器整体接线并检查线路。

注意：连线时暂不要接通 F-H 管电源、扫描电源和微电流放大器两台仪器的电源。

(2)选择合适的电压参数。预热后可接通 F-H 管电源、扫描电源和微电流放大器的电源。调节好 U_F、U_{KG_1} 和 U_{G_2P}后，预热 3 min。

(3)测量 I_P-U_{KG_2} 曲线。选择"手动"工作方式测量时应缓慢调节手动调节电位器，增大加速电压，并注意观察微电流放大器上的指示，观察到电流峰谷信号，记录数据，填入表 8-6-2中。

选择"快扫"或"慢扫"工作方式，将"扫描选择"开关拨到相应位置，调节自动上限调节电位器，设定锯齿波加速电压的上限值。稍等片刻后，开始输出锯齿波加速电压，当在数字电压表、电流表上观察到正常的自动扫描及信号后，采用函数记录仪记录数据。

(4)改变灯丝电压 U_F、减速电压 U_{G_2P}，观察 I_P-U_{KG_2} 曲线的变化。(选做)

(5)改变加热炉温度，观察 I_P-U_{KG_2} 曲线的变化。(选做)

2. 测定汞原子较高能级的激发电位(选做)

重新连接线路，将第一栅极 G_1 与第二栅极 G_2 连接在一起。改变汞蒸气的温度、灯丝电压、等势区内的电场梯度与减速电压，确定最佳工作条件，测量较高能级激发电位的 I_P-U_{KG_2} 曲线。

九、实验注意事项

(1)在实验过程中若产生电离击穿(即电流表突然大幅度量程过载)，要立即将加速电压减小到零。当采用"快扫"和"慢扫"工作方式时，可将扫描选择开关拨到"手动"挡，用手动调节电位器减小加速电压，然后改变实验条件，如减小灯丝电压或降低扫描电压上限。

(2)F-H 管采用间热式阴极。若调节灯丝电压，以每次增加或减小 0.1～0.2 V 为宜，且改变电压后会有 1 min 左右的滞后。在保证实验正常进行的条件下，应尽量减小灯丝电压，以保护 F-H 管，延长其寿命。

(3)若要观察更多的峰谷，可改变电流的量程。

(4)加热炉外壳温度较高，移动时应注意用把手，导线也不要靠在炉壁上，以免长时间加温软化塑料线。

(5)更换 F-H 管时要切断仪器电源，待炉温冷却后方可移开加热炉后面板，将瓷管座上的管子向上小心拔出，然后插入新的 F-H 管。

(6)对 F-H 管顶上的玻璃烧结处，要避免碰撞和用力，防止其破裂造成管子漏气。

十、思考题

1. 为什么 I_P-U_{KG_2} 曲线呈现周期变化?

2. 试说明 I_P-U_{KG_2} 曲线中第一个峰的电压是否与汞原子的第一激发电位 4.9 V 一致，为什么？

3. 灯丝电压、控制栅电压、减速电压的大小对 I_P-U_{KG_2} 曲线有何影响？

4. 从实验曲线可以看出板极电流 I_P 并不突然改变，每个峰和谷都有圆滑的过渡，这是为什么？

十一、参考文献及阅读材料推荐

[1] 刁岗，杨初平. 大学物理实验. 北京：中国农业出版社，2006.
[2] 郑建洲，张萍，等. 大学物理实验. 北京：科学出版社，2007.
[3] 张平. 大学物理实验. 南京：南京大学出版社，2008.
[4] 戴道宣，戴乐山. 近代物理实验. 北京：高等教育出版社，2006.

实验 8-7　声光效应

一、背景简介

1. 声光效应的发现和研究

早在 1922 年，布里渊(L. Brillouin)就曾预言"当高频声波在液体内传播时，如果有可见光通过该液体，可见光将产生衍射效应。"这一预言在 10 年后得到了验证：1935 年，喇曼(Raman)和纳斯(Nath)通过大量的实验研究后发现，在一定的条件下，当可见光通过某一受到超声波作用的介质时，的确可以观察到很明显的衍射现象，并且衍射条纹的光强分布类似于普通的光栅，所以也称该介质为超声光栅。喇曼和纳斯的这一项工作，为今后声光效应的实验研究和发展奠定了基础。20 世纪 60 年代激光器的问世为声光效应的研究提供了理想的光源，促进了声光效应理论和应用研究的迅速发展。

2. 声光效应的应用

声光效应为控制激光束的频率、方向和强度提供了一个有效的手段。利用声光效应制成的声光器件，如声光调制器、声光偏转器和可调谐滤光器等，在激光技术、光信号处理和集成光通讯技术等方面有着重要的应用。

二、与本实验相关的理论知识简介

(一)声光效应的定义

声光效应是指光通过某一个受到超声波扰动的介质时发生衍射的现象，这种现象是光波与介质中声波相互作用的结果。由于弹光效应，当超声纵波以行波形式在介质中传播时会使介质折射率产生正弦或余弦规律变化，并随超声波一起传播，当激光通过此介质时，就会发生光的衍射，即声光衍射。

(二)声光效应的实验规律

声光效应有正常声光效应和反常声光效应之分。在各向同性介质中，声-光相互作用不导致入射光偏振状态的变化，产生正常声光效应；在各向异性介质中，声-光相互作用可能导致入射光偏振状态的变化，产生反常声光效应。反常声光效应是制造高性能声光偏转器和可调谐滤光器的物理基础。正常声光效应可用喇曼-纳斯的光栅假设作出解释，而反常声光效应不能用光栅假设作出解释。在非线性光学中，利用参量相互作用理论，可建立起声-光相互作用的统一理论，并且运用动量匹配和失配等概念对正常和反常声光效应都可作出解释。本实验只涉及各向同性介质中的正常声光效应。

(三)声光效应的理论解释和推导

1. 声光介质中平面入射光波的相位差

设声光介质中的超声行波是沿 y 方向传播的平面纵波，其角频率为 ω_s，波长为 λ_s，波矢为 k_s。入射光为沿 x 方向传播的平面波，其角频率为 ω，在介质中的波长为 λ，波矢为 k，如图 8-7-1 所示。介质内的弹性应变也以行波方式随声波一起传播。由于光速大约是声速的 10^5 倍，在光波通过的时间内介质在空间上的周期变化可看成是固定的。

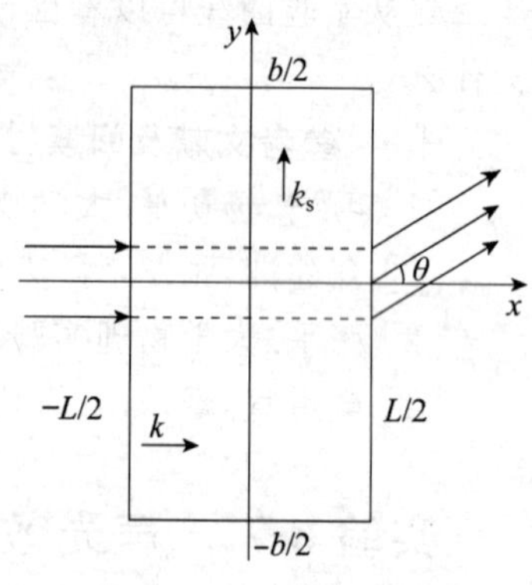

图 8-7-1 声光衍射

由应变而引起的介质折射率的变化由下式决定：

$$\Delta\left(\frac{1}{n^2}\right)=PS \tag{8-7-1}$$

其中 n 为介质折射率，S 为应变，P 为光弹系数。通常，P 和 S 为二阶张量。当声波在各向同性介质中传播时，P 和 S 可作为标量处理。如前所述，由于应变也以行波方式传播，所以，应变可以写成

$$S=S_0\sin(\omega_s t-k_s y) \tag{8-7-2}$$

当应变较小时，折射率作为 y 和 t 的函数，可表示为

$$n(y,t)=n_0+\Delta n\sin(\omega_s t-k_s y) \tag{8-7-3}$$

其中 n_0 为无超声波时的介质折射率，Δn 为声波折射率变化的幅值。由式(8-7-1)可求出

$$\Delta n=-\frac{1}{2}n^3PS_0$$

设光束垂直入射($k\perp k_s$)并通过厚度为 L 的介质，则前后两点的相位差为

$$\begin{aligned}\Delta\Phi&=k_0 n(y,t)L\\&=k_0 n_0 L+k_0\Delta nL\sin(\omega_s t-k_s y)\end{aligned}$$

即

$$\Delta\Phi=\Delta\Phi_0+\delta\Phi\sin(\omega_s t-k_s y) \tag{8-7-4}$$

其中 k_0 为入射光在真空中的波矢的大小，右边第一项 $\Delta\Phi_0$ 为不存在超声波时光波在介质前后两点的相位差，第二项为超声波引起的附加相位差(相位调制)，$\delta\Phi=k_0\Delta nL$。由此可见，当平面光波入射在介质的前界面上时，超声波使出射光波的波阵面变为周期性变化的皱折波面，从而改变了出射光的传播特性，使光产生衍射。

2. 各级声光衍射的方位角和衍射光的极大强度

设入射面上 $x=-\dfrac{L}{2}$ 的光振动为 $E_i=Ae^{i\omega t}$，其中 A 为常数，也可以是复数。考虑到在出射面 $x=\dfrac{L}{2}$ 上各点相位的改变和调制，在 xy 平面内距离出射面很远的一点处的衍射光叠加

的结果为

$$E \propto A\int_{-\frac{b}{2}}^{\frac{b}{2}} e^{i[(\omega t-k_0 n(y,t)L)-k_0 y\sin\theta]}\,dy$$

写成等式即为

$$E = Ce^{i\omega t}\int_{-\frac{b}{2}}^{\frac{b}{2}} e^{i\delta\Phi\sin(k_s y-\omega_s t)}\,e^{-ik_0 y\sin\theta}\,dy \tag{8-7-5}$$

其中 b 为光束宽度，θ 为衍射角，C 为与 A 有关的常数，为了简单可取为实数。

利用有关贝塞耳函数的恒等式

$$e^{ia\sin\theta}=\sum_{m=-\infty}^{\infty} J_m(a)e^{im\theta}$$

式中 $J_m(a)$ 为第一类 m 阶贝塞耳函数，将式(8-7-5)展开并积分得

$$E=Cb\sum_{m=-\infty}^{\infty} J_m(\delta\Phi)e^{i(\omega-m\omega_s)t}\frac{\sin[b(mk_s-k_0\sin\theta)/2]}{b(mk_s-k_0\sin\theta)/2} \tag{8-7-6}$$

上式中与第 m 级衍射有关的项为

$$E_m=E_0 e^{i(\omega-m\omega_s)t} \tag{8-7-7}$$

$$E_0=CbJ_m(\delta\Phi)\frac{\sin[b(mk_s-k_0\sin\theta)/2]}{b(mk_s-k_0\sin\theta)/2} \tag{8-7-8}$$

因为函数 $\frac{\sin x}{x}$ 在 $x=0$ 时取极大值，因此有衍射极大的方位角 θ_m 由下式决定

$$\sin\theta_m= m\frac{k_s}{k_0} = m\frac{\lambda_0}{\lambda_s} \tag{8-7-9}$$

式中 λ_0 为真空中光的波长，λ_s 为介质中超声波的波长。将其与一般的光栅方程相比可知，超声波引起的有应变的介质相当于一个光栅常数为超声波波长的光栅。由式(8-7-7)可知，第 m 级衍射光的频率 ω_m 为

$$\omega_m=\omega-m\omega_s \tag{8-7-10}$$

由此可见，衍射光仍然是单色光，但发生了频移。由于 $\omega\gg\omega_s$，这种频移是很小的。

第 m 级衍射极大的强度 I_m 可用式(8-7-7)模数的平方表示：

$$\begin{aligned} I_m &=E_0E_0^*=C^2b^2J_m^2(\delta\Phi)\\ &=I_0J_m^2(\delta\Phi) \end{aligned} \tag{8-7-11}$$

式中 E_0^* 为 E_0 的共轭复数，$I_0=C^2b^2$。

第 m 级衍射极大的衍射效率 η_m 定义为第 m 级衍射光的强度与入射光强度之比。由式(8-7-11)可知，η_m 正比于 $J_m^2(\delta\Phi)$。当 m 为整数时，$J_{-m}(a)=(-1)^m J_m(a)$。式(8-7-9)和式(8-7-11)表明，各级衍射光相对于零级是对称分布的。

三、实验任务

1.了解声光效应的原理。

2.了解喇曼-纳斯衍射和布喇格衍射的实验条件和特点。

3.学会利用声光效应来测定声速。

4.通过对声光器件衍射效率和带宽等的测量,加深对其概念的理解。

四、实验物品、仪器及设备

本实验采用的是SO2000声光效应实验仪,其包含有已安装在转角平台上的100MHz声光器件、半导体激光器、100 MHz功率信号源、LM601S CCD光强分布测量仪及光具座。每个器件都带有$\phi 10$的立杆,可以安插在通用光具座上。实验中外配示波器和频率计各一台。实验仪器摆设如图8-7-2所示。

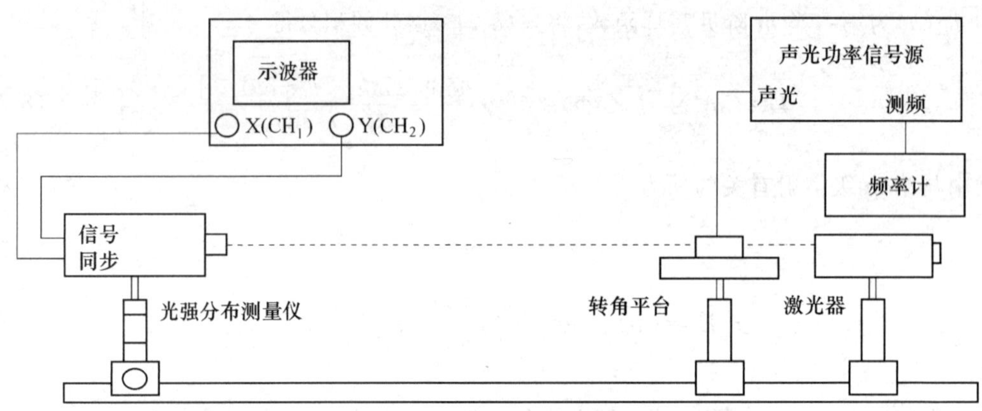

图 8-7-2 声光效应实验连接图

五、重要仪器、设备简介

1.声光器件(声速v为3 632 m/s,介质折射率n为2.386)

声光器件的结构示意图如图8-7-3所示,它由声光介质、压电换能器和吸声材料组成。本实验采用的声光器件中的声光介质为钼酸铅,吸声材料的作用是吸收通过介质传播到端面的超声波以建立超声行波。将介质的端面磨成斜面或成牛角状,也可以达到吸声的作用。压电换能器又称超声发生器,由铌酸锂晶体或其他压电材料制成。压电换能器的作用是将电功率转换为声功率,并在声光介质中建立起超声场。压电换能器既是一个机械振动系统,又是一个与功率信号源相联系的电振动系统,或者说是功率信号源的负载。为了获得最佳的电声能量转换效率,换能器的阻抗与信号源内阻应当匹配。声光器件有一个衍射效率最大的工作频率,此频率称为声光器件的中心频率,记为f_c。对于其他频率的超声波,其衍射效率将降低。规定衍射效率(或衍射光的相对光强)下降3 db(即衍射效率降到最大值的$1/\sqrt{2}$)时两频率的间隔为声光器件的带宽。

声光器件安装在一个透明塑料盒内,置于转角平台上,如图8-7-4所示。盒上有一个插座,用于和功率信号源的声光插座相连。透明塑料盒两端各开有一个小孔,激光分别从这两个孔射入和射出声光器件,不用时用贴纸封住以保护声光器件。旋转转角平台的旋转手轮可以转动转角平台,从而改变激光射入声光器件的角度。

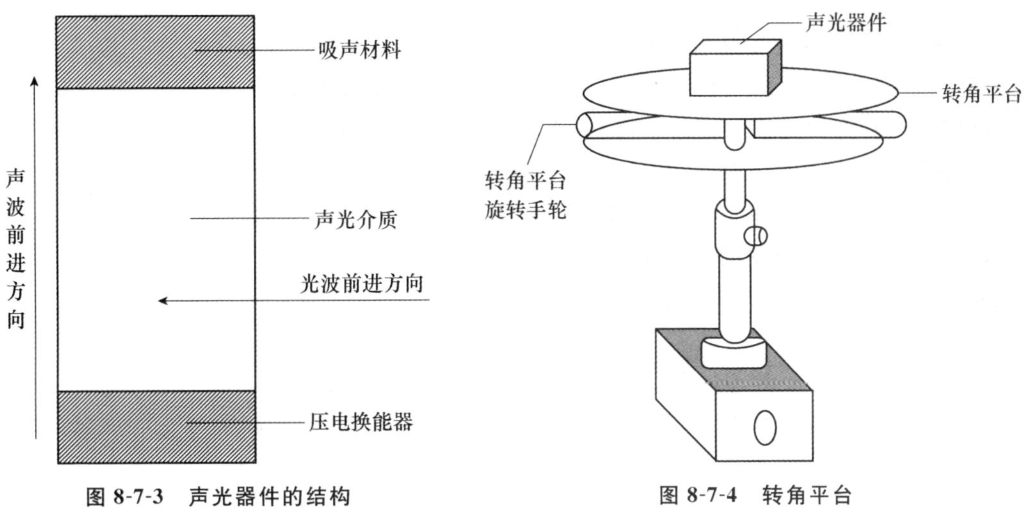

图 8-7-3 声光器件的结构　　图 8-7-4 转角平台

2. 功率信号源

SO2000 功率信号源是专为声光效应实验配套的，其输出频率范围为 80～120 MHz，最大输出功率为 1 W，面板简图如图 8-7-5 所示。功率信号源各输入/输出信号和表头含义如下：

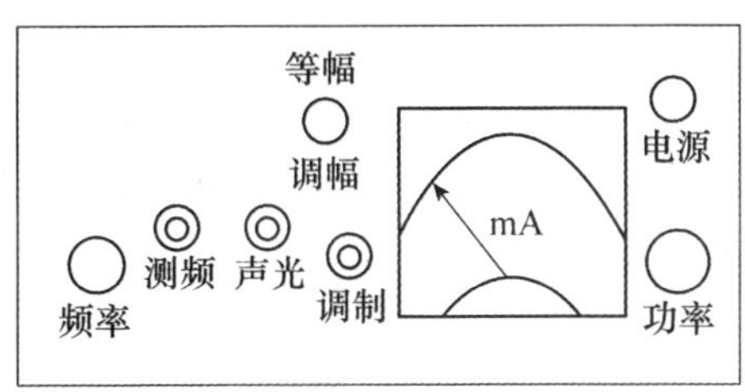

图 8-7-5 声光效应功率信号源

(1)等幅/调幅　做基本的声光衍射实验时，要打在“等幅”位置，否则信号源无输出；做模拟通信实验时，要打在“调幅”位置。本次实验只观察声光衍射现象，所以一般把开关打在“等幅”位置即可。

(2)调制　“调制”为输入信号插座。在做模拟通信实验时，从“调制”端口输入一个 TTL 电平的数字信号就可以对声功率进行幅度调制。频率范围为 0～20 kHz。

(3)声光　“声光”为输出信号插座，用于连接声光器件。功率信号源的电信号传入声光器件，经压电换能器转换为声波后注入声光介质。

(4)测频　“测频”为输出信号插座，接频率计时用于测量功率信号源输出信号的频率。

(5)频率旋钮。该钮用于改变功率信号源输出信号的频率，可调范围为 80～120 MHz。

(6)功率旋钮　该钮用于调节功率信号源的输出功率，逆时针减小，顺时针增大。面板上的毫安表读数用于功率指示，读数值×10 约等于功率毫瓦数。为了保证声光器件的安全，使用时不要长时间使其处于功率最大位置。

3. LM601S CCD光强分布测量仪

用线阵CCD光强分布测量仪可以实时地显示、测量各级衍射光的相对强度分布，不受光源强度跳变和漂移的影响，在衍射角的测量上也有很高的精度。除在示波器上测量外，也可以用计算机采集处理实验数据。

CCD器件是一种可以电扫描的光电二极管列阵，有面阵（二维）和线阵（一维）之分。LM601S CCD光强仪所用的是线阵CCD器件，参数见表8-7-1，LM601S CCD器件的光敏面至光强仪前面板距离为4.5 mm。

表8-7-1　LM601S CCD光强仪参数

光敏元数/个	光敏元尺寸/(μm×μm)	光敏元中心距/μm	光敏元线阵有效长/mm	光谱响应范围/μm	光谱响应峰值/μm
2 700	11×11	11	29.7	0.35～0.9	0.56

LM601S CCD光强仪后面面板如图8-7-6所示，其中各插孔含义如下：

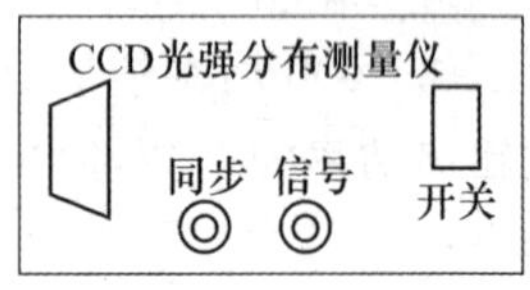

图8-7-6　CCD光强分布测量仪

(1)信号　该插孔为CCD器件接收的空间光强分布信号的模拟电压输出端，送往示波器的测量信号通道。送往微机时，接电缆线的红色插头。

(2)同步　该插孔启动CCD器件扫描的触发脉冲，同步的含义是同步扫描，主要供示波器X轴外同步触发和采集卡同步使用。送往微机时，接电缆线的黄色插头。

(3)开关　为电源开关及指示灯。

4. 半导体激光器

半导体激光器输出光强稳定，功率可调，寿命长。在后面板上有一只调节激光强度的电位器，在盒顶和盒侧各有一只可做X-Y方向微调的手轮。半导体激光器输出激光的波长为650 nm，功率不大于5 mW。

5. 光具座

声光效应仪配有3只马鞍座，其中一只带有可横向移动和微调升降旋钮的，一般用于安置CCD光强仪。SO2000的各部件的底端都有螺口用以旋入直径为10 mm的立杆，拧紧后插入各马鞍座里。旋紧马鞍座的立杆旋钮，再将马鞍座置于光具座上，待各部件位置调节好后，旋紧马鞍座侧面的旋钮即可完成固定。

6. 示波器

声光效应实验需要一台示波器，用于观察CCD光强仪输出的信号波形。

7. 频率计

用于测量功率信号源输出信号的频率，量程需大于150 MHz。

六、实验原理与构思

(一)实验原理

1. 喇曼-纳斯衍射

当光束斜入射时，如果声光作用的距离满足 $L<\frac{\lambda_s^2}{2\lambda}$，则各级衍射极大的方位角 θ_m 由下式决定

$$\sin\theta_m=\sin i+m\frac{\lambda_0}{\lambda_s} \tag{8-7-12}$$

式中 i 为入射光波矢 k 与超声波波面之间的夹角。上述的超声衍射称为喇曼-纳斯衍射，有超声波存在的介质起到了一个平面相位光栅的作用。

2. 布喇格衍射

当声光作用的距离满足 $L>\frac{2\lambda_s^2}{\lambda}$，而且光束相对于超声波波面以某一个角度斜入射时，在理想情况下除了 0 级之外，只出现 1 级或者 −1 级衍射，如图 8-7-7 所示。这种衍射与晶体对 X 光的布喇格衍射很类似，故称为布喇格衍射，能产生这种衍射的光束的入射角称为布喇格角。此时，有超声波存在的介质起到了体积光栅作用。

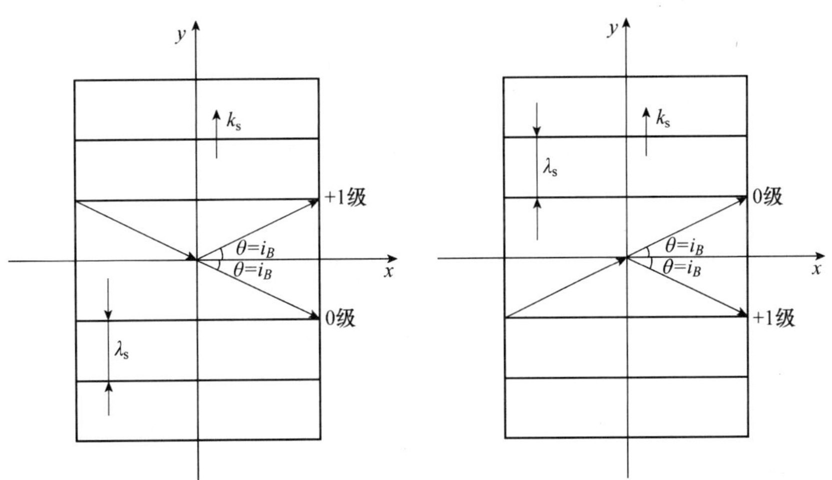

图 8-7-7 布喇格衍射

可以证明，布喇格角满足

$$\sin i_B=\frac{\lambda}{2\lambda_s} \tag{8-7-13}$$

式(8-7-13)称布喇格条件。因为布喇格角一般很小，故衍射光相对于入射光的偏转角 ϕ 为

$$\phi=2i_B\approx\frac{\lambda}{\lambda_s}=\frac{\lambda_0}{nv_s}f_s \tag{8-7-14}$$

式中 v_s 为超声波波速，f_s 为超声波频率，其他量的意义同前。

（二）实验构思

声光效应中衍射光的强度、频率、方向等都随着超声波场而变化。其中衍射光偏转角随超声波频率变化的现象称为声光偏转；衍射光强度随超声波功率而变化的现象称为声光调制。

本实验主要观察声光布喇格衍射，测量声光布喇格衍射下，0 级衍射光和 1 级衍射光的偏转角随超声波频率变化的情况，由此测出声速，并研究布喇格衍射下最大衍射效率及影响衍射光强的因素。

1. 声光偏转角的测量

微调转角平台旋钮，改变激光束的入射角，可获得布喇格衍射。示波器上表现为单峰波形的旁边出现一强度较小的峰。当改变功率信号源的频率时，两峰之间的水平距离随之改变，此即为声光偏转。测量两峰之间的水平距离 S 可计算得到偏转角 ϕ，其几何关系如图 8-7-8 所示。其中 x 为水平偏转距离，L 为激光出射面与 CCD 光强仪光敏面之间的距离，则空气中的偏转角 $\phi_{空} \approx \tan\phi_{空} = x/L$，由 $n = \sin\phi_{空}/\sin\phi_{介} \approx \phi_{空}/\phi_{介}$ 可得到声光介质中的偏转角 $\phi_{介}$：

$$\phi_{介} = \phi_{空}/n$$

其中 n 为声光介质折射率。

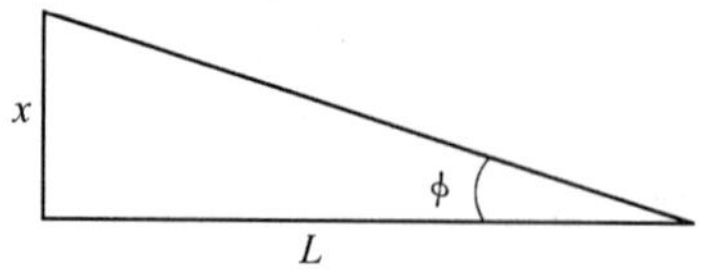

图 8-7-8　偏转角与偏转距离的关系

2. 影响衍射光强的因素和最大衍射效率的测量

衍射效率为 $\frac{I_1}{I_0}$，其中，I_0 为未发生声光衍射时 0 级光的强度，I_1 为发生声光衍射时 1 级衍射光的强度。在布喇格衍射的情况下，1 级衍射光的衍射效率为：

$$\eta = \sin^2\left|\frac{\pi}{\lambda_0}\sqrt{\frac{M_2 L P_s}{2H}}\right| \tag{8-7-15}$$

式中 P_s 为超声波功率，L 和 H 为超声换能器的长和宽，M_2 为反映声光介质本身性质的常数。可见，在给定声光器件的情况下，衍射效率的大小只和超声波功率的大小有关。把超声波的频率固定在中心频率附近，改变超声波功率的大小就可以改变衍射效率，而且衍射光的强度随超声波功率的增大而增大，非衍射光的强度随超声波功率的增大而减小，这就是声光调制。

在声光调制过程中，测量出 1 级衍射光的最大光强，即可计算出衍射光的最大衍射效率，理论上布喇格衍射的衍射效率可达到 100%，喇曼-纳斯衍射中一级衍射光的最大衍射效率仅为 34%左右，因此实用的声光器件一般都采用布喇格衍射。

七、实验中要采集的数据及其处理

（一）数据记录

（1）测量衍射光相对于入射光的偏转角 ϕ 与超声波频率 f_s 的关系，填入表 8-7-2 中。其

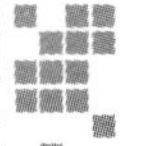

中 L 是声光介质的光出射面到 CCD 线阵光敏面的距离。

注意：实际计算距离时还要加上 CCD 器件光敏面至光强仪前面板的距离 4.5 mm。

表 8-7-2　声速的测量

次数	0 级光与 1 级光的偏转距离 x/mm	L/cm	ϕ/rad	f_s/MHz	v_s/(m/s)
1					
2					
3					
4					
5					
6					
7					
8					

(2)测量布喇格衍射的最大衍射效率 I_1/I_0。

(3)测量衍射光强度与超声波功率的关系，填入表 8-7-3 中。

表 8-7-3　衍射光强度与超声波频率的关系表

次数	超声波功率/W	I_0/V	I_1/V
1			
2			
3			
4			
5			

(二)数据处理

(1)计算衍射光相对与入射光的偏转角 ϕ。注意：式(8-7-13)和式(8-7-14)中的布喇格角 i_B 和偏转角 ϕ 都是指介质内的角度，而直接测出的角度是空气中的角度，因此应进行换算，声光器件的 $n=2.386$。

(2)在坐标纸上作出关系直线，用图解法求得斜率 K，并求出 v_s。

(3)用最小二乘法作直线拟合，求出 ϕ 和 f_s 的相关系数以及直线的斜率 $K=\frac{\lambda_0}{nv_s}$，并求出 v_s。

(4)计算声速测量值与标准值的相对误差($v=3\ 632$ m/s)。

八、实验步骤提示

1. 声光效应实验仪的连线及调试

(1)按图 8-7-2 连接各部分仪器。开启除功率信号源之外的各器件的电源。

(2)仔细调节光路，使半导体激光器射出的光束准确地由声光器件外塑料盒的小孔射入，穿过声光介质，由另一端的小孔射出，照射到 CCD 采集窗口上，这时衍射尚未产生。注意使声光器件尽量靠近激光器。

(3)用示波器观察光强分布测量仪的信号。将光强仪的“信号”插孔接至示波器的Y轴，电压挡置0.1～1 V/格挡，扫描频率一般置2 ms/格挡，光强仪的“同步”插孔接至示波器的外触发端口，极性为“+”。适当调节“触发电平(level)”，在示波器上可以看到一个稳定的类似图8-7-9所示的单峰波形(用计算机测量时，将CCD采集卡插入计算机的ISA扩展槽内，并用电缆线将采集卡与CCD光强仪连接起来，启动与卡配套的工作软件即可采集、处理实验波形和数据)。

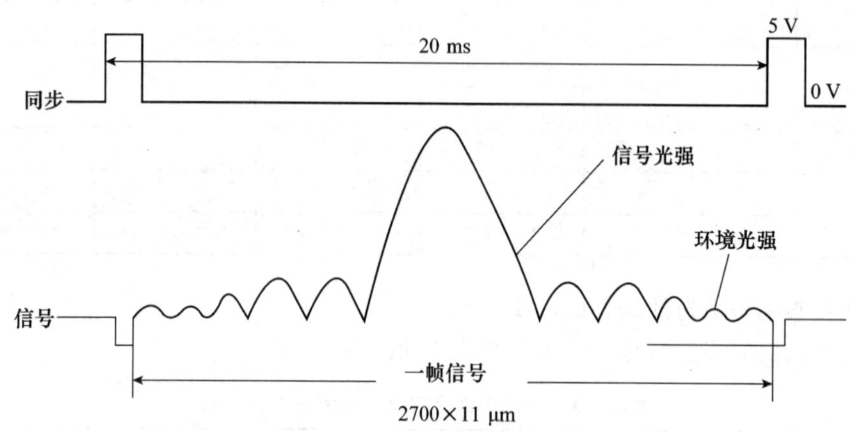

图8-7-9　CCD光强仪波形图

(4)如果在示波器顶端只有一条直线而看不到波形，这是CCD器件已经饱和所致。此时，减小激光器的输出功率，问题就可以得到解决。

(5)如果在示波器上看到的波形不怎么光滑，有“毛刺”，大多是由于偏振膜介质不均匀，或是落有灰尘所致。此时，可通过转动活动马鞍座侧面的旋钮或微调升降旋钮来移动CCD光强分布测量仪或改变光束的照射位置来解决这个问题。

(6)得到满意的波形后，打开功率信号源的电源。

2.观察喇曼-纳斯衍射和布喇格衍射，比较两种衍射的实验条件和特点

微调转角平台旋钮，改变激光束的入射角，调节激光束、声光器件、CCD光强分布测量仪之间的位置及激光器的输出功率，以获得布喇格衍射和喇曼-纳斯衍射。本实验的声光器件是为布喇格衍射条件设计制造的，并不满足喇曼-纳斯衍射条件。如有条件，可另配一套中心频率为10 MHz左右的声光器件和功率信号源，用于专门研究喇曼-纳斯衍射。为了降低成本，本实验只对喇曼-纳斯衍射作定性观察。

3.调出布喇格衍射，对示波器定标。

调节光路，使示波器上出现无毛刺的布喇格衍射波形(只出现0级光和1级光)，当改变功率信号源的频率时，两峰之间的水平距离随之改变。注意功率信号源的等幅/调幅开关应置于“等幅”位置。由于声光器件的参数不可能达到理论值，实验中布喇格衍射不是理想的，可能会出现高级次衍射光等现象。调节布喇格衍射时，使0级衍射光最强即可。

用示波器测量衍射角时，先要解决“定标”的问题，即示波器 X 方向上的1格等于CCD器件上多少像元，或者示波器上1格等于CCD器件位置 X 方向上的多少距离。方法是调节

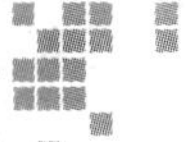

示波器的“时基”挡及“微调”，使信号波形一帧正好对应于示波器上的某个刻度数。例如，若波形的一帧正好对应于示波器上的 8 格，则每格对应的实际空间距离为 2 700 个像元÷8 格×11 μm=3 712 μm=3.712 mm，每一小格对应的实际空间距离为 3.712 mm÷5=0.742 5 mm。若示波器上 0 级光与 1 级光的偏转距离为 12.5 小格，即偏转距离为 0.742 5 mm×12.5 小格=9.28 mm。

4. 测量 0 级光和 1 级光间的偏转距离与 f_s 的关系

在 75～110 MHz 范围内由小到大改变频率 f_s，测量 0 级光和 1 级光间的偏转距离与超声波频率即电信号频率 f_s 的关系，测出 6～8 组数据，将测量值填入表 8-7-2 中。

5. 布喇格衍射下最大衍射效率的测定及影响衍射光强的因素的研究

(1)测定布喇格衍射下的最大衍射效率。

(2)在布喇格衍射下，将功率信号源的超声波频率固定在声光器件的中心频率上，测出衍射光强度与超声波功率的关系曲线，将测量数据填入表 8-7-3 中。

(3)在布喇格衍射下，固定超声波功率，测量衍射光相对于 0 级衍射光的相对强度与超声波频率的关系曲线，并定出声光器件的带宽和中心频率。

九、实验注意事项

(1)若想得到比较稳定的信号波形，可尽量减弱环境光强。

(2)为了获得较为理想的波形，有时须反复调节激光束、声光器件、CCD 光强分布测量仪之间的位置及激光器的输出功率。

(3)实验时不可直视激光束，以免眼睛受到伤害。

十、思考题

1. 为什么说声光器件相当于相位光栅？

2. 声光器件在什么实验条件下产生喇曼-纳斯衍射？在什么实验条件下产生布喇格衍射？两种衍射的现象各有什么特点？

十一、参考文献及阅读材料推荐

[1] 习岗，杨初平. 大学物理实验. 北京：中国农业出版社，2006.
[2] 叶玉堂. 光学教程. 北京：清华大学出版社，2005.
[3] 张平. 大学物理实验. 南京：南京大学出版社，2008.
[4] 郑建洲，张萍，等. 大学物理实验. 北京：科学出版社，2007.

实验 8-8 电子束实验

一、背景简介

测量物理学方面的一些常数(例如光在真空中的速度 c，阿伏伽德罗常数 N，电子电荷 e，电子的静止质量 m……)是物理学实验的重要任务之一，而且测量的精确度往往会影响物理学的进一步发展或导致一些重要的新发现。本实验将通过较为简单的方法，对电子荷质比 e/m 进行测量。

电子质量很小，到目前为止还没有直接测量的方法，但已有不少的方法可测得电子的电荷 e(如密立根油滴实验，加上其他修正后，可以计算出很准确的 e 值来)。因此，只要能测得

电子荷质比 e/m，即可利用 e 值算出电子的质量 m 来。我们经常用到的电子的静止质量 $m=(9.1072\pm0.0003)\times10^{-28}$ g，就是通过这样的途径计算出来的。

荷质比的测定在近代物理学的发展中具有重大的意义，是研究物质结构的基础。1897 年，J·J·汤姆逊根据放电管中的阴极射线在电场和磁场作用下的轨迹确定阴极射线中的粒子带负电，并测出其荷质比，这在一定意义上是历史上第一次发现电子，他因此获得 1906 年诺贝尔物理学奖。后来，他的儿子 G·P·汤姆逊因发现电子的波动性在 1937 年也获得了诺贝尔物理学奖。父子俩均因对电子的研究而获得诺贝尔物理学奖，这在物理学史上成为美谈。

测量电子荷质比的方法很多，如磁聚焦法、汤姆逊法、滤速器法和磁控管法等。由于磁聚焦法实验的设计思想巧妙，使我们利用简单的实验设备，既能观察到电子在磁场中的螺旋运动，又能测出电子的荷质比，附带测量地磁水平分量。因此，本实验利用电子束的磁聚焦来测量。

电子在电磁场中的偏转和聚焦，在示波管、显像管、雷达指示器、电子显微镜、加速器和质谱仪等许多现代仪器设备中得到广泛的应用。

二、与本实验相关的理论知识简介

1. 电子束在横向磁场中的磁偏转

电子束的磁偏转是指电子束通过磁场时，在洛仑兹力作用下发生偏转。当电子从电子枪发射出来时，其速度 v 由下式决定：

$$\frac{1}{2}mv^2=eV_2 \tag{8-8-1}$$

其中 V_2 是加速电压。当电子束垂直射入磁场，将受到洛仑兹力。由于电子束所受重力远远小于洛仑兹力，忽略重力因素，电子在磁场力影响下作圆弧运动，如图 8-8-1 所示。圆弧的半径可由向心力求出为

$$R=\frac{mv}{eB}$$

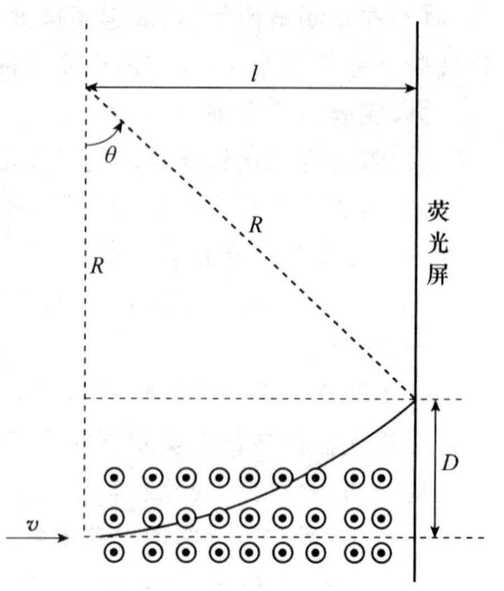

图 8-8-1　电子束在磁场中的偏转

电子在磁场中沿弧线打到荧光屏上一点，这一点相对于没有偏转的电子束的位置移动了距离 D，由图 8-8-1 易见

$$D=R-R\cos\theta=R(1-\cos\theta)$$

即

$$D=\frac{mv}{eB}(1-\cos\theta) \tag{8-8-2}$$

因为偏转角 θ 很小，近似可写为

$$\sin\theta=\theta,\cos\theta=1-\frac{\theta^2}{2}$$

将其代入式(8-8-2)得

$$D=\frac{mv}{eB}\frac{\theta^2}{2}=\frac{mv}{eB}\frac{\sin^2\theta}{2}$$

由图 8-8-1 可知

$$\sin\theta=\frac{l}{R}=\frac{leB}{mv}$$

所以

$$D=\frac{l^2 eB}{2\sqrt{2meV_2}} \tag{8-8-3}$$

由于示波管中的电极都是镍制成的，是铁磁体，对电子束有磁屏蔽作用，电子束在离开加速极前没有明显的偏转，所以，式(8-8-3)中的 l 是由加速极到屏的全长。

2. 电子束在纵向磁场中的螺旋运动及磁聚焦

具有速度$\boldsymbol{v}$的电子进入磁感应强度为 $\boldsymbol{B}$ 的均匀磁场中时要受到洛仑兹力的作用，此力为

$$\boldsymbol{f}=e\boldsymbol{v}\times\boldsymbol{B} \tag{8-8-4}$$

若$\boldsymbol{v}$与 $\boldsymbol{B}$ 同向，电子所受洛伦兹力为零，它将沿 $\boldsymbol{B}$ 的方向做匀速直线运动；若$\boldsymbol{v}$与 $\boldsymbol{B}$ 垂直，电子在洛仑兹力作用下将做匀速圆周运动；若速度$\boldsymbol{v}$与磁感应强度 $\boldsymbol{B}$ 的夹角不是$\frac{\pi}{2}$，则可把电子的速度分为两部分考虑。设与 $\boldsymbol{B}$ 平行的分速度为 $v_{//}$，与 $\boldsymbol{B}$ 垂直的分速度为 $v_{\perp}$，力的数值为 $\boldsymbol{f}=e\boldsymbol{v}_{\perp}\times\boldsymbol{B}$，力的方向既垂直于 $v_{\perp}$，也垂直于 $\boldsymbol{B}$。在该力的作用下，电子在垂直于 $\boldsymbol{B}$ 的面上的运动投影为一个圆。由牛顿定律有

$$ev_{\perp}B=\frac{m}{R}v_{\perp}^2$$

电子旋转一圈的周期为

$$T=\frac{2\pi R}{v_{\perp}}=2\pi\frac{m}{eB} \tag{8-8-5}$$

由此可知，只要 $\boldsymbol{B}$ 一定，则电子绕行的周期也就确定了，而与 $v_{\perp}$ 和 R 无关。电子绕行的角速度为

$$\omega=\frac{v_{\perp}}{R}=\frac{eB}{m} \tag{8-8-6}$$

在水平方向上，电子与 $\boldsymbol{B}$ 平行的分速度 $v_{//}$ 不受磁场的影响。在一个周期内电子沿磁场 $\boldsymbol{B}$ 的方向(或其反向)做匀速直线运动。于是，当两个速度分量同时存在时，电子的运动轨迹将是一条螺旋线，如图 8-8-2 所示，其螺距 d(即电子每回转一周时前进的距离)为

$$d=v_{//}T=\frac{2\pi mv_{//}}{eB} \tag{8-8-7}$$

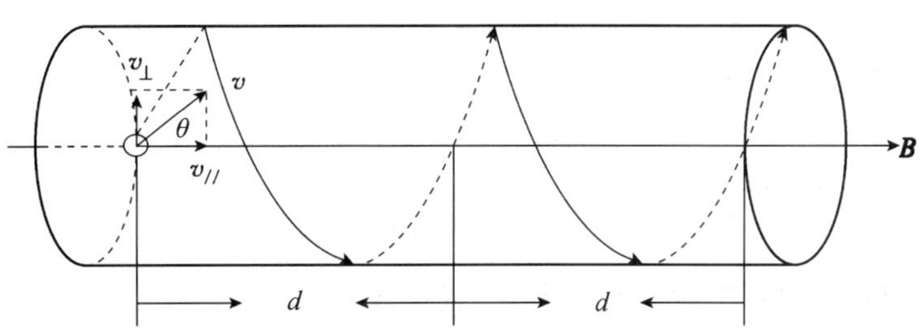

图 8-8-2　电子的螺旋线运动

由此可知，螺距 d 与垂直速度 $v_{\perp}$ 无关，只与 $v_{//}$ 成正比。

利用上述结果可以实现磁聚焦。在均匀磁场中的某点发射一束初速度相差不大的带电粒子，它们的 $\boldsymbol{v}$ 与 $\boldsymbol{B}$ 之间的夹角不尽相同，但都很小，于是这些粒子的分速度 $v_{\perp}$ 略有差异，而分速度 $v_{//}$ 却近似相等，这样这些粒子沿半径不同的螺旋线运动，但它们的螺距却近似相等，即经距离 d 后都交于屏上同一点，这个现象与光束通过光学透镜聚焦的现象很相似，故称之为磁聚焦现象。

三、实验任务

1. 学习用外加磁场使电子束偏转的原理和方法，学习测量地球磁场。

2. 掌握电子束磁聚焦的基本原理，学习用磁聚焦法测定电子荷质比 e/m 的值。

四、实验中用到的仪器及设备

LB-EB3 型电子束实验仪、示波管、螺线管、偏转线圈和刻度盘

LB-EB3 型电子束实验仪控制面板如图 8-8-3 所示。面板被分成了四栏，最上面第一栏是调节电子使获得一个初速度 v_0，并同时获得好的聚焦效果；第二栏是外加磁感线圈的磁场调节；第三栏是 X、Y 偏转电压的调节。

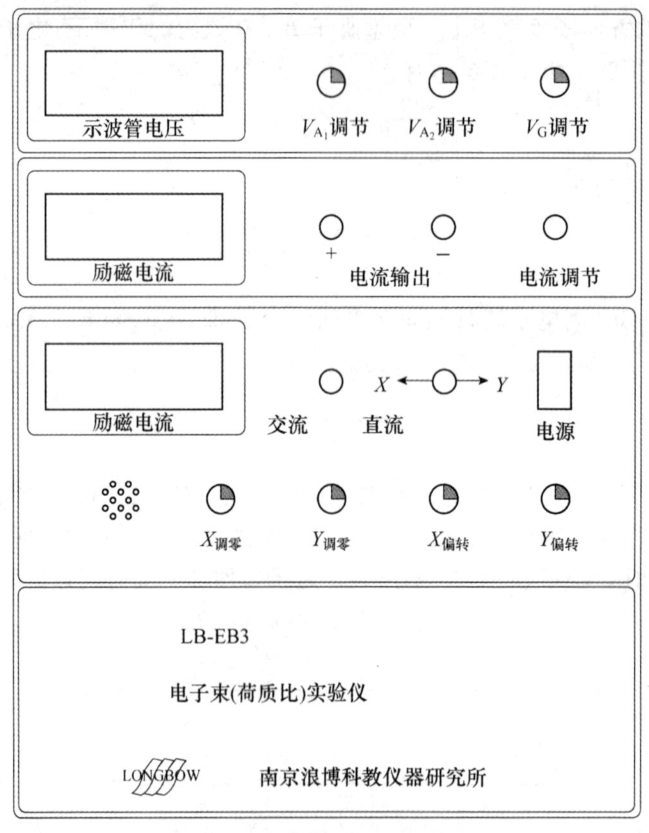

图 8-8-3 电子束实验仪面板

示波管电压显示窗可以实时观察记录 V_{A_2} 的电压值。通过三个电压调节旋钮 V_{A_1}、V_{A_2}、V_G 随时调节相应的电压值，栅极电压 V_G 调节的是打到荧光屏上电子的数目的多少，相当于

辉度的调节；V_{A_2} 调节的是打到荧光屏上电子的速度的大小，相当于亮度的调节，但电压不可过高，以免烧坏荧光屏；联合调节 V_{A_1}、V_{A_2} 可以获得良好的聚焦效果。

电流输出挡用于给纵向螺线管（大线圈）供电，其连接极性为：红—红，黑—黑。电流调节旋钮调节的是对应于接入电路的线圈的励磁电流，通过励磁电流显示窗显示出来。

注意：纵向螺线管和横向螺线管（小线圈，两只）不可同时接在电源上，以免烧坏线圈。

交直流选择开关有三挡，用于 X、Y 偏转板上交流和直流电压的切换，放在中间位置时，无电压输出，放在交流位置时，Y 偏转板上输出交流电压。X、Y 换向开关用于直流电压时换挡显示 X、Y 偏转电压。当 X、Y 偏转电压为零时，调节 X、Y 调零旋钮使电子打在荧光屏中心的原点位置。

五、重要仪器、设备简介

电子束实验仪的结构原理

电子束实验仪的工作原理与示波管相同，它包括抽成真空的玻璃外壳、电子枪、偏转系统与荧光屏四个部分。电子束实验仪所用示波管的内部结构及工作电源配置如图 8-8-4 所示。

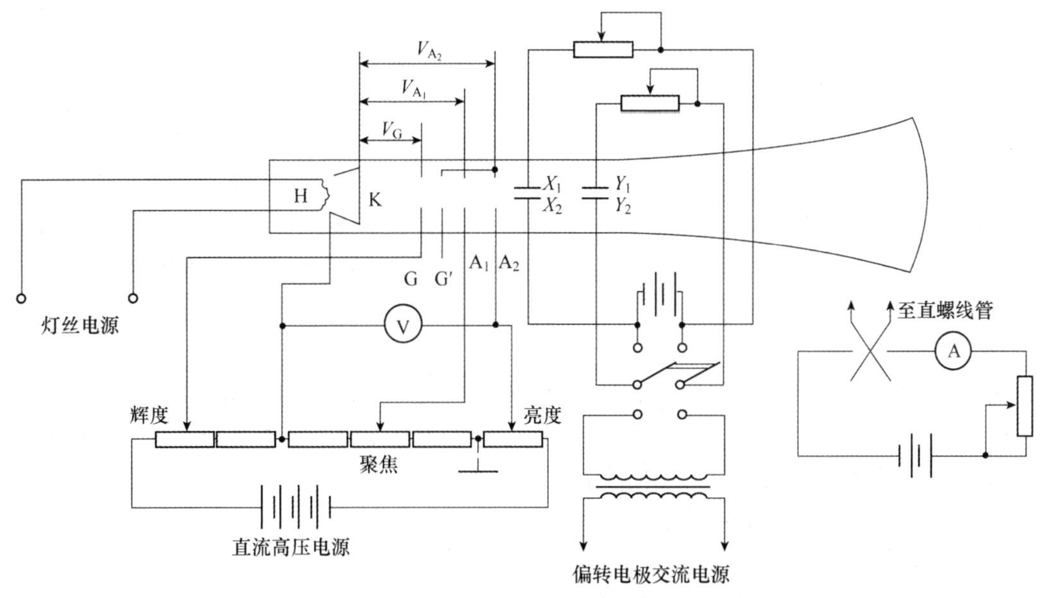

图 8-8-4　静电型电子射线示波管

1. 电子枪

电子枪的作用是发射电子，并把它们加速到一定速度聚成一细束。如图 8-8-5 所示，电子源是阴极 K，它是一只金属圆柱筒，里面装有一根加热用的钨丝，两者之间用陶瓷套管绝缘。当灯丝 H 通电（6.3 伏交流）被加热到一定温度时，将会在阴极材料表面空间逸出自由电子（热电子）。与阴极同轴布置有四个圆筒的电极，它们是各自带有小圆孔的隔板。电极 G 称为栅极，它的工作电位相对于阴极是 5～20 V 的负电位，它的作用有二：一方面它产生的电场把从阴极发射出的电子推回到阴极去，只有那些能量足以克服这一阻止电场作用的电子才能穿过栅极，因此，调节栅极电压 V_G 的大小可以控制阴极发射电子的数目，也就是控制电子束的强度，所以栅极也叫控制极；另一方面栅极与 G′之间构成一定的空间电位分布，

其中与第二阳极 A_2 的电位相同，使得由阴极发射的电子束在栅极附近形成一交叉点(实际上是一个最小界面)，如图 8-8-5 所示。

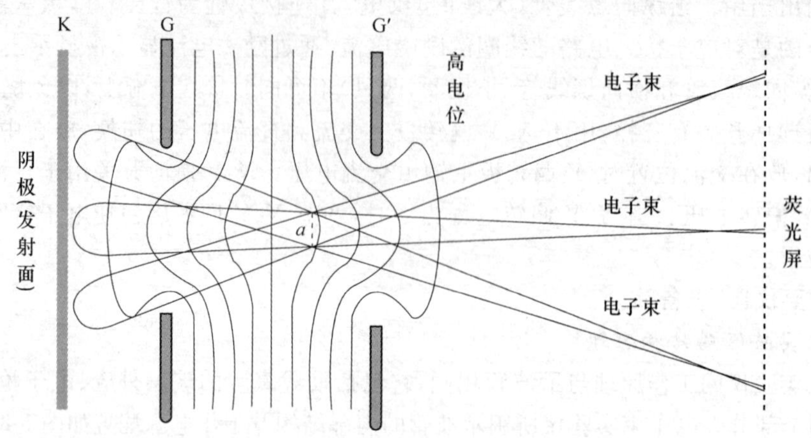

图 8-8-5　加速电极的电场

图 8-8-5 中，与阴极 K 同轴布置有栅极 G、电极 G′、第一阳极 A_1、第二阳极 A_2 四个各自带有小圆孔的圆筒电极。电极 G′在管内与第二阳极 A_2 相连，工作电位 V_{A_2} 相对于阴极 K 一般是正几百伏到几千伏；第一阳极 A_1 相对于阴极 K，其上加有几百伏的电压 V_{A_1}，这个电位介于 K 和 G′的电位之间；电极 G′、第一阳极 A_1、第二阳极 A_2 一方面构成聚焦电场，使得经过第一交叉点又发散了的电子在聚焦电场的作用下再汇聚起来，另一方面使电子加速。通过聚焦电场的电子会聚成一细小的平行电子束。这个电子束的直径主要取决于 A_1 的小孔直径。适当选取 V_{A_1} 和 V_{A_2}，可获得良好的聚焦。

2. 偏转系统

电偏转系统是由相互垂直放置的横、纵偏转板组成，每对偏转板是由两块平行金属板组成，其上分别加以不同的电压，使电子束向侧面偏转，从而控制电子束的位置，适当调节这个电压值可以把光点移到荧光屏的中间位置。

磁偏转系统是由两个螺线管组成的。

3. 荧光屏

荧光屏是内表面涂有荧光粉的玻璃屏，当电子以高速度打在屏上时，荧光物质在高速电子轰击下发出荧光，显示出一个小光点。如果电子束长时间轰击荧光屏上固定一点，则这一点会被烧坏而形成暗斑，所以当电子束光斑需要长时间停留在屏上不动时，应将光点亮度减弱。示波管内部表面涂有石墨导电层，叫屏蔽电极，它与第二阳极连在一起，使荧光屏受电子束轰击而产生的二次电子由导电层流入供电回路，可避免荧光屏附近电荷积累。

荧光屏上的发光亮度取决于到达荧光屏的电子数目和速度，改变栅极及加速电压的大小都可以控制光点的亮度。

六、实验原理与构思

(一)研究电子束在纵向磁场作用下的螺旋运动，测量电子荷质比

1. 实验原理

从式(8-8-7)得到

$$\frac{e}{m}=\frac{2\pi v_{//}}{Bd} \tag{8-8-8}$$

据此，只要测得 $v_{//}$、d 和 B，就可计算出 e/m 的值。

2. 实验构思

(1)平行速度 $v_{//}$ 的确定。如果我们采用图 8-8-4 所示的静电型电子射线示波管，则可由电子枪得到水平方向的电子束射线，电子射线的水平速度可由公式

$$\frac{1}{2}mv_{//}^2=e(U_{A_2}-U_K) \tag{8-8-9}$$

求得。

$$v_{//}=\sqrt{\frac{2e(U_{A_2}-U_K)}{m}}$$

或

$$v_{//}=\sqrt{\frac{2eV_{A_2}}{m}} \tag{8-8-10}$$

(2)螺距 d 的确定。如果使 X 偏转板 X_1、X_2 和 Y 偏转板 Y_1、Y_2 的电位都与 A_2 相同，则电子射线通过 A_2 后将不受电场力作用而做匀速直线运动，直射于荧光屏中心一点。此时，即使加上沿示波管轴线方向的磁场(将示波管放于载流螺线管中即可)，由于磁场方向和电子速度方向平行，射线亦不受磁力，仍射于屏中心一点。

当在 Y_1、Y_2 板上加一个偏转电压时，由于 Y_1、Y_2 两板有了电位差，则必产生垂直于电子射线方向的电场，此电场将使电子射线得到附加的分速度 $v_\perp$(原有电子枪射出的电子的 $v_{//}$ 不变)，此分速度将使电子作傍切于中心轴线的螺旋线运动。

当 B 一定时电子绕行角速度恒定，因而分速度越大者绕行螺旋线半径越大，但绕行一个螺距的时间(即周期 T)是相同的。如果在偏转板 Y_1、Y_2 上加交变电压，则在正半周期内(Y_1 正 Y_2 负)先后通过此两极间的电子将分别得到大小相同的向上的分速度，如图 8-8-6(b)所示。此时，电子分别在轴线右侧作傍切于轴的不同半径的螺旋运动，荧光屏上出现的仍是一条直线，理由如图 8-8-6(a)所示。

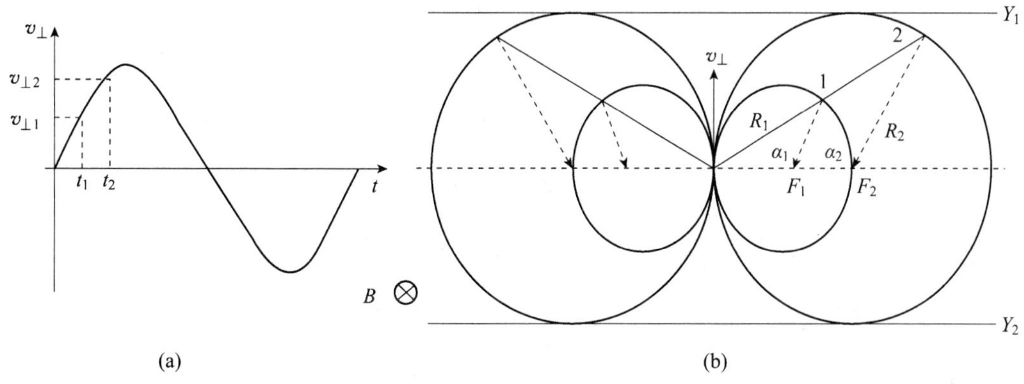

图 8-8-6　电子的圆周运动

假设正半周 Y_1 为正，Y_2 为负。在 t_0 时刻，$v=0$，$v_\perp=0$，电子不受洛仑兹力作用。t_1 时

刻，$v_\perp = v_{\perp 1}$，电子受到的洛仑兹力为 f_1，在轴线右侧作半径为 R_1 的螺旋运动，$R_1 = \frac{mv_{\perp 1}}{eB}$。在 t_2 时刻，$v_\perp = v_{\perp 2}$，电子受到的洛仑兹力为 f_2，在轴线右侧作半径为 R_2 的螺旋运动，$R_2 = \frac{mv_{\perp 2}}{eB}$。所以，整个正半周期不同时刻发出的电子将在轴线右侧作不同半径的螺旋运动，而在负半周电子将在轴线左侧作不同半径的螺旋运动。但由于 $\omega = \frac{v_\perp}{R} = \frac{eB}{m}$，角速度与 $v_\perp$ 无关，只要保持 B 不变，不同时刻从"0"点发出的电子做螺旋运动的角速度均相同。

设从 Y 偏转板(记为 0 点)到荧光屏的距离为 L'。由于 $v_{//}$ 不变，不同时刻从"0"发出的电子到达屏所用的时间均为 $T_0 = \frac{L'}{v_{//}}$，故不同时刻从"0"点发出的电子，从射出到打在荧光屏上时，绕过的圆心角均相同，即图 8-8-6(b)中的 $\alpha_1 = \alpha_2 = \omega T_0$。所以，在图 8-8-6(b)中，亮点"1"与亮点"2"都在过轴线的直线上，只是亮点"1"比亮点"2"早到$(t_2 - t_1)$时间。由于余辉时间，在"2"点到来之前，"1"点并未消失。同理，其他时刻从"0"点发出的电子，打到荧光屏上的亮点也都与"1"、"2"点打在同一直线上。这样，在一个交变电压周期时间内，使电子打在荧光屏上的轨迹成为一条亮线，下一个周期重复，仍为一条亮线……各周期形成的亮线重叠成为一条不灭的亮线。

增加 B 时，由 $R = \frac{mv_\perp}{eB}$，$\omega = \frac{v_\perp}{R} = \frac{eB}{m}$，在电压振幅不变的情况下，螺旋运动的半径减小，于是，亮线缩短。同时由于 ω 增加，在从"0"点发出的电子到达荧光屏这段时间内，绕过的圆周角增大，所以，亮线在缩短的同时还要旋转，如图 8-8-7 所示。由于可以改变 B 的大小，即改变 ω，使得在 T_0 这段时间内，绕过的圆周角刚好为 2π，这样，电子从"0"发出，作了一周的螺旋运动，又回到轴线上，只是前进了一个螺距 d。这时，荧光屏上将显示一个亮点，这就是所谓的一次聚焦。一次聚焦时，螺距 d 在数值上等于示波管内偏转电极到荧光屏的距离 L'，这就是螺距 d 的测量方法。

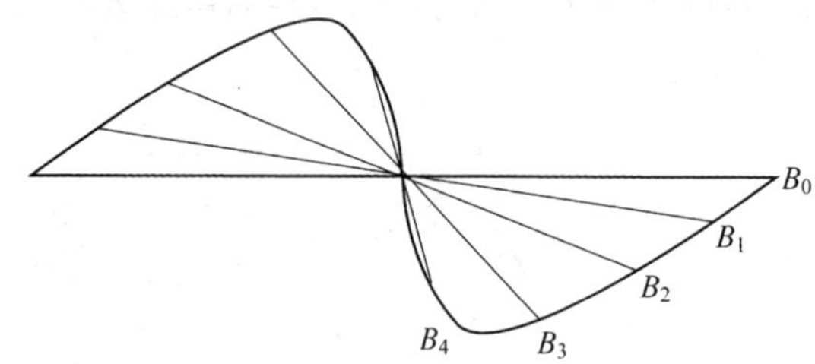

图 8-8-7 电子螺旋运动轨迹

如果继续增大磁场，可以获得第二次聚焦，第三次聚焦等，这时螺距 $d = \frac{L'}{2}, \frac{L'}{3}, \cdots$

(3)磁感应强度 B 的确定。螺线管内轴线上某点磁感应强度 B 的计算公式为

$$B = \frac{\mu_0}{2} nI(\cos B_2 - \cos B_1) \tag{8-8-11}$$

式中 μ_0 为真空中磁导率；n 为螺线管单位长度的匝数；I 为励磁电流；B_1、B_2 是从该点到线圈两端的连线与轴的夹角。

若螺线管的长为 L，直径为 D，则距轴线中点 O 为 x 的某点(图 8-8-8)的 B 可表示为

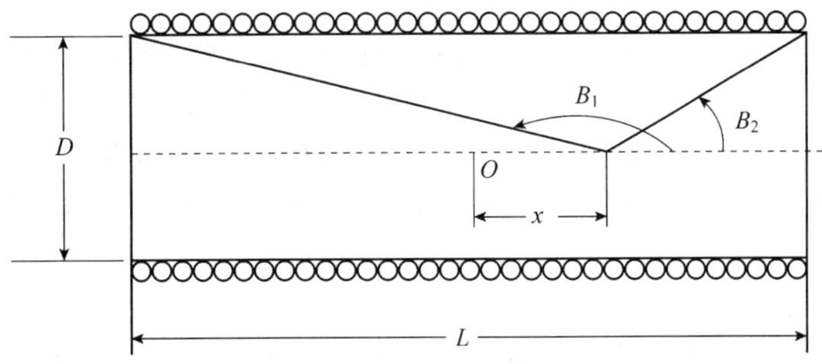

图 8-8-8 螺线管中磁场计算

$$B=\frac{\mu_0}{2}nI\left[\frac{\frac{L}{2}-x}{\sqrt{\left(\frac{D}{2}\right)^2+\left(\frac{L}{2}-x\right)^2}}+\frac{\frac{L}{2}+x}{\sqrt{\left(\frac{D}{2}\right)^2+\left(\frac{L}{2}+x\right)^2}}\right] \tag{8-8-12}$$

由此可见，B 是 x 的非线性函数。

若 L 足够大，螺线管中部的磁场可近似认为是均匀磁场，其由下式决定

$$B=\mu_0 nI \tag{8-8-13}$$

若 L 不是足够大，且实验中仅使用中间一段，则可以引入一个修正系数 K，

$$K=\frac{1}{2x_0}\left[\sqrt{\left(\frac{D}{2}\right)^2+\left(\frac{L}{2}+x_0\right)^2}-\sqrt{\left(\frac{D}{2}\right)^2+\left(\frac{L}{2}-x_0\right)^2}\right]$$

螺线管内部的磁场为

$$\bar{B}=K\mu_0 nI \tag{8-8-14}$$

式中 x_0 为所用中间段的端点距螺线管中点 O 的距离，见图 8-8-8。

因此，根据前面的分析可导出计算荷质比 e/m 的公式：

$$B=K\mu_0 nI \quad \left(n=\frac{N}{L}\right)$$

$$\frac{e}{m}=\frac{8\pi^2 V_2}{B^2 d^2} \quad (V_2=V_{A_2}, d=L') \tag{8-8-15}$$

实验中，通过静电聚焦(调节示波管的第一阳极和第二阳极的电位值，可达到这一目的)的作用，使从阴极 K 发射出的电子束聚焦在示波管屏上。然后在 Y(垂直)偏转极上加一个适当的交变电压，使电子束在示波管屏幕的 Y 方向上扫描成一段线光迹。最后加上轴向磁场，使电子在示波管所在空间内作螺线运动。因此，当轴向外磁场从零逐渐增强时，荧光屏上的直线光迹将一边旋转一边缩短，直到电子螺旋形运动轨迹的螺距正好等于垂直偏转极中心至荧光屏的距离 L' 时，电子束将被轴向外磁场再次聚焦成一光点。这样，根据这时的加速电压 V_{A_2}、B 和 L' 值，求得 e/m 值。

（二）利用电子束在地磁场中的偏转测量地球磁场（即地磁水平分量的测量）

1. 实验原理

采用电子束实验仪做实验时，若不加任何偏转电场或磁场，当改变加速电压时，荧光屏上光点位置会随之改变，或光点的偏转位置与实验仪摆放的位置有关，产生这一现象的原因之一就是地球磁场的存在。借助指南针，当把示波管放置与地磁场水平分量相平行的方位，再次改变加速电压，就会发现光点保持在原位置不变，由此说明了地磁场是造成光点位置改变的重要原因。

2. 实验构思

可以通过测量光点的偏移量 D，求出地球磁场。实验时调节加速电压 V_{A_2} 和聚焦电压，在屏上得到一个清晰的光点。将 X、Y 偏转电压调为零，将光点调到水平轴上，保持 V_{A_2} 不变，原地转动实验仪。当地磁场的水平分量与电子束垂直时，光点的偏转量最大，记录光点偏转最高和最低的两个偏移量 D_1、D_2（可以借助罗盘和指南针来确定方位，但实验发现略有偏差），取 $D=\frac{D_1+D_2}{2}$ 作为加速电压为 V_{A_2} 时的偏转量，代入式(8-8-3)求得地磁场的水平分量 B。

七、实验中要采集的数据及其处理

观察磁聚焦现象，记录在不同加速电压 V_{A_2} 下，对应聚焦成点时的励磁电流 I_1、I_2，填入表 8-8-1，求出相当于一次聚焦时的励磁电流，带入计算电子荷质比 e/m 的公式。

表 8-8-1　荷质比的测量

加速极电压 V_{A_2}/V	次数	第一次聚焦电流 I_1/A	第二次聚焦电流 I_2/A	聚焦电流平均值 $I=\frac{I_1+I_2}{1+2}/\mathrm{A}$	$\frac{e}{m}=\frac{8\pi^2 V_2}{B^2 d^2}$ /(C/kg)
	1				
	2				
	3				
	平均				
	1				
	2				
	3				
	平均				
	1				
	2				
	3				
	平均				

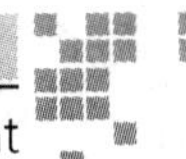

八、实验步骤提示

1.观察电子在外磁场中的回旋现象，并测量 e/m 的值

(1)先断开电源，取出纵向磁感线圈(大线圈)，从正直位置转过45°呈歪斜姿势后套入主机上的示波管，再往回转动45°放平。安装纵向磁感线圈时，接线柱向里、朝上放置，注意接线极性(红—红，黑—黑)。

(2)打开电源，交直流选择开关置于中间零位置挡，调节 X 调零旋钮使光点落在中间竖直线上，调节 V_G、V_{A_1}、V_{A_2} 旋钮，使光点亮度适中(调节电位器 V_G、V_{A_2} 时电压都会变化，因为电压表所测量的电压值是 V_G、V_{A_2} 两者间的相对电压)。

(3)将交直流选择开关拨向交流挡，调整 Y 偏转(或 Y 调零)旋钮，使荧光屏中心出现一条亮线，且长度、亮度适中。

(4)调节电流调节旋钮，使得线圈励磁电流由零逐渐增大，观察荧光屏亮线的变化(屏上的直线段将边旋转边缩短，直到收缩成一实的亮点)。当聚成圆点时，记录励磁电流 I_1；继续增大电流，当第二次聚成一亮点时，记录励磁电流 I_2 及加速电压 V_{A_2}。第二次聚焦时，有可能不是一完美的原点，而是一短的亮线，以荧光屏上显示最亮、最短为准。求相当于一次聚焦时的励磁电流

$$I=\frac{I_1+I_2}{1+2} \tag{8-8-16}$$

(5)确定 B 值，根据计算 e/m 的公式(8-8-15)计算其值($L'=0.15\ \mathrm{m}$，$K=0.84$，$N=1\,160$，L 参照线圈标贴)。

(6)为消除某些随机因素的影响，可改变 V_{A_2} 重复测量几次，取其平均值，填入表8-8-1。

(7)计算电子质量及其误差。

2.地磁水平分量的测量

(1)安装好示波管和刻度盘，安装示波管时，看清插针，对准管座。不加任何磁感线圈。

(2)借助指南针使示波管与南北方向平行放置，开启电源，交直流选择开关置于直流挡。调节 X、Y 偏转调节旋钮使得偏转电压分别指示为0，调节 X、Y 调零旋钮使得光点处在荧光屏的中心原点上；旋转180°，再次使光点打在刻度盘中心，反复校正，使示波管与南北方向平行。

(3)转动仪器，当仪器转动90°时(即示波管与东西方向平行)读出偏移值 D_1，仪器转动270°时读出偏移值 D_2。取 $D=\frac{D_1+D_2}{2}$(本实验中使用的刻度盘每格为2 mm长，测偏移量时最好应使用精度更好的直尺)。

(4)根据式(8-8-3)求出 B，其中 V_2 为加速电压 V_{A_2}，l 为加速极至荧光屏的距离(本实验中 $l=0.15\ \mathrm{m}$)，m 为电子质量。

九、实验注意事项

(1)接通电子束实验仪电源后，严禁用手触摸面板上的金属接线头，以防高压电击。

(2)不要将磁感线圈长时间停留在大电流工作，以免烧坏线圈。

十、思考题

(1)如果电子束同时在电场和磁场中通过，则在什么条件下，荧光屏的光点恰好不发生

偏转？

(2)如果在偏转板上加交流信号，会观察到什么现象？

十一、参考文献及阅读材料推荐

[1] 厉爱龄，穆秀家. 大学物理实验. 北京：高等教育出版社，2006.
[2] 徐扬子，丁益民. 大学物理实验. 北京：科学出版社，2006.
[3] 康崇，关春颖，黄宗军，等. 大学物理实验. 哈尔滨：哈尔滨工程大学出版社，2006.

实验 8-9　声速测试仪的使用

一、背景简介

声学是研究媒质中机械波的产生、传播、接收和效应的物理分支学科。

世界上最早的声学研究工作主要在音乐方面。《吕氏春秋》记载，黄帝令伶伦取竹作律，增损长短成十二律；伏羲作琴，三分损益成十三音，这是最早的声学定律。传说在古希腊时代，毕达哥拉斯也提出了相似的自然律，只不过是用弦作基础。

1635 年有人用远地枪声测声速，以后方法又不断改进，到 1738 年巴黎科学院利用炮声进行测量，测得结果折合为 0℃时声速为 332 m/s，与目前最准确的数值 331.45 m/s 只差 0.15%，这在当时"声学仪器"只有停表和人耳的情况下，的确是了不起的成绩。

牛顿在 1687 年出版的《自然哲学的数学原理》中推理：振动物体要推动邻近媒质，后者又推动它的邻近媒质等等，经过复杂而难懂的推导，求得声速应等于大气压与密度之比的二次方根。欧拉在 1759 年根据这个概念提出更清楚的分析方法，求得牛顿的结果。但是据此算出的声速只有 288 m/s，与实验值相差很大。

达朗贝尔于 1747 年首次导出弦的波动方程，并预言可用于声波。直到 1816 年，拉普拉斯指出只有在空气温度不变时，牛顿对声波传导的推导才正确，而实际上在声波传播中空气密度变化很快，不可能是等温过程，而应该是绝热过程。因此，声速的二次方应是大气压乘以比热容比(定压比热容与定容比热容的比)与密度之比，据此算出声速的理论值与实验值就完全一致了。

20 世纪以后，人们把电路理论应用于换能器的设计，把晶体的压电性用于声信号和电信号之间的转换，以后又发展了压电陶瓷、驻极体等，并用电子线路放大和控制电信号，使声的产生和接收几乎不受频率和强度的限制。近年来，声学测量技术发展很快。目前声学仪器有较大发展，并具有高保真度，很宽的频率范围和动态范围，小的非线性畸变和良好的瞬态响应等。

早期测量声波和振动的仪表都是模拟式电子仪表，测量的速度和准确度受到一定的限制。20 世纪 60 年代初，出现了数字式仪表，直接采用数字显示，提高了测量时读数的准确度。由于计算技术和高质量、低功耗的大规模集成电路的发展，人们已能用由微处理机控制的自动测量代替逐点测量，使许多需要事后计算的声学测量和分析工作可以用微计算机实时运算。以微处理机为中心的测量仪器，不但实现了小型化、多功能化，而且由于采用了快速傅里叶换算法，从而实现了实时分析；同时也出现了一些新的声学测量和分析方法，例如实时频谱分析、声强测量、声源鉴别、瞬态信号分析和相关分析等。

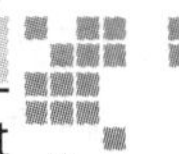

今后声学测量的任务是采用新的测量技术，提出新的测量方法，使用自动化数字式仪器，以提高测量的准确度和速度。

回顾历史，可以看到，在发展经典声学的过程中，许多研究工作是直接用人耳来听声音的。直到20世纪，发展了无线电电子学，才使声波的测量采用了电声换能器和电子测量仪器。高性能的测量传声器、频谱分析仪和声级记录器实现了声信号的声压级测量、频谱分析和声信号特性的自动记录；从而可以测量各种不同频率、不同强度和波形的声波，扩展了声学的研究范围，促进了近代声学的发展。可以期望，计算技术和大规模集成电路的发展，微计算机和微处理机在声学工作中的应用，必将促使近代声学进一步发展。

二、与本实验相关的理论知识简介

1. 声波

频率介于20 Hz～20 kHz的机械波振动在弹性介质中的传播就形成声波，介于20 kHz～500 MHz的称为超声波，超声波的传播速度就是声波的传播速度，而超声波具有波长短、易于定向发射和会聚等优点，声速实验所采用的声波频率一般都在20～60 kHz之间。在此频率范围内，采用压电陶瓷换能器作为声波的发射器、接收器，效果最佳。

2. 压电陶瓷换能器

压电陶瓷换能器是由压电陶瓷片和轻重两种金属组成。

压电陶瓷片是由一种多晶结构的压电材料（如石英、锆钛酸铅陶瓷等），在一定温度下经极化处理制成的。它具有压电效应，即受到与极化方向一致的应力 T 时，在极化方向上产生一定的电场强度 E 且具有线性关系：$E=g\cdot T$，即力→电，称为正压电效应；当与极化方向一致的外加电压 U 加在压电材料上时，材料的伸缩形变 S 与 U 之间有简单的线性关系：$S=d\cdot U$，即电→力，称为逆压电效应。其中 g 为比例系数，d 为压电常数，与材料的性质有关。由于 E 与 T，S 与 U 之间有简单的线性关系，因此我们就可以将正弦交流电信号变成压电材料纵向的长度伸缩，使压电陶瓷片成为超声波的波源。即压电换能器可以把电能转换为声能作为超声波发生器，反过来也可以使声压变化转化为电压变化，即用压电陶瓷片作为声频信号接收器。因此，压电换能器可以把电能转换为声能作为声波发生器，也可把声能转换为电能作为声波接收器之用。

压电陶瓷换能器根据它的工作方式，可分为纵向（振动）换能器、径向（振动）换能器及弯曲振动换能器。图8-9-1为纵向换能器的结构简图。

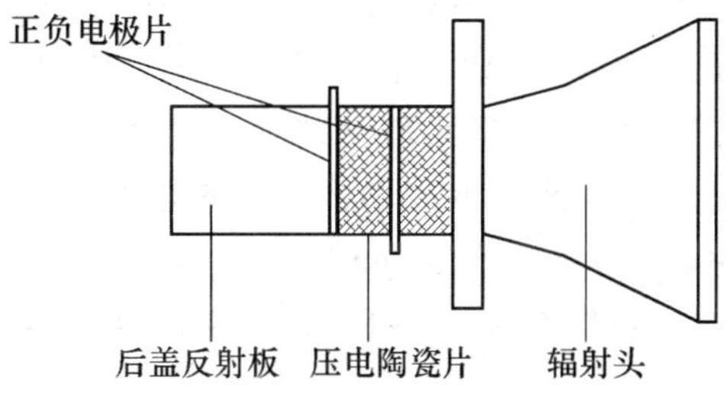

图8-9-1 纵向换能器的结构

三、实验任务

1.学习用共振干涉法、相位比较法和时差法测量空气(液体)中声速的方法。

2.加深对驻波和振动合成等理论知识的理解。

3.了解压电陶瓷换能器的功能和培养综合使用仪器的能力。

四、实验物品、仪器及设备

本实验的装置由声速测试仪(测试架)和声速测试信号源两个部分组成,外配一双踪示波器用作观察波形。

1.声速测试架

图 8-9-2 为声速测试架外形示意图,可分为三部分。第一、二部分为发射换能器和接收换能器。发射换能器 S_1 固定在测试架上,通过转动摇手鼓轮可以改变接收换能器 S_2 的位置即改变 S_1 和 S_2 之间的距离;第三部分为在测试架上方的一个数显游标卡尺,游标移动时能直接显示两换能器之间移动的距离,图 8-9-3 为数显游标卡尺的表头示意图,对其中的电源开关,使用时打开,用完后要立即关闭。表头上有一个置零按钮,正式测量前可先将数字置零。此外,还有一个英/公制转换按钮,测量声速时一般用“mm”。

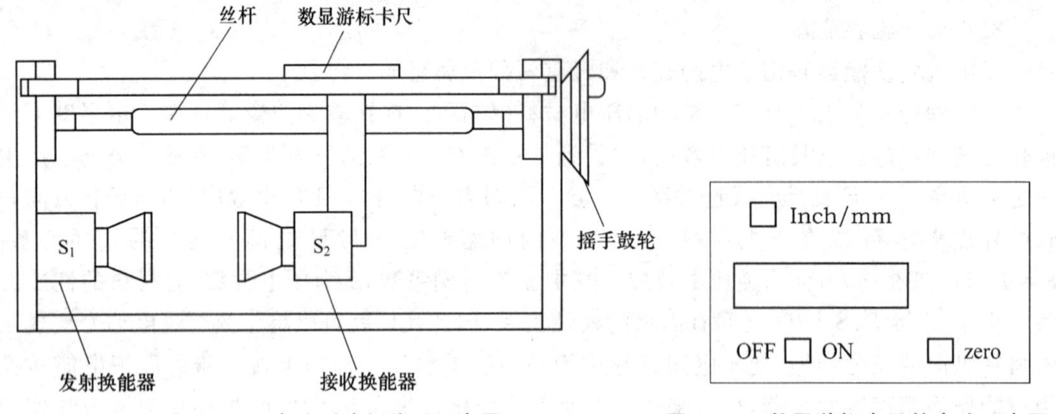

图 8-9-2　声速测试架外形示意图

图 8-9-3　数显游标卡尺的表头示意图

2.声速测试信号源

图 8-9-4 为声速测试信号源面板简图,显示屏中出现的数字表示频率或时间,由测试方式按钮决定。

当采用驻波法和相位法时,在发射换能器需加连续的超声波,所以,应选择测试方式为连续波。此时,连续波指示灯(kHz 指示灯)亮,显示的数字表示的是发送到发射换能器上的信号频率。通过改变调节旋钮部分的信号频率旋钮,使信号频率增加或减少;调节其发射强度旋钮,使发射换能器的发射能力强弱发生改变。当采用时差法时,可按一下测试方式按钮,此时,脉冲波指示灯(μs 灯)亮,加到发射换能器上的信号是一个脉冲波,显示的数字表示与发射换能器 S_1 相距 L 的接收换能器 S_2 接收到从 S_1 发射的脉冲波的时间 t。

五、实验的原理与构思

根据声波各参量之间的关系可知 $v=\lambda \cdot f$,其中 v 为波速,λ 为波长,f 为频率。

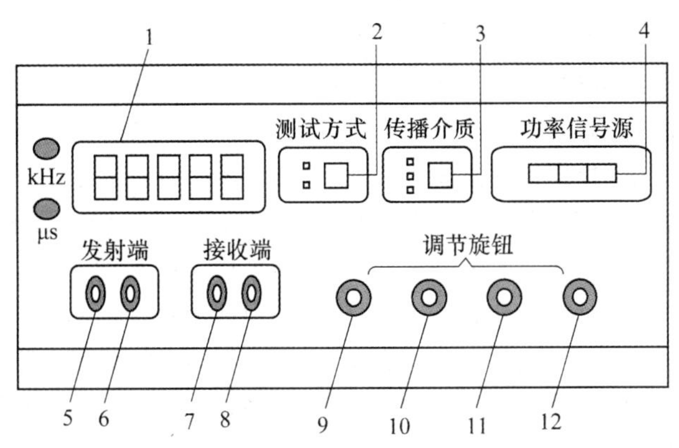

图 8-9-4 声速测试信号源面板简图

1. 频率、时间显示屏 2. 测试方式转换按钮 3. 传播介质选择按钮 4. 输出频率范围选择按钮 5. 发射端换能器接口 6. 发射波形接口 7. 接收波形接口 8. 接收端换能器接口 9. 发射强度旋钮 10. 接收增益旋钮 11. 频率粗调旋钮 12. 频率细调旋钮

在实验中，可以通过测定声波的波长 λ 和频率 f 求声速。声波的频率 f 可以直接从低频信号发生器(信号源)上读出，而声波的波长 λ 则常用相位比较法(行波法)和共振干涉法(驻波法)来测量。

1. 用共振干涉法(驻波法)测量声速

假设在无限声场中，仅有一个点声源 S_1(发射换能器)和一个接收平面 S_2(接收换能器)。当点声源发出声波后，在此声场中只有一个反射面(即接收换能器平面)，并且只产生一次反射。

在上述假设条件下，发射波 $y_1 = A\cos(\omega t - 2\pi x/\lambda)$。在 S_2 处产生反射，反射波 $y_2 = A_1\cos(\omega t + 2\pi x/\lambda)$，信号相位与发射波相反，幅度 $A_1 < A$，且 $A_1 + A_2 = A$。发射波与反射波在反射平面相交叠加，合成后的波为

$$y_3 = y_1 + y_2 = (A_1 + A_2)\cos\left(\omega t - \frac{2\pi x}{\lambda}\right) + A_1\cos\left(\omega t + \frac{2\pi x}{\lambda}\right)$$

亦即

$$y_3 = 2A_1\cos\frac{2\pi x}{\lambda}\cos\omega t + A_2\cos\left(\omega t - \frac{2\pi x}{\lambda}\right) \tag{8-9-1}$$

由式(8-9-1)可见，合成后的波在幅度上具有随 $\cos\frac{2\pi x}{\lambda}$ 周期变化的特性，在相位上，具有随 $\frac{2\pi x}{\lambda}$ 周期变化的特性。图 8-9-5 所示波形显示了叠加后的声波幅度随距离按 $\cos\frac{2\pi x}{\lambda}$ 变化的特征。

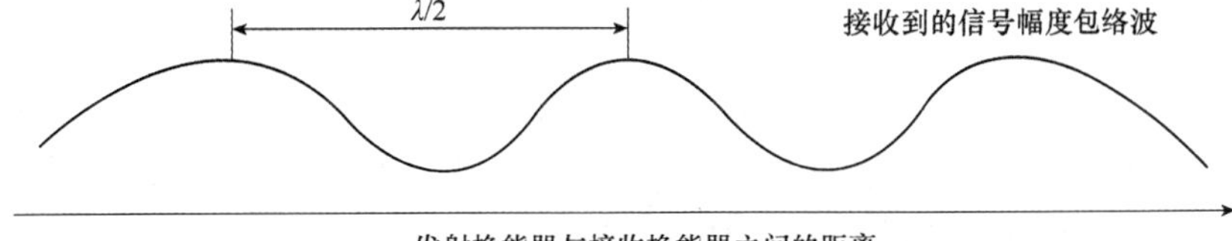

图 8-9-5 换能器之间的距离与合成幅度

在图 8-9-6 中，S_1 和 S_2 为压电陶瓷换能器。S_1 作为声波发射器，它由信号源供给频率为数十千赫兹的交流电信号，由逆压电效应发出一个平面超声波；S_2 作为声波接收器，其通过压电效应将接收到的声压转换成电信号。将电信号输入示波器，就可以看到一组由声压信号产生的正弦波形。由于 S_2 在接收声波的同时还能反射一部分超声波，接收的声波和发射的声波振幅虽有差异，但二者周期相同且在同一线上沿相反方向传播，在 S_1 和 S_2 区域内产生了波的干涉，形成驻波。在示波器上观察到的实际上是这两个相干波合成后在声波接收器 S_2 处的振动情况。移动 S_2 位置(即改变 S_1 和 S_2 之间的距离)，从示波器显示上会发现，当 S_2 在某位置时振幅有最小值。根据波的干涉理论可知，任何两相邻的振幅最大值的位置之间(或两相邻的振幅最小值的位置之间)的距离均为 $\lambda/2$。为了测量声波的波长，可以在一边观察示波器上声压振幅值的同时，缓慢的改变 S_1 和 S_2 之间的距离，在示波器上就可以看到声振动幅值不断由最大变到最小再变到最大。此时，两相邻的振幅最大之间的距离为 $\lambda/2$，S_2 移动过的距离也为 $\lambda/2$。超声换能器 S_1 至 S_2 之间距离的改变可以通过转动鼓轮来实现，而超声波的频率又可由声速测试仪信号源频率显示窗口直接读出。

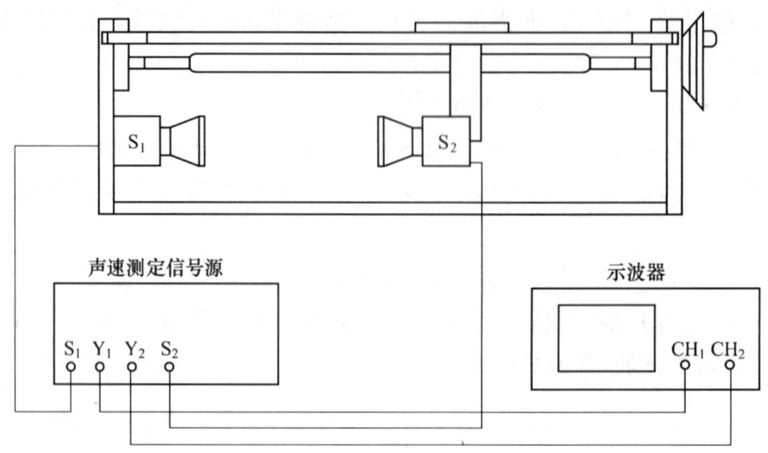

图 8-9-6　驻波法、相位法、时差法测声速连线图

在连续多次测量相隔半波长的 S_2 的位置变化及声波频率 f 以后，可以运用测量的数据计算出声速，用逐差法处理测量的数据。

2. 用相位法测量声速

由式(8-9-1)可知，入射波与反射波叠加后的波为

$$y_3 = 2A_1\cos\frac{2\pi x}{\lambda}\cos\omega t + A_2\cos\left(\omega t - \frac{2\pi x}{\lambda}\right)$$

由此可知，在经过 Δx 距离后，S_2 接收到的余弦波与原来位置处的相位差(相移)为 $\theta = 2\pi\Delta x/\lambda$。如图 8-9-7 所示，为了判断相位差并且测定波长，可以利用双踪示波器直接比较发射器的信号和接收器的信号，同时沿传播方向移动接收器寻找同相点。建议可以利用李萨如图形在两个电信号同相或反相时椭圆退化为右斜或左斜直线来判断，这样做的优点是利用斜直线情况来判断相位差最为灵敏。随着振动的相位差从 $0\sim\pi$ 的变化，李

萨如图形从斜率为正的直线变为椭圆，再变到斜率为负的直线。因此，每移动半个波长，就会重复出现斜率符号相反的直线，测得了波长 λ 和频率 f，根据式 $v=\lambda \cdot f$ 即可计算出声音传播的速度。

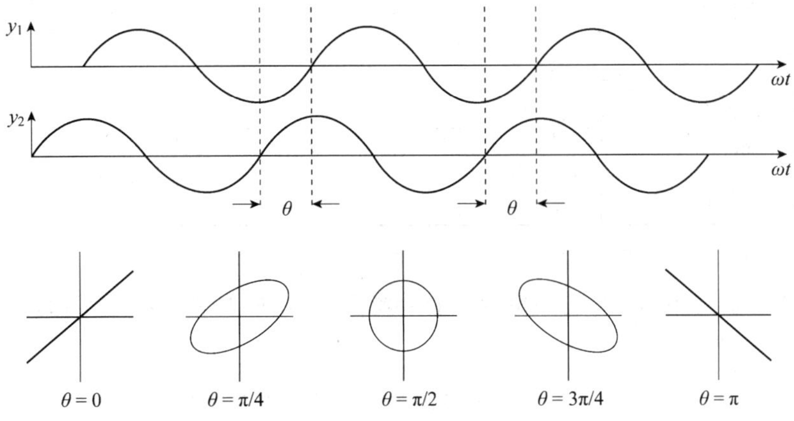

图 8-9-7　用李萨如图观察相位变化

改变 S_1 和 S_2 之间的距离 L，相当于改变了发射波和接收波之间的相位差，荧光屏上的图形也随 L 不断变化。显然，当 S_1、S_2 之间距离改变半个波长 $\Delta L=\lambda/2$，则 $\Delta\varphi=\pi$。

3. 时差法测量声速

连续波经脉冲调制后由发射换能器发射至被测介质中，在介质中传播的波经过 t 时间后，到达 L 距离处的接收换能器。由于声波在介质中传播的速度可由以下公式求出：速度 v=距离 L/时间 t，于是，通过测量两个换能器的发射与接收平面之间距离 L 和传播时间 t，就可以计算出当前介质下的声波传播速度(图 8-9-8)。

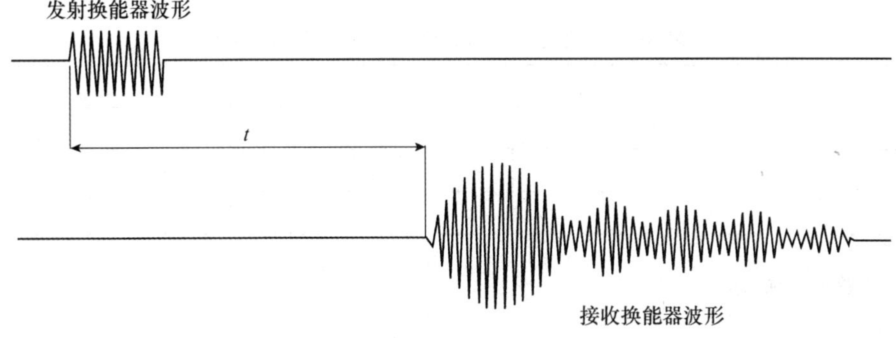

图 8-9-8　时差法测量原理

六、实验中要采集的数据及其处理

表 8-9-1　压电陶瓷换能器的最佳频率工作点(谐振频率)的测量

次数	1	2	3	4	5	平均 $\bar{f}$
频率 f_i/kHz						
$f_i-\bar{f}$						—

记录波形幅度最大时距离值 L_i，用逐差法计算出 $\bar{\lambda}$，通过公式 $v=\lambda\times f$ 计算出声速，填入表 8-9-2。

表 8-9-2　驻波法测量超声波在空气中的速度

波幅最大位置 l_i/mm	l_1	l_2	l_3	l_4	l_5
波幅最大位置 l_{i+5}/mm	l_6	l_7	l_8	l_9	l_{10}
$\Delta l_i=l_{i+5}-l_i$/mm					

$t=$＿＿＿＿℃，$v_0=331.45$ m/s。

记录李萨如图形中当 θ 为某一角度时的距离值 L_i，用逐差法计算出 $\bar{\lambda}$，通过公式 $v=\lambda\times f$ 计算出声速，填入表 8-9-3。

表 8-9-3　用相位法测量超声波在空气中的速度

相位变化为 π 位置 l_i/mm	l_1	l_2	l_3	l_4	l_5
相位变化为 π 位置 l_{i+5}/mm	l_6	l_7	l_8	l_9	l_{10}
$\Delta l_i=l_{i+5}-l_i$/mm					

$t=$＿＿＿＿℃，$v_0=331.45$ m/s。

每隔一定距离记录下显示的位置值 L_i 和时间值 t_i，共 5 个点。根据公式 $v_i=(L_i-L_{i-1})/(t_i-t_{i-1})$ 计算 $\bar{v}$，填入表 8-9-4。

表 8-9-4　用时差法测量超声波在空气中的速度

位置 l_i/mm	l_1	l_2	l_3	l_4	l_5
时间 t_i/s	t_1	t_2	t_3	t_4	t_5

七、实验步骤提示

1. 预热

在使用仪器之前，加电开机预热 15 min。在接通电源后，仪器自动工作在连续波方式，选择的介质为空气。

2. 用驻波法测量声速波长

(1)测量装置的连接。如图 8-9-6 所示，信号源面板上的接口 S_1，用于输出一定频率的功率信号，将其与测试架上的发射换能器 S_1 相连。将信号源面板上的发射端 Y_1 接至双踪示波器的 CH_1，用于观察发射波形。信号源面板上的 Y_2 输出接至示波器的 CH_2。

(2)测定压电陶瓷换能器的最佳工作点。为了得到较清晰的接收波形，应将外加的驱动

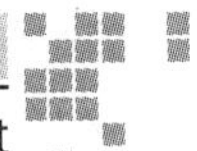
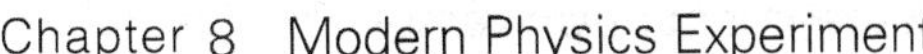

信号频率调节到换能器 S_1、S_2 的谐振频率点处，因为此时换能器才能较好地进行声能与电能的相互转换（实际上有一个小的通频带），以得到较好的实验效果。按照调节到压电陶瓷换能器谐振点处的信号频率，可适当调节示波器扫描时间因数，使在示波器上获得稳定波形。

超声换能器工作状态的调节方法如下：在各仪器都正常工作以后，首先调节发射强度旋钮，使声速测试仪信号源输出合适的电压，再调整信号频率，观察频率调节时接收波的电压幅度变化，注意选择合适的示波器偏转因数。若在某一频率点处（34.5～37.5 kHz）电压幅度最大，此频率即是压电换能器 S_1、S_2 相匹配的频率点，记录频率 f，改变 S_1、S_2 之间的距离，适当选择位置（即至示波器屏上呈现出最大电压波形幅度时的位置），再微调信号频率，如此重复调整，再次测定工作频率，共测 5 次，取平均频率 f。

（3）测量步骤。将信号源的测试方法设置到连续波方式，选择相应的测试介质。完成（1）、（2）步骤后，观察示波器，找到接收波形的最大值。然后转动距离调节鼓轮，这时波形的幅度会发生变化，记录下幅度为最大时的距离 L_{i-1}，距离可由数显游标尺上读出。再向前或者向后（必须是同一个方向）移动距离，当接收波形经变小后再变到最大时，记录下此时的距离 L_i，波长 $\lambda_i=2|L_i-L_{i-1}|$。多次测定后用逐差法处理数据。

3. 用相位法（李萨如图法）测量声波波长

将测试方法设置到连续波方式，选择相应的测试介质。完成实验内容用驻波法测量声速波长的（1）、（2）步骤后，将示波器打到"X-Y"方式，选择合适的通道增益。转动距离调节鼓轮，观察波形为一定角度的斜线，记录下此时的距离 L_{i-1}，距离由数显游标尺读出。再向前或者向后（必须是一个方向）移动距离，使观察到的波形又回到前面所说的特定角度的斜线，记录此时的距离 L_i，波长 $\lambda_i=|L_i-L_{i-1}|$。

4. 用时差法测量声速

将测试方式设置到脉冲波方式，并选择相应的测试介质。将 S_1 和 S_2 之间的距离调到一定距离（大于 50～80 mm），再调节接收增益（一般取较小的幅度），使显示的时间差值读数稳定，此时仪器内置的计时器工作在最佳状态。然后记录此时的距离值和信号源计时器显示的时间值 L_{i-1}、t_{i-1}。缓慢移动 S_2，如果计时器读数有跳字，则微调信号源的接收增益旋钮（距离增大时，顺时针调节；距离减小时，逆时针调节），使计时器读数连续准确变化。记录此时的距离值 L_i 和显示的时间值 t_i，则声速 $v_i=(L_i-L_{i-1})/(t_i-t_{i-1})$。

八、实验注意事项

（1）换能器发射端与接收端间距一般要在 5 cm 以上测量数据，距离近时可把信号源面板上的发射强度减小，随着距离的增大可适当增大。

（2）示波器上图形失真时可适当减小发射强度。

（3）测试最佳工作频率时，应把接收端放在不同位置处测量 5 次，取平均值。

（4）若使用液体为介质测试声速时，可先在测试槽中注入液体，直至把换能器完全浸没，但不能超过液面线。然后将信号源面板上的介质选择键切换至"液体"，即可进行测试，步骤相同。

（5）声速信号源在开机或受到外部强磁场干扰时，有时会产生死机现象。此时请按后面板左侧复位按钮键进行复位。

（6）因为声速还与介质温度有关，所以测量时请记下介质温度。

九、思考题

1. 本实验要求信号源与换能器固有频率一致，在谐振情况下进行测量，为什么？

2. 相位法中，为什么选用斜线形李萨如图形作为观测点？

3. 在驻波法测声速时，要求实验装置中 S_1 和 S_2 严格平行，这是为什么？在相位比较法中是否仍然要求 S_1 和 S_2 的端面严格平行，请说明。

4. 用逐差法处理实验数据的优点是什么？

5. 若固定两换能传感器之间的距离，改变频率，能否测量出声速？为什么？

6. 测量波长时，为何要测量几个半波长的总长？

十、参考文献及阅读材料推荐

[1] 成正维. 大学物理实验. 北京：高等教育出版社，2002.

[2] 杨韧. 大学物理实验. 北京：北京理工大学出版社，2005.

附 录
Appendix

重要仪器设备简介索引

图书在版编目(CIP)数据

大学物理实验/王宙斐主编.—北京:中国农业大学出版社,2009.12(2017.1重印)
ISBN 978-7-81117-917-0

Ⅰ.大… Ⅱ.王… Ⅲ.物理学-实验-高等学校-教材 Ⅳ.O4-33

中国版本图书馆 CIP 数据核字(2009)第 203458 号

书　　名 大学物理实验
作　　者 王宙斐　主编

策划编辑 潘晓丽　董夫才　　**责任编辑** 韩元凤
封面设计 郑　川　　**责任校对** 陈　莹　王晓凤
出版发行 中国农业大学出版社
社　　址 北京市海淀区圆明园西路 2 号　　**邮政编码** 100193
电　　话 发行部 010-62818525,8625　　读者服务部 010-62732336
编辑部 010-62732617,2618　　出　版　部 010-62733440
网　　址 http://www.cau.edu.cn/caup　　**e-mail** cbsszs@cau.edu.cn
经　　销 新华书店
印　　刷 北京时代华都印刷有限公司
版　　次 2009 年 12 月第 1 版　2017 年 1 月第 7 次印刷
规　　格 787×1 092　16 开本　16.75 印张　380 千字
定　　价 30.00 元

关于征询教材编写出版质量意见的说明

尊敬的读者：

您好！无论您是一名教师还是学生，我们都真诚地期待着您对本教材的编写出版质量提出您的宝贵意见。请您在百忙之中，抽一点时间就本教材的编校质量和内容质量填写下面的两个调查表。您的意见是对我们工作最大的支持，我们将采取适当的方式对意见提供者表达诚挚的谢意。此致敬礼。

中国农业大学出版社

2009 年 8 月

编校质量监督调查表

书名							
页/行	错误	正确	备注	页/行	错误	正确	备注

内容质量征询意见表

书　　名								
	过浅	过深	过多	过少	重复	增加	删去	备注
章、节、条、目								
章、节、条、目								
章、节、条、目								
章、节、条、目								
章、节、条、目								
章、节、条、目								
章、节、条、目								
章、节、条、目								
章、节、条、目								
章、节、条、目								
章、节、条、目								
章、节、条、目								
章、节、条、目								
章、节、条、目								
修订建议：								

读者姓名：　　　　　　单　　位：　　　　　　　　　职业：教师○学生○

地　　址：　　　　　　　　　　　　　　　　　　　　邮政编码：